Spring Boot+
Vue.js+分布式组件

全栈开发训练营／视频教学版／

曹宇　胡书敏　编著

清华大学出版社

北京

内 容 简 介

本书以企业应用开发为目标，全面讲述 Spring Boot 整合分布式组件进行全栈项目开发的实战技能。全书分为三部分。第一部分（第 1～9 章）主要讲述 Spring Boot 的相关技能，包括搭建 Spring Boot 开发环境、Spring Boot 框架基础、JPA 操作数据库、面向切面编程、基于 Thymeleaf 和 FreeMarker 的全栈开发、拦截器和过滤器、RESTful 规范定义服务、Swagger 组件可视化服务、logback 和 ELK 组件输出日志、基于 Spring Security 和 Shiro 的安全框架技术和基于 Junit 的单元测试技术。第二部分（第 10～15 章）主要讲述 Spring Boot 整合诸多分布式组件的技术，包括整合 MongoDB、Redis 和 MyCAT 数据层组件、整合 Dubbo 和 Zookeeper、整合 RabbitMQ 消息中间件和基于 Nginx 的分布式部署。第三部分（第 16 和 17 章），第 16 章以前后端分离项目为例，给出了基于 Vue 的全栈开发技术，其中前端用到了 Vue、Element-UI 和 Axios 等组件，后端用到了 Redis 缓存组件和 MyCAT 分库组件；第 17 章通过高并发限流和秒杀项目讲述了 Redis 和 RabbitMQ 等分布式组件的用法。

本书是编者十余年一线 Java 项目开发经验的总结，重在解决实际开发中遇到的问题，特别适合具有 Java 基础和想学习 Spring Boot 项目开发的人员使用。由于本书各章还提供了练习题，因此也很适合用作培训机构和大专院校书的教学用书。

图书在版编目（CIP）数据

Spring Boot+Vue.js+分布式组件全栈开发训练营：视频教学版/曹宇，胡书敏编著. —北京：清华大学出版社，2021.9（2024.1重印）

ISBN 978-7-302-58977-8

Ⅰ. ①S⋯ Ⅱ. ①曹⋯ ②胡⋯ Ⅲ. ①JAVA 语言—程序设计 Ⅳ. ①TP312.8

中国版本图书馆 CIP 数据核字（2021）第 174813 号

责任编辑：王金柱
封面设计：王　翔
责任校对：闫秀华
责任印制：宋　林

出版发行：清华大学出版社
网　　址：https://www.tup.com.cn，https://www.wqxuetang.com
地　　址：北京清华大学学研大厦 A 座　　　　　　　　邮　　编：100084
社 总 机：010-83470000　　　　　　　　　　　　　邮　　购：010-62786544
投稿与读者服务：010-62776969，c-service@tup.tsinghua.edu.cn
质量反馈：010-62772015，zhiliang@tup.tsinghua.edu.cn
印 装 者：三河市天利华印刷装订有限公司
经　　销：全国新华书店
开　　本：190mm×260mm　　　印　　张：18.5　　　字　　数：499 千字
版　　次：2021 年 10 月第 1 版　　　　　　　　　　印　　次：2024 年 1 月第 3 次印刷
定　　价：69.00 元

产品编号：094373-01

前　　言

Spring Boot 已成为众多软件公司开发项目的必备技术，如 BATJ 大厂及很多待遇好的互联网公司都在使用该技术进行应用开发，因此很多在校生和拥有一到两年工作经验的 Java 程序员都在学习 Spring Boot 开发的相关技术。

然而，大多数学习 Spring Boot 的初学者并不了解该学哪些知识体系，以及应该学到什么程度，甚至很多人虽然投入了大量时间，由于没有抓住要点，或者缺乏企业项目演练，技能提升也就无从谈起了。

本书围绕项目开发的普遍需求全面讲述 Spring Boot 的相关技术，包括整合数据库的开发技术和整合前端的全栈开发技术，介绍了整合分布式组件的开发技术以及热点的企业级项目，以使读者真正掌握实用开发技能，拥有项目上手能力。

本书的内容介绍

本书的核心内容分为三部分，各部分说明如下：

第一部分（第1～9章）主要讲述Spring Boot的相关技能，内容包括搭建Spring Boot开发环境、Spring Boot基本框架、通过JPA操作数据库技术、面向切面编程技术、基于Thymeleaf和FreeMarker的全栈开发技术、拦截器和过滤器开发技术、通过RESTful规范定义服务技术、通过Swagger组件可视化服务技术、通过logback和ELK组件输出日志技术、基于Spring Security和Shiro的安全框架技术和基于Junit的单元测试技术。通过本部分的学习，读者能够掌握Spring Boot开发环境的搭建以及构建项目的基础技术，尤其是整合数据库的开发技术和整合前端的全栈开发技术。

第二部分（第 10～15 章）围绕高并发项目需求，讲述 Spring Boot 整合 MongoDB、ELK、Redis、MyCAT、Dubbo、Zookeeper、RabbitMQ 和 Nginx 等分布式组件的做法。考虑到不少读者是第一次接触到这些分布式组件，所以各章都会从搭建环境讲起，结合能观察到运行效果的案例，给出 Spring Boot 整合诸多组件的实践要点，确保读者能在零基础的前提下学会这些热门技术。

第三部分（第 16 和 17 章），第 16 章以 Spring Boot+Vue.js 前后端分离项目为例，给出了基于 Vue 的全栈开发技术，其中前端用到了 Vue、Element-UI 和 Axios 等组件，后端用到了 Redis 缓存组件和 MyCAT 分库组件。通过学习本项目，读者能够理解什么是全栈项目，了解前后端分离项目的技术架构与开发流程。第 17 章通过 Spring+Redis+RabbitMQ 高并发限流和秒杀项目讲述 Redis 和 RabbitMQ 等分布式组件的用法。通过本项目的学习，读者能够了解高并发项目中的限流和秒杀系统的技术架构，大幅提升自己的项目开发技能。

为帮助读者理解各章内容，本书每章还提供了练习题，其中的操作题给出了练习指导，可以帮助读者动手练习，以巩固学习成果。

教学视频+源代码+PPT 课件

为帮助读者更好地学习本书内容，本书还录制了教学视频，读者扫描各章的二维码即可直接观看，随时随地学习，大幅降低学习难度。

本书所有代码均在 Spring Boot 2.x 和 IDEA 环境下调试通过，所有源代码均提供下载，以方便读者实战演练。本书还提供了完整的 PPT 课件，读者扫描以下二维码即可获取。

读者如果在学习本书的过程中遇到问题，请联系 booksaga@163.com，邮件主题为"Spring Boot+Vue.js+分布式组件全栈开发训练营"。

本书读者对象

- 具有 Java 基础的 Spring Boot 初学者。
- 具有 1~2 年 Java 开发经验的程序员。
- 培训机构、大专院校计算机专业的师生。

编者虽然尽心尽力，但限于水平，本书疏漏之处在所难免，恳请相关技术专家和读者不吝指正。

编者

2021 年 8 月 2 日于上海

目　　录

第 1 章

搭建 Spring Boot 开发环境

很多人知道 Spring Boot 能用来开发后端项目，但不少人用了才知道，原来用 Spring Boot 开发项目是如此的便捷。

本章将首先告诉大家 Spring Boot 是什么，它能用来开发哪些类型的项目，随后会在此基础上带领大家搭建第一个 Spring Boot 项目。

1.1 初识 Spring Boot

为什么当下越来越多的 Java 项目采用 Spring Boot 框架？一方面，Spring Boot 框架继承了 Spring MVC 框架前辈 SSM 框架的优秀特性；另一方面，该框架能通过注解大幅减少程序员写配置的工作量，从而提升项目的开发效率。

1.1.1 Spring Boot 是什么

Spring Boot 是一套开源的后台开发框架，在其中有效地整合了开发企业级应用所必需的通用性接口，在此基础上，程序员能通过使用这些接口高效地开发功能迥异的各种 Web 应用。

从企业开发角度来看，Spring Boot 框架提供了自动化配置、内嵌容器和兼容 Maven 等核心功能，从而能让程序员在用此框架开发项目时更多地集中于业务功能，而无须关注请求跳转、服务配置和组件关联等业务的实现细节，从而有效降低开发企业应用的难度。

1.1.2 Spring、Spring MVC 和 Spring Boot 的关系

由于 Spring 框架包含如表 1.1 所示的组件，因此它能为开发 Java 项目提供全面的支持。

表 1.1　Spring 框架重要组件一览表

组　件　名	用　　途
IoC	能有效降低项目中模块之间的耦合度
AOP	能以面向切面低耦合的方式有效整合不同的模块
Spring MVC	封装了基于前后端调用的 Web 请求，因此能很方便地开发 Web 应用
JPA	提供了连接并操作数据库的接口
Spring Security	提供安全验证服务
ORM	把从数据表中拿到的数据映射成 Java 类，方便应用程序使用
Spring Test	提供了用于单元测试的测试相关接口

在一些在线商城等 Web 项目中会频繁地包含请求跳转、前后端数据交互和请求拦截处理等动作，如果程序员在开发 Web 项目时过多地关注这些细节，那么开发项目的难度和风险会大大增加，所以在此类项目中一般会引入如图 1.1 所示的 MVC 框架。

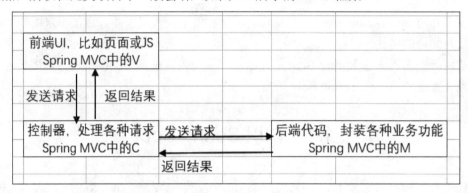

图 1.1　MVC 框架效果图

从中大家能看到，在 MVC 框架中，由于分离了前端、分发前端的请求和后端的功能模块，因此能很好地提升项目的开发效率，降低项目的维护成本。

在 Spring 体系中，较早实现 MVC 框架的有 Struts+Spring+Hibernate（SSH）框架和 Spring+Spring MVC+MyBatis（SSM）框架。不过在此类框架中，程序员依然需要编写一定数量的配置文件来访问数据库或实现其他功能。

为了进一步在保证功能的前提下优化项目的开发流程，Pivotal 公司于 2014 年 4 月发布了 Spring Boot 第一个版本，当下该框架已经升级到了 2.2.M 版本。

和 Spring MVC 框架的前辈 SSH 框架和 SSM 框架相比，Spring Boot 用注解替代了 XML 配置，而且自带 Tomcat 等 Web 服务器，所以程序员用该框架开发 Web 项目时，不仅有较好的开发体验，更能降低开发配置失误而导致的风险。

1.1.3　Spring Boot 是 SSM 框架的升级版

这里通过对比 Spring Boot 和 SSM 等 Web 框架的开发部署流程，带领大家进一步感受 Spring Boot 框架的优势。在表 1.2 中整理了使用 Spring Boot 和 SSM 框架的不同体验。

表 1.2 Spring Boot 和 SSM 框架的差别归纳表

	Spring Boot	SSM 框架
数据库层面	可以使用 JPA，也可以使用 MyBatis，更可以使用其他组件，总之更灵活	只能使用 MyBatis
配置方式	能通过简单的注解配置 IOC、控制层和数据库层的诸多功能	需要通过编写较多、较麻烦的 XML 文件来配置相关功能
部署方式	由于内嵌 Tomcat 服务器，因此部署较为方便	需要打包部署到 Tomcat 等服务器上
同其他组件的整合	能较为方便地整合 Eureka、Ribbon 和 Hystrix 等 Spring Cloud 全家桶组件	需要通过编写配置文件来整合

从中大家可以看到，不论是从开发方式还是发布方式等角度，Spring Boot 均比 SSM 框架有优势，这也是当下越来越多的公司选用 Spring Boot 框架开发项目的原因。

1.2 搭建 Spring Boot 的开发环境

在开发 Spring Boot 项目前，首先需要搭建开发环境，具体需要安装 JDK（Java Development Kit）和集成开发环境。如果你的计算机上已经安装了这些软件，可以跳过本节。

1.2.1 安装和配置 JDK 开发环境

JDK 是 Oracle 公司提供的用于开发 Java 程序的工具包，出于与当前大多数项目兼容的原因，本书建议读者下载并安装 JDK11 版本。

读者可以到官网（https://www.oracle.com/ java/technologies/javase-jdk11-downloads.html）下载，下载时需要选择和自己计算机操作系统相匹配的版本。比如笔者计算机是 64 位的 Windows 操作系统，可以选择如图 1.2 所示的版本。

图 1.2 选择正确的 JDK 下载包

下载完成后，双击安装，随后根据提示不断单击"下一步"按钮，即可完成安装。

安装完成后，需要在计算机中配置，描述 Java 安装路径的 JAVA_HOME 环境变量，具体操作步骤如下：

步骤 01 在桌面上右击"我的计算机"，在随后弹出的菜单列表中选择"属性"，并在随后弹出的窗口中单击"高级系统设置"，如图 1.3 所示。

步骤 02 在随后弹出的窗口中单击"环境变量"，如图 1.4 所示。

步骤 03 在随后弹出的环境变量窗口中单击"新建"按钮，就能看到如图 1.5 所示的窗口，在其中可以配置 JAVA_HOME 环境变量。

图 1.3 单击"高级系统设置"　　　　　　　　图 1.4 单击"环境变量"

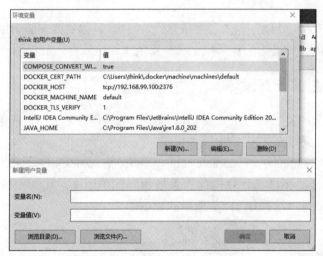

图 1.5 新建 JAVA_HOME 环境变量

步骤 04 在新建前，需要找到 JDK 的安装路径，比如本书是 C:\Program Files\Java\jdk-11，然后在图 1.5 的变量名中填入"JAVA_HOME"，在"变量值"中填入"C:\Program Files\Java\jdk-11"，如图 1.6 所示，填写完成后，单击"确定"按钮，就能完成配置动作。

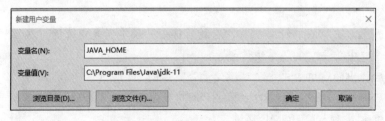

图 1.6 配置 JAVA_HOME 环境变量

在有些资料上，还会要求用户在环境变量的 PATH 中加入 Java 命令所在的路径，在 CLASSPATH 中加入 Java 依赖包所在的路径，如果这样配置的话，就有可能和 Java 集成开发工具中的配置冲突，所以本书不再进行相关的配置。

1.2.2　安装 IDEA 集成开发环境

由于在集成开发环境中，"集成"了开发、调试、单元测试和打包部署等工具，因此通过集成开发环境，程序员就能高效地开发 Java 项目，本书用到的集成开发环境是 IDEA。

IDEA 的全称是 Intellij IDEA，它可以从官网（https://www.jetbrains.com/idea/）下载，下载后双击安装即可，安装后打开该集成开发环境，能看到如图 1.7 所示的效果图，由此能确认成功安装。

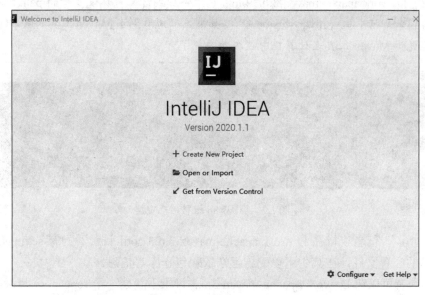

图 1.7　确认 IDEA 成功安装

1.2.3　安装 Maven 工具

Maven 是当下比较流行的 Java 项目管理工具，通过 Maven 工具，程序员能方便地创建、编译和部署 Java 项目，此外，通过 Maven 工具中的项目对象模型，程序员能用一种比较便捷的方式引入项目需要的 JAR 依赖包。

本书后文里的 Spring Boot 项目都是用 Maven 工具来创建和管理的。虽然说 IDEA 集成开发环境是自带 Maven 管理工具的，但读者还是有必要通过如下步骤搭建 Maven 环境并把它集成到 IDEA 中，因为这样做可以让读者进一步理解 Maven 的工作原理和流程。

步骤 01　到 Maven 的官网（http://maven.apache.org/download.cgi）去下载新版的 Maven 工具，本书用的是 3.6.3 版本。下载完成后解压即可使用，比如在本书中把 Maven 工具的压缩包解压到 "D:\work\" 目录，具体效果如图 1.8 所示。

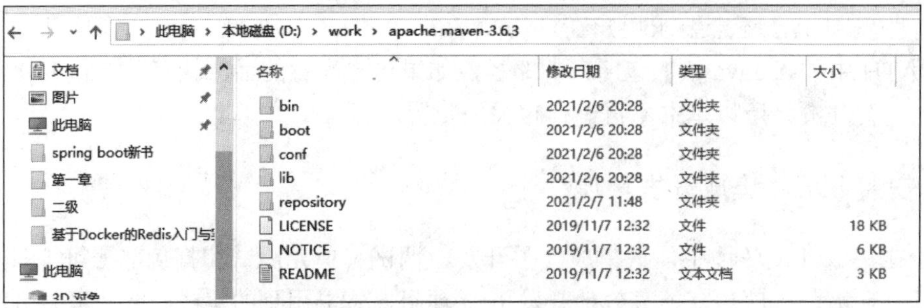

图 1.8　解压 Maven 工具压缩包

步骤 02 由于该目录下的 bin 目录中包含 Maven 的一些工具，因此需要按 1.2.1 小节给出的步骤把 "D:\work\apache-maven-3.6.3\bin" 目录添加到计算机环境变量的 path 路径中，添加后到命令行中执行 mvn -version 命令，如果正确地看到了 Maven 工具的版本（见图 1.9），就说明 Maven 工具在计算机中被成功安装了。

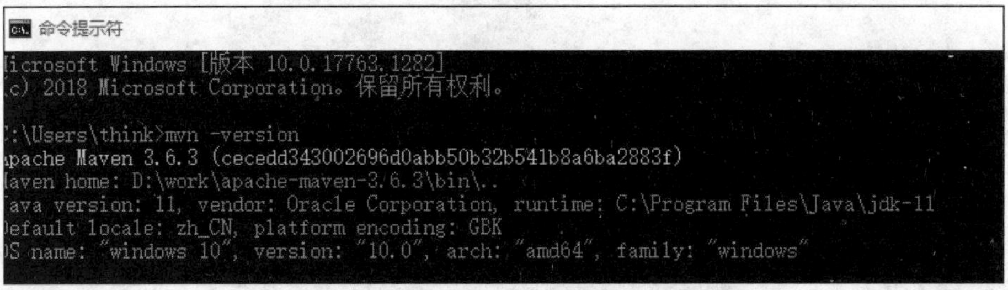

图 1.9　确认 Maven 被成功安装

安装成功后，读者可以在 D:\work\apache-maven-3.6.3\conf 目录看到有 settings.xml，这是 Maven 工具的配置文件，在其中可以配置远端依赖包仓库等信息。

随后，读者可以在 D:\work\apache-maven-3.6.3 目录下新建一个 repository 目录，以此作为本地 JAR 依赖包的仓库，在随后的项目中，通过 Maven 工具下载的依赖包就可以存放在本地。

1.2.4　Maven 工具与 IDEA 的集成

由于 IDEA 自带 Maven 工具，但可能未必是最新的，因此需要通过如下步骤把 1.2.3 小节安装配置的 Maven 工具集成到 IDEA 中：

步骤 01 打开 IDEA 集成开发环境，单击 File→Settings 菜单，如图 1.10 所示。

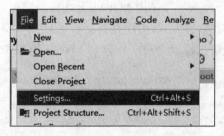

图 1.10　打开 Settings 菜单

步骤 02　在 Settings 的搜索栏中搜索 "Maven"，即可看到如图 1.11 所示的效果，随后可以在 Maven 项中进行相关的配置。

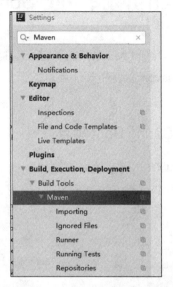

图 1.11　在 Settings 中搜索 Maven

步骤 03　在如图 1.12 所示的效果图中配置 Maven 的相关信息。

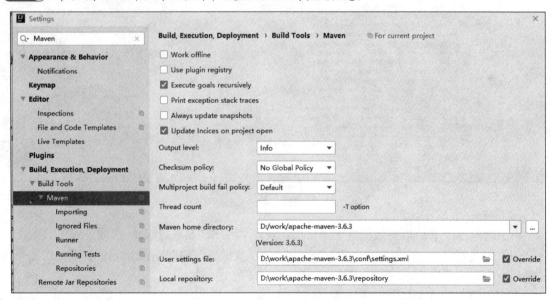

图 1.12　在 IDEA 工具中集成 Maven

其中，在 Maven home directory 文本框中需要填写 Maven 工具的路径，这里是之前解压 Maven 的 D:\work\apache-maven-3.6.3 路径，在 User settings file 文本框中可以选中之前提到的本 Maven 工具中的 settings.xml 配置文件，在 Local repository 文本框中可以选择之前创建的 Maven 本地仓库的路径，这里是 D:\work\apache-maven-3.6.3\repository。

随后，单击界面下方的 Apply 按钮，即可完成集成工作。

1.3 用 Maven 开发第一个 Spring Boot 项目

这里将用 IDEA 集成开发环境通过 Maven 项目管理工具创建本书第一个 Spring Boot 范例项目，读者不仅可以从中了解 Maven 创建和管理项目的流程，还能直观地看到 Spring Boot 项目的基本构成和工作方式。

1.3.1 搭建基于 Maven 的 Spring Boot 项目

打开 IDEA 工具时会看到如图 1.7 所示的界面，在其中单击 Create New Project 菜单项进入如图 1.13 所示的界面。在其中的 Project SDK 部分确认使用 JDK 11 版本，并选中 Maven 项。

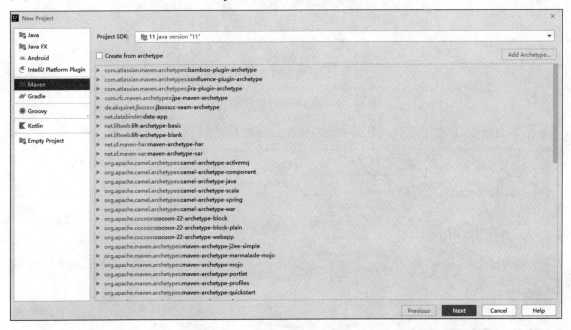

图 1.13　以 Maven 创建 Spring Boot

由于之前已经成功地安装配置了 Maven 工具，因此这里在 IDEA 集成开发工具中能以 Maven 的方式创建项目。随后单击界面下方的 Next 按钮进入如图 1.14 所示的界面，在其中可以输入项目名和其他 Maven 项目的信息。

在图 1.14 中的 Name 文本框中可以输入项目名，比如 myFirstSpringBootPrj，在 Location 选择框中可以选择本项目所在的路径，这里是 D:\work\Spring Boot Code\chapter1\myFirstSpringBootPrj，在其他的文本框中可以用自带的默认值。

随后可以单击 Finish 按钮完成项目的创建工作。创建完成后，就能看到如图 1.15 所示的效果图。

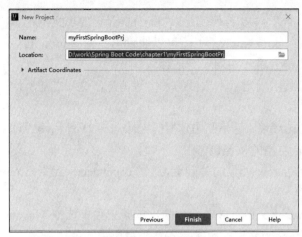

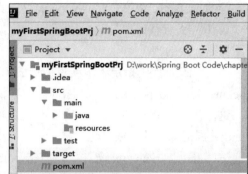

图 1.14　输入 Spring Boot 项目名　　　　图 1.15　成功创建 Maven 项目

1.3.2　通过 pom.xml 文件引入依赖包

在开发 Spring Boot 项目时需要用到封装了 Spring Boot 相关方法的依赖包。由于本项目是由 Maven 管理的，而 Maven 项目是通过 pom.xml 下载并管理依赖包的，因此这里需要编写 pom.xml，具体代码如下：

```
01  <?xml version="1.0" encoding="UTF-8"?>
02  <project xmlns="http://maven.apache.org/POM/4.0.0"
    xmlns:xsi="http://www.w3.org/2001/XMLSchema-instance"
    xsi:schemaLocation="http://maven.apache.org/POM/4.0.0
    http://maven.apache.org/xsd/maven-4.0.0.xsd">
03      <modelVersion>4.0.0</modelVersion>
04      <parent>
05          <groupId>org.springframework.boot</groupId>
06          <artifactId>spring-boot-starter-parent</artifactId>
07          <version>2.1.6.RELEASE</version>
08          <relativePath/>
09      </parent>
10      <groupId>org.example</groupId>
11      <artifactId>myFirstSpringBootPrj</artifactId>
12      <version>1.0-SNAPSHOT</version>
13      <properties>
14          <java.version>1.11</java.version>
15      </properties>
16      <dependencies>
17          <dependency>
18              <groupId>org.springframework.boot</groupId>
19              <artifactId>spring-boot-starter-web</artifactId>
20          </dependency>
21      </dependencies>
22  </project>
```

　　其中前 3 行是 pom.xml 中本来就有的，而第 4～9 行代码是以<parent>元素的形式指定本项目所要用到的通用依赖包。从中可以看到，在 pom.xml 文件中，可以通过第 5 行的 groupId、第 6 行的 artifactId 和第 7 行的 version 这三大要素唯一指向一个依赖包。

　　第 10~12 行代码也是 pom.xml 自带的，其中指定了本项目的名字等信息，这和之前所做的配置是一致的。

　　第 13~15 行代码指定了本项目所用的 JDK 环境，这里是 JDK1.1。在第 16~21 行代码通过 dependencies 和 dependency 元素指定了本项目要用的依赖包。

　　这段代码在 POM.XML 第 4～9 行定义的 parent 元素的基础上，通过 dependency 元素引入 parent 从属范围中的子依赖包。

　　编写好上述 pom.xml 文件后，右击 pom.xml 文件，并在随后弹出的菜单项中选中 Maven →Reimport，如图 1.16 所示，由此可以根据 pom.xml 中的定义导入本项目所需的依赖包。

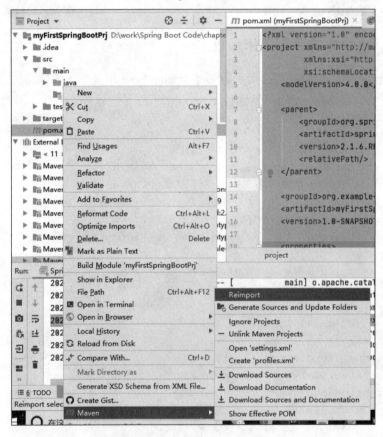

图 1.16　导入本项目所用的依赖包

　　成功导入后，就能在本项目的 External Libraries 中看到导入的 JAR 包，具体效果如图 1.17 所示，从中能看到用 Maven 工具管理项目用到依赖包的方式。

　　需要说明的是，Maven 工具会根据 pom.xml 中关于依赖包的设置从远端仓库下载依赖包到本地仓库。所以，在 Maven 本地仓库 D:\work\apache-maven-3.6.3\repository 中能看到从远端仓库下载的依赖包。

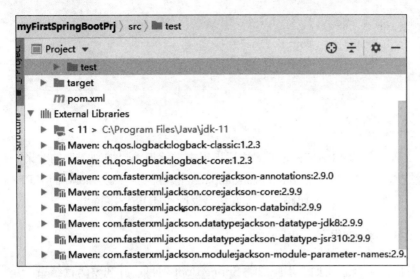

图 1.17 导入依赖包后的效果图

1.3.3 开发第一个 Spring Boot 项目

创建好 Spring Boot 项目并以 Maven 方式下载好依赖包后,就可以通过如下步骤开发第一个 Spring Boot 项目:

步骤01 在 scr.main/java 的默认路径新建一个名为 demo 的 package,本项目所开发的两个 Java 程序就放在这个 package 中。

步骤02 在 demo 的 package 中编写 Spring Boot 项目的启动类 SpringBootApp.java,具体代码如下:

```
01  package demo;
02  import org.springframework.boot.SpringApplication;
03  import org.springframework.boot.autoconfigure.SpringBootApplication;
04  @SpringBootApplication
05  public class SpringBootApp {
06      public static void main(String[] args) {
07          SpringApplication.run(SpringBootApp.class, args);
08      }
09  }
```

通过第 2 行和第 3 行的 import 语句导入本类需要用到的类库。在第 5 行的主类前需要用到第 4 行的@SpringBootApplication 注解,表明本类是 Spring Boot 的启动类。

在第 6 行的 main 函数中,需要如第 7 行所示,通过 SpringApplication.run 方法实现启动效果,而该方法的 SpringBootApp.class 参数需要和本类名一致。

步骤03 编写好启动类以后,需要在 demo 这个 package 中继续编写控制器类 Controller.java,具体代码如下:

```
01  package demo;
02  import org.springframework.web.bind.annotation.RequestMapping;
03  import org.springframework.web.bind.annotation.RestController;
```

```
04  @RestController
05  public class Controller {
06      @RequestMapping("/hello")
07      public String sayHello(){
08          return "Hello";
09      }
10  }
```

这里通过第 4 行的@RestController 注解指定本类承担着"控制器"的效果。在第 7 行的 sayHello 方法前，通过第 6 行的@RequestMapping 注解说明格式为/hello 的 HTTP 请求将由本方法来处理，而通过第 8 行的代码说明该方法将返回"Hello"字符串。

1.3.4 运行并观察效果

完成开发后，可以通过如下步骤启动 Spring Boot 项目，并观察运行结果。

步骤01 右击 SpringBootApp.java 文件，在随后弹出的菜单项中选中 Run 命令，如图 1.18 所示，以此启动 Spring Boot 项目。

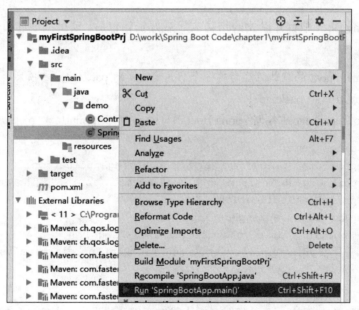

图 1.18　启动 Spring Boot 项目

成功启动后，可以在 IDEA 的控制台看到 Started SpringBootApp 字样，如图 1.19 所示。

```
Run:    SpringBootApp ×
    2021-02-07 16:49:33.617  INFO 7040 --- [        main] o.a.c.c.C.[Tomcat].[localhost].[/]       : Initializing Spring embedded WebApplica
    2021-02-07 16:49:33.617  INFO 7040 --- [        main] o.s.web.context.ContextLoader            : Root WebApplicationContext: initializat
    2021-02-07 16:49:34.274  INFO 7040 --- [        main] o.s.s.concurrent.ThreadPoolTaskExecutor  : Initializing ExecutorService 'applicati
    2021-02-07 16:49:34.705  INFO 7040 --- [        main] o.s.b.w.embedded.tomcat.TomcatWebServer  : Tomcat started on port(s): 8080 (http)
    2021-02-07 16:49:34.713  INFO 7040 --- [        main] demo.SpringBootApp                       : Started SpringBootApp in 5.931 seconds
```

图 1.19　成功启动 Spring Boot 项目

在图 1.19 左边有一个正方形按钮 ■，看到它，则说明 Spring Boot 项目处于运行状态，并工作在本地的 8080 端口，运行以后，可以通过单击这个按钮终止本项目。

步骤 02 在浏览器中输入 http://localhost:8080/hello，通过 localhost:8080 能访问 Spring Boot 服务器，之后的/hello 则会和 Controller 类中的 sayHello 方法前的@RequestMapping 匹配上，从而调用 sayHello 方法，由此能在浏览器中输出 Hello 的字样，如图 1.20 所示。

图 1.20　在浏览器中观察到的效果图

1.3.5　对 Spring Boot 项目的直观说明

从之前开发的第一个 Spring Boot 项目中，读者能观察到 Spring Boot 的如下特性：

（1）由于 Spring Boot 项目内嵌 Tomcat 服务器，因此通过启动类启动 Spring Boot 项目后，该项目就自动部署并运行在 Tomcat 服务器上，无须再进行额外的部署动作。

（2）Spring Boot 项目启动后，会默认监听本地的 8080 端口。

（3）Spring Boot 项目会通过控制器来监听本地 8080 端口上的请求，如果请求和控制器方法前的@RequestMapping 注解匹配上，则由该方法来处理该请求。

（4）Spring Boot 是以注解的方式来管理项目的，比如用@SpringBootApplication 注解来指定启动类，用@RestController 注解来指定控制器类。这与用 XML 文件进行配置的 SSM 等框架相比，大大提升了开发和管理项目的效率。

后文将围绕上述特性进一步讲述 Spring Boot 框架的其他特性。

1.4　思考与练习

1. 选择题

（1）本书使用如下 JDK 哪个版本开发项目？（D）

A. JDK 8　　　　　B. JDK 9　　　　　C. JDK 10　　　　　D. JDK 11

（2）本书使用如下哪个集成开发环境开发项目？（A）

A. IEDA　　　　　B. Eclipse　　　　　C. MyEclipse　　　　　D. PyChart

（3）在 Maven 项目中，是通过如下哪个文件来管理依赖包的？（A）

A. pom.xml　　　　　　　　　B. settings.xml

C. setting.xml　　　　　　　　D. SpringBootApplication.java

2. 填空题

（1）在默认情况下，Spring Boot 工作在（8080）端口上。

（2）在 Spring Boot 项目中，是通过（@RestController）注解来定义控制器类的。

（3）在 SSM 框架中，SSM 是（Spring、Spring MVC、MyBatis）的缩写。

3. 操作题

（1）根据本书的提示，在你的计算机上下载安装并配置 JDK11 开发环境。

提示步骤：（1）下载 JDK11 安装包；（2）运行安装包；（3）配置环境变量。

（2）根据本书的提示，在你的计算机上下载安装并配置 IDEA 集成开发环境。

提示步骤：（1）下载并安装 IEDA 集成开发环境；（2）下载并配置 Maven 工具；（3）在 IEDA 中集成 Maven。

（3）编写第一个 Spring Boot 项目，并通过浏览器输出"This is my First Spring Boot Project"的字样。

提示步骤：（1）创建项目并编写 pom.xml 文件；（2）导入依赖包；（3）编写启动类和控制器类；（4）启动 Spring Boot 项目；（5）在浏览器中观察效果。

第 2 章

Spring Boot 编程基础

本章首先将带领大家认识 Spring Boot 框架的基石：控制反转（Inversion of Control，IoC）理念，在此基础上展示 Spring 容器通过 IoC 降低类之间耦合度的做法。随后讲述 Spring Boot 框架的通用结构，以及框架内各重要模块的构成以及开发方式，还会讲述在 Spring Boot 框架内通过配置文件动态配置服务参数的做法。

通过本章的学习，读者能对 Spring Boot 框架有一个基本的认识，并能掌握开发 Spring Boot 各重要模块及配置文件的基本技能。

2.1　准备知识：什么是控制反转

在传统的项目中，需要在类中主动定义所需的依赖对象，比如需要在计算机类中定义所需依赖的鼠标键盘等类。这种做法相关类的耦合度很高，这样会导致在修改其中一个类的代码时引发其他类的修改，从而提升项目的维护难度。

对此，在 Spring 的控制反转的开发模式中，会由 Spring 容器来管理类之间的依赖关系，即类之间依赖关系的控制权由"类"反转到了"容器"，这样就能很好地降低类之间的耦合度，从而降低维护项目的工作量。

2.1.1　以实例了解控制反转的做法

在如下的 IocDemo 范例中，将以控制反转的方式管理类之间的耦合度，从中读者能直观地看到类之间依赖关系的"反转"，以及这种"反转"对代码维护的帮助。

步骤 01　按第 1 章给出的详细步骤，通过 IDEA 集成开发工具创建名为 IocDemo 的 Maven 类型的项目，并在 pom.xml 文件中加入如下关键代码：

```
01    <properties>
02        <java.version>1.11</java.version>
03    </properties>
```

```
04      <dependencies>
05          <dependency>
06              <groupId>org.springframework</groupId>
07              <artifactId>spring-context</artifactId>
08              <version>5.3.3</version>
09          </dependency>
10      </dependencies>
```

通过第 1~3 行代码指定本项目用 JDK1.11 版本，通过第 4~10 行代码引入了使用 IoC 所必需的依赖包。

步骤 02 编写提供服务的 Tool.java 类，代码如下：

```
01   public class Tool {
02       public void print(){
03           System.out.println("Use tool to Coding");
04       }
05   }
```

在该类第 2 行的 print 的方法中封装了提供打印服务的代码，这里简化成输出一句话。

步骤 03 编写实现配置管理 Bean 类的 Config.java，代码如下：

```
01   import org.springframework.context.annotation.Bean;
02   import org.springframework.context.annotation.Configuration;
03   @Configuration
04   public class Config {
05       @Bean("tool")
06       public Tool init(){
07           return new Tool();
08       }
09   }
```

在 Spring IoC 开发模式中，类依赖关系的控制器被"反转"到了 Spring 容器中，在该 Config.java 类中，定义了通过 Spring 容器管理 Tool 类的方式。

具体的做法是，首先通过第 3 行的注解说明 Config.java 类将承担"向 Spring 容器配置类"的角色，其次通过第 5 行的@Bean 注解说明第 6 行的 init 方法将返回名为 tool 的 Bean，再结合第 7 行代码，可以看到名为 tool 的 Bean 其实是 Tool 类型的。

步骤 04 编写调用 Tool 对象的 TestClass.java 类，具体代码如下：

```
01   import org.springframework.context.ApplicationContext;
02   import org.springframework.context.annotation.
     AnnotationConfigApplicationContext;
03   public class TestClass {
04       public static void main(String[] args){
05           ApplicationContext applicationContext = new
     AnnotationConfigApplicationContext(Config.class);
06           Tool tool = (Tool)applicationContext.getBean("tool");
```

```
07        tool.print();
08    }
09 }
```

在 main 函数的第 5 行，先根据 Config 类中的定义初始化了 ApplicationContext 对象，这个对象可以理解成 Spring 管理 Bean 的容器。由于在 Config 配置类中定义了名为 tool 的 Bean 其实是 Tool 类型的对象，因此在第 6 行中能通过 applicationContext.getBean 方法得到 Tool 类型的对象，随后在第 7 行中通过 tool 对象调用其中的 print 方法。

运行 TestClass 类的 main 函数，能看到如下结果，这是由第 7 行的 tool.print 方法输出而成的。

```
Use tool to Coding
```

根据 Java 传统定义类和使用类的做法，在 main 函数中，应该通过如下代码创建并使用 tool 对象，即先通过第 1 行的 new 方法创建对象，再通过第 2 行的代码使用 tool 对象。

```
01  Tool tool = new Tool();
02  tool.print();
```

在传统做法中，TestClass 类依赖 Tool 类，并调用了其中的 print 方法，这里对 Tool 类的依赖关系定义在类中。而在本范例中，TestClass 类在要用到 Tool 类的时候才从 Spring 容器 ApplicationContext 对象中得到 Tool 类，也就是说，TestClass 类对 Tool 类依赖关系的控制权"反转"到了 Spring 容器中。

由于 TestClass 类对 Tool 类的依赖关系被"反转"到了 Spring 容器中，因此从代码层面来看，两者的耦合度很低，因此哪天要修改 Tool 类中 print 方法的调用参数，也不会对 TestClass 类造成任何影响。

2.1.2　Bean 与 Spring 容器

从上文的范例中，读者能感受到控制反转的做法，这里来说明一下与之相关的两个名词 Bean 和 Spring 容器。

在 Spring 的开发和运行环境中，读者可以把 Bean 理解成一个个具体的类，比如上文的范例中，Tool 类就是一个 Bean，而在控制反转的开发模式中，Bean 之间（也就是类之间）的依赖关系是由 Spring 容器来管理的，而不是直接定义在类的内部。

而 Spring 容器则是 Spring 管理 Bean 的工具，在上文的范例中，ApplicationContext 对象就是具象化的 Spring 容器。在 Spring 项目启动时，Spring 容器能从配置文件或配置类中读取各种 Bean 的依赖关系，并在运行时在必要时根据预先的配置创建对应的 Bean 类。

在开发 Spring 乃至 Spring Boot 的项目时，Bean 和 Spring 容器这两个名词经常会被提起，但经过上文的解释，其实它们也是比较好理解的，并没有什么神秘的地方。

2.1.3　控制反转和依赖注入是一回事

在 Spring 语境中，和控制反转意思相同的一个名词叫依赖注入（Dependency Injection，DI），其实它们是一回事，是对同一个事物从不同角度的解释。通过表 2.1 的对比，读者能清晰地看到这一点。

表 2.1　IoC 和 DI 概念的对比描述

概　念　名	含　　义	表现形式
控制反转（IoC）	类之间的依赖关系反转到由 Spring 容器来控制，即控制权由代码反转到 Spring 容器中	在使用所依赖的对象时，在代码中无须创建实例，而是把类之间的依赖关系配置到 Spring 容器中
依赖注入（DI）	运行代码时，如果要在一个类中使用（也叫注入）另一个类，这种注入是依赖于配置项的。上例中这种注入依赖于 Config.java 中的配置定义	由于已经把依赖类之间的关系写到配置文件中，因此在运行时，会根据配置文件中的定义注入（构建）所要用到的类。上例中是在 TestClass 类里注入了 Tool 类

从表 2.1 可以看到，依赖注入强调类的注入是由 Spring 容器在代码的运行时完成的，而控制反转则强调类之间的依赖关系是由 Spring 容器控制的。但无论怎样，通过它们所描述的编程模式，程序员能大大降低类之间的依赖关系，这样就能把修改一个类的影响范围降低到最小的程度。

2.2　Spring Boot 项目的通用框架

用 Spring Boot 框架开发出的不同项目可能业务上会大相径庭，用到的日志或数据库等组件也未必相同，但大多数 Spring Boot 项目的框架如图 2.1 所示，即项目由控制器层、业务逻辑层、服务提供层和数据服务层构成。

其中各模块的作用描述如下：

（1）在控制器层，一般会以@RequestMapping 注解指定控制器类中的方法可以处理哪些格式的 URL 请求。在控制器类中，一般会调用业务逻辑层中的方法来处理请求。

（2）在业务逻辑层的类中，一般会封装业务层面的方法，比如实现"用户购买商品"的方法，在其中一般会调用服务提供层中的方法来完成业务。

（3）在服务提供层，一般会封装诸多服务方法，而往往一个业务动作会包含多个服务方法，比如"用户购买商品"的业务动作中，可以封装"增加订单""风险控制"和"扣除用户余额"等服务动作。不过在一些规模比较小的项目中，往往会把业务逻辑层和服务提供层合二为一。

（4）在数据服务层，一般会封装针对数据库的操作动作，其中采用 JPA 或 MyBatis 等组件来与数据库交互。

通过这种"分层"的做法，程序员能把不同类型的代码放到对应的模块中，这样就能在 Spring IoC 的基础上进一步降低模块和类之间的耦合度，进而更好地提升项目的可维护性。

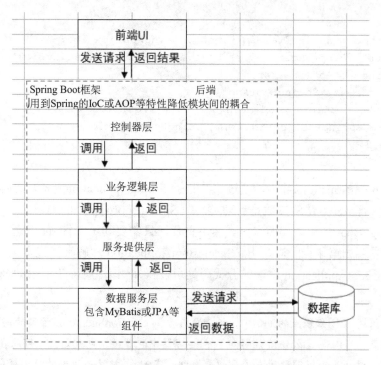

图 2.1 大多数 Spring Boot 项目的框架图

2.3 开发 Spring Boot 启动类

由于 Spring Boot 项目默认整合了 Web 服务器 Tomcat，因此启动起来相当方便：运行 Spring Boot 项目中的启动类即可完成启动的动作。

通过启动类启动 Spring Boot 项目后，该项目会在指定端口（默认是 8080）上监听 URL 请求，并把请求交给控制器类处理，由此对外提供服务。对应终止 Spring Boot 的启动类，即可起到让 Spring Boot 项目停止运行的效果。

2.3.1 对注解@SpringBootApplication 的说明

在第 1 章已经给出了关于 Spring Boot 启动类的范例，这里将围绕@SpringBootApplication 注解进一步讲解启动类的相关知识点。

为了演示 Spring Boot 的启动类，这里需要创建名为 StarterDemo 的 Maven 项目，该项目的 pom.xml 文件和第 1 章 myFirstSpringBootPrj 项目的 pom.xml 很相似，所以不再讲述，读者可以自行阅读相关代码。

在本项目中新建一个名为 Starter 的 package 包，并在其中新建一个名为 SpringBootApp.java 的启动类，该启动类的文件位置如图 2.2 所示。

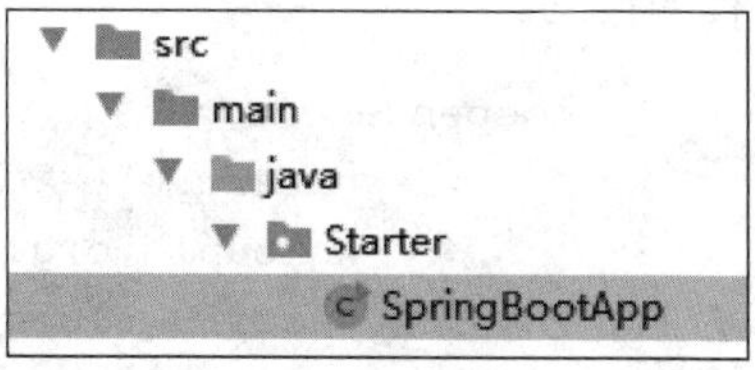

SpringBootApp.java 启动类的代码如下：

图 2.2 本项目启动类的文件位置示意图

```
01  package Starter;
02  import org.springframework.boot.SpringApplication;
03  import org.springframework.boot.autoconfigure.SpringBootApplication;
04  @SpringBootApplication
05  public class SpringBootApp {
06      public static void main(String[] args) {
07          SpringApplication.run(SpringBootApp.class, args);
08      }
09  }
```

在该类第 6 行的 main 函数中，通过第 7 行的 SpringApplication.run 方法启动 StarterDemo 项目，注意第 7 行 run 方法的参数是启动类，即 SpringBootApp 类的类名。

对于 Spring Boot 的启动类而言，类名不重要，只需要和第 7 行 run 方法中的参数名保持一致即可，但需要如第 4 行一样，用@SpringBootApplication 注解来标识本类是启动类。

从@SpringBootApplication 注解的源代码处可以得知，该注解除了能启动 Spring Boot 项目外，还被如下 3 个注解所修饰：

- 在之前讲述 IoC 知识点的范例中，读者已经看到过@Configuration 注解的用法。被该注解标识过的类，可以通过@Bean 注解向 Spring 容器中配置类。也就是说，可以在 Spring Boot 启动类中通过@Bean 注解配置本项目所要用到的实例，并把注入实例的控制权交给 Spring 容器，由此体现"控制反转"的效果。
- 通过@EnableAutoConfiguration 注解，在启动 Spring Boot 项目时，Spring 容器会自动读取通过@Bean 注解配置好的类，并且还会到本项目 classpath 所指定的路径中读取配置好的类，同样这些类的注入控制权会交给 Spring Boot 容器。
- 由于 Spring Boot 启动类相当于被@ComponentScan 注解修饰，因此在运行本启动类启动 Spring Boot 项目时，Spring 容器会扫描本包（这里是 Starter 包）以及子包下的所有路径，一旦发现有被@Service 等注解标识成的类，就会把这些类读取到 Spring 容器中。这也是把控制器类、业务逻辑类和数据服务层代码所在的包放在和启动类平级或下级包的原因。

2.3.2 配置热部署

在常规情况下，当 Spring Boot 项目处于运行状态时，如果要更新其中的 Java 类文件，需要先停止该项目，更新类文件后再启动该项目，这样就能让修改生效。

与之相对应的是"热部署"，即当项目在运行时，更新类文件后，在不重启项目的前提下就能让修改生效。

为了实现"热部署"的效果，需要在 pom.xml 文件的\<dependencies\>元素中添加如下第 2～6 行的代码。

```
01  <dependencies>
02      <dependency>
03          <groupId>org.springframework.boot</groupId>
04          <artifactId>spring-boot-devtools</artifactId>
05          <optional>true</optional>
```

```
06        </dependency>
07        其他依赖项
08    </dependencies>
```

不过这里需要注意，在测试环境中，为了提升调试的效果，可以通过引入上述依赖项开启热部署。但在生产环境中，变更代码和重启服务器需要非常慎重，往往需要比较复杂的审批流程，热部署所带来的优势无法体现出来，所以不建议在生产环境中引入热部署。

2.3.3　通过 Banner 定制启动信息

Spring Boot 项目在启动时会在控制台（或日志文件）输出一些信息。在一些场景中，需要通过 Banner 定制化启动信息，从而向用户展示一些提示信息。通过 Banner 定制启动信息的步骤如下：

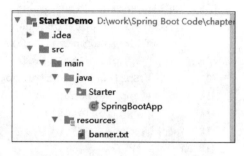

步骤 01　在 2.3.1 小节创建的 StarterDemo 项目中，找到 resources 目录，在其中新建一个名为 banner.txt 的文件，具体效果如图 2.3 所示。在 banner.txt 文件中可以定义如下信息：

图 2.3　在 resources 目录下创建 banner.txt

```
01    Application Version: Version 1.0
02    Spring Boot Version: ${spring-boot.version}
03    Spring Boot formatted Version: ${spring-boot.formatted-version}
04    ---------------------------
05    Welcome to Sprint Boot App
06    ---------------------------
```

步骤 02　在第 1 行输出了本项目的版本信息，在第 2 行和第 3 行输出了 Spring Boot 的版本信息和格式化过的版本信息，而在第 4～6 行中定义了欢迎文字。

随后再次通过运行 SpringBootApp.java 启动 Spring Boot 项目，就能在控制台看到如图 2.4 所示的启动效果。

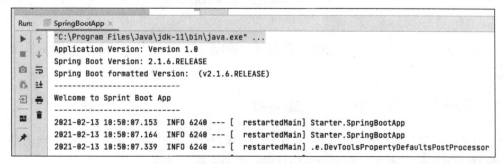

图 2.4　通过 Banner 定制启动界面的效果图

从中可以看到定义后的效果，如果要引入其他欢迎或者提示文字，则可以如本范例所示，在 banner.txt 文件中继续添加其他文字。

2.3.4 关闭定制的启动界面

如果不想在启动时展示通过 Banner 定制好的信息，那么可以通过改写 Spring Boot 的启动类来实现，改写后的 SpringBootApp.java 代码如下：

```
01  package Starter;
02  import org.springframework.boot.Banner;
03  import org.springframework.boot.SpringApplication;
04  import org.springframework.boot.autoconfigure.SpringBootApplication;
05  @SpringBootApplication
06  public class SpringBootApp {
07      public static void main(String[] args) {
08          //SpringApplication.run(SpringBootApp.class, args);
09          SpringApplication app = new SpringApplication(SpringBootApp.class);
10          app.setBannerMode(Banner.Mode.OFF);
11          app.run(args);
12      }
13  }
```

在第 7 行的 main 函数中，需要注释掉第 8 行原来的代码，加上第 9~11 行的代码，其中通过第 10 行的代码关闭了定制化启动信息的效果。修改后再运行该启动类，就能看到如图 2.5 所示的效果，从中能够确认定制化的启动信息不再生效。

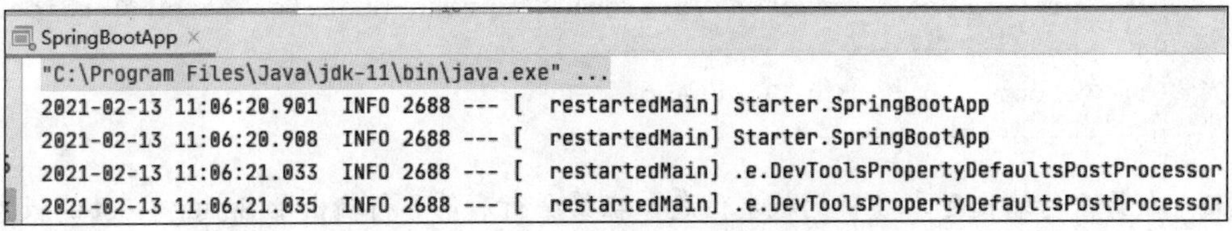

```
SpringBootApp ×
"C:\Program Files\Java\jdk-11\bin\java.exe" ...
2021-02-13 11:06:20.901  INFO 2688 --- [   restartedMain] Starter.SpringBootApp
2021-02-13 11:06:20.908  INFO 2688 --- [   restartedMain] Starter.SpringBootApp
2021-02-13 11:06:21.033  INFO 2688 --- [   restartedMain] .e.DevToolsPropertyDefaultsPostProcessor
2021-02-13 11:06:21.035  INFO 2688 --- [   restartedMain] .e.DevToolsPropertyDefaultsPostProcessor
```

图 2.5　关闭定制化启动信息后的效果图

2.4　编写控制器类

启动 Spring Boot 后，该项目就会在默认的 8080 端口监听请求。一旦有请求到达，控制器类就会接收、匹配并处理该请求。

2.4.1 用@Controller 注解定义控制器类

本小节将新建名为 ControllerDemo 的 Maven 项目，其中的 pom.xml 和启动类与之前 2.3.1 小节的 StarterDemo 很相似，这部分代码读者可参考之前的讲解。

在该项目中将新建 Controller.java 类作为控制器，该控制器类和启动类的目录层次关系如图 2.6 所示。从中可以看到，启动类处在 prj 这个包之下，而控制器类则处于 prj.controller 这个包之下。

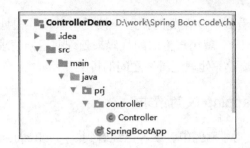

图 2.6　控制器类和启动类的层次关系示意图

之前已经提到，由于启动类中的@SpringBootApplication 注解包含@ComponentScan 注解，因此在启动时会扫描本包（这里是 prj 包）和子包（包括 prj.controller 包）下的程序，这样就会扫描到并识别控制器类。根据此特性，在实际项目中一般会把控制器类放在和启动类同级或下级的包里。具体控制器类 Controller.java 的代码如下：

```
01  package prj.controller;
02  import org.springframework.web.bind.annotation.RequestMapping;
03  import org.springframework.web.bind.annotation.RestController;
04  @RestController
05  public class Controller {
06      @RequestMapping("/index")
07      public String indexPage(){
08          return "index";
09      }
10      @RequestMapping("/welcome")
11      public String welcomePage(){
12          return "welcome";
13      }
14  }
```

控制器类的类名可以随便起，但需要用第 4 行的@RestController 注解标识本类是控制器类。

在控制器类中，处理请求的方法名可以随便起，但需要在诸多方法前像第 6 行和第 10 行那样用@RequestMapping 注解标识本方法可以处理哪种格式类型的 URL，比如第 7 行的 indexPage 方法可以处理/index 格式的请求，而第 11 行的 welcomePage 方法可以处理/welcome 格式的请求。

在控制器的方法中，可以通过 return 字符串的形式返回该方法的处理结果，如第 8 行和第 12 行所示。写完控制器类的代码后，启动该项目，并在浏览器中输入 http://localhost:8080/index。

这里的 localhost:8080 是 Spring Boot 项目所监听的 IP 地址和端口号，而/index 则是请求的 URL，根据控制器类 Controller.java 中第 6 行代码的定义，该/index 请求会被第 7 行的 indexPage 方法处理，根据第 8 行的返回结果，该 http://localhost:8080/index 请求能在浏览器中得到"index"的输出。

同理，如果在浏览器中输入 http://localhost:8080/welcome，就能看"welcome"的输出，如图 2.7 所示。

图 2.7　控制器范例的运行效果图

从本范例中，读者能看到控制器类的作用：接受请求，并根据方法的@RequestMapping注解匹配请求，如果能匹配上，就用该方法的代码来处理并返回请求，也就是说，控制器类承担着"前端代码"和"后端业务处理逻辑"之间的桥梁作用。

2.4.2 用@RequestMapping 映射请求

在 2.4.1 小节给出的控制器范例中，读者已经看到，用@RequestMapping 注解可以定义控制器方法能映射处理的请求，该注解有如表 2.2 所示的常用参数。

表 2.2 @RequestMapping 注解常用参数一览表

参 数 名	含 义
value	能映射的 URL 请求
method	能映射的 URL 请求的 HTTP 方法，常用的方法有 GET、POST、PUT 和 DELETE
params	指定 URL 请求中必须包含的参数

为了演示@RequestMapping 注解映射 URL 请求的做法，需要在上文所创建的 ControllerDemo 项目中新建一个名为 ControllerForReq 的控制器类，该类的代码如下：

```
01   // 和之前的 Controller 类处在同一个包中
02   package prj.controller;
03   import org.springframework.web.bind.annotation.RequestMapping;
04   import org.springframework.web.bind.annotation.RequestMethod;
05   import org.springframework.web.bind.annotation.RestController;
06   //用@RestController 类描述这是控制器类
07   @RestController
08   public class ControllerForReq {
09      //等同于@RequestMapping("/testValue")
10      @RequestMapping(value = "/testValue")
11      public String testValue(){
12         return "testValue";
13      }
14      //演示 method 参数的用法
15      @RequestMapping(value = "/demoMethod",method = RequestMethod.GET)
16      public String testGetMethod() {
17         return "The method is GET";
18      }
19      //同样演示 method 参数，只不过这里的方法是 POST
20      @RequestMapping(value = "/testPostMethod",method =
      RequestMethod.POST)
21      public String testPostMethod() {
22         return "The method is POST";
23      }
24      //演示 params 参数的用法
25      @RequestMapping(value = "/demoParams",params = {"id","name=Peter"})
26      public String demoParams() {
```

```
27          return "demoParams";
28      }
29  }
```

由于第 10 行@RequestMapping 注解的 value 参数是/testValue，因此第 11 行定义的 testValue 方法能处理/testValue 格式的请求，注意这里 value 参数的写法等同于第 9 行。启动该 Spring Boot 项目后，在浏览器中输入 http://localhost:8080/testValue，就能在浏览器中看到 testValue 的字样。

在第 16 行和第 21 行定义的两个方法中，通过@RequestMapping 注解的 method 参数定义了这两个方法分别能映射 method 为 GET 和 POST 的方法。

如果在浏览器中输入 http://localhost:8080/demoMethod，由于该 URL 能被第 15 行的@RequestMapping 注解映射到，且该请求是 GET 类型的，因此会被第 16 行的 testGetMethod 方法所处理，并在浏览器中得到"The method is GET"的输出结果。

如果在浏览器中输入 http://localhost:8080/testPostMethod，由于该请求是 GET 类型的，而不是 POST 类型的，无法被第 21 行的 testPostMethod 方法及其他方法处理，因此该请求会得到如图 2.8 所示的结果，也就是说，该请求无法匹配到对应的控制器方法，所以无法得到处理。

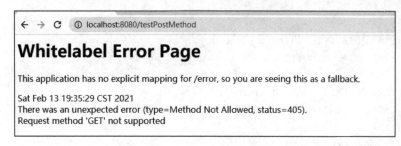

图 2.8 请求无法被处理

根据第 25 行的定义，第 26 行 demoParams 方法能处理/demoParams 格式的请求，且该请求需要包含 id 和 name 的参数，且 name 的值必须是 Peter，所以该方法只能处理如下格式的 URL：

http://localhost:8080/demoParams?id=123&name=Peter

其中 id 参数的值可以随便输入，但 name 参数的值必须是 Peter，如果在浏览器中输入上述请求，则能看到"demoParams"的输出结果。

如果 URL 正确，但参数输入错误，比如 http://localhost:8080/demoParams，就能看到如图 2.9 所示的错误结果，从中能看到错误的返回码是 400，表示参数格式错误。

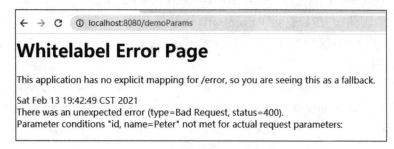

图 2.9 输错参数导致 400 错误

2.4.3 从请求中读取参数

在用@RequestMapping 注解把 URL 请求映射到控制器中的方法上时，会通过 params 等方式携带参数，对此可以在控制器的方法中用@PathVariable 和@RequestParam 注解对应地读取参数。

在如下的 ControllerForPath.java 控制器范例中将演示这一做法，具体的代码如下：

```
01  package prj.controller;
02  import org.springframework.web.bind.annotation.PathVariable;
03  import org.springframework.web.bind.annotation.RequestMapping;
04  import org.springframework.web.bind.annotation.RestController;
05  @RestController
06  public class ControllerForPath {
07      //请求中包含{id}参数
08      @RequestMapping(value = "/getPersonByID/{id}")
09      public String getPersonByID(@PathVariable String id){
10          return "The ID is:" + id;
11      }
12      //请求中包含{id}和{name}参数
13      @RequestMapping("/getPersonByIDAndName/{id}/{name}")
14      public String getPersonByIDAndName(@PathVariable String
    id,@PathVariable String name){
15          return "The ID is:" + id + ", name is:" + name;
16      }
17      //参数定义在 params 中
18      @RequestMapping(value = "/getAccountByID",params = {"id"})
19      public String getAccountByID(@@RequestParam String id){
20          return "The Account ID is:" + id ;
21      }
22  }
```

在第 9 行 getPersonByID 方法所对应的@RequestMapping 注解中定义了该方法能处理/getPersonByID/{id}格式的请求，其中{id}表示该 URL 传入的名为 id 的参数。

所以在第 9 行的方法中，需要在 String id 前加上@PathVariable 注解，说明 url 中传入的 id 参数将作为该方法的 id 参数传入 getPersonByID 的方法中。

如果在浏览器中输入 http://localhost:8080/getPersonByID/001，则在该 URL 中，id 参数所对应的值是 001，因此该 URL 被 getPersonByID 方法处理时，001 会以 String 类型的 id 参数的方式被 getPersonByID 方法接收并处理，对应地，根据第 10 行的返回语句，该请求能得到"The ID is:001"的输出语句。

根据第 13 行@RequestMapping 注解的定义，第 14 行的 getPersonByIDAndName 方法能处理的 URL 格式是/getPersonByIDAndName/{id}/{name}，其中{id}和{name}也是该 URL 对应的参数，所以在第 14 行的方法中，需要用@PathVariable String id,@PathVariable String name 的形式把 URL 中包含的 id 和 name 参数传入方法中。

对应地,如果在浏览器中输入 http://localhost:8080/getPersonByIDAndName/1/Peter 的请求,根据第 15 行语句的定义,能在浏览器中看到"The ID is:1, name is:Peter"的输出结果。

和之前方法不同的是,在第 19 行的 getAccountByID 方法中,是用第 18 行@RequestMapping 注解 params 的形式传入参数 id 的,所以这里需要在 getAccountByID 方法的 String id 参数前加入@RequestParam 注解,指明由@RequestMapping 注解 params 所传入的 id 参数将被第 19 行的 id 参数所接收并处理。

对应地,如果在浏览器中输入 http://localhost:8080/getAccountByID?id=1 的请求,能看到输出结果是"The Account ID is:1",由此能看到,第 18 行由 params 传入的参数 id 被@RequestParam 注解成功地传递到方法中。

这里来总结一下在请求中读取参数的做法。

(1)如果参数写在 URL 请求中,比如/getPersonByID/{id},那么可以通过@PathVariable 注解来读取参数。相反,如果参数是由@RequestMapping 注解中的@Params 传入的,那么需要用@RequestParam 来传递参数。

(2)@PathVariable 和@RequestParam 注解均作用在方法的参数前,并且这两个注解所作用的参数名必须和 URL 请求所携带的参数名保持一致,比如/getPersonByID/{id}请求中参数名是 id,@PathVariable 注解所作用的方法参数名也得叫 id,否则就会出错。

2.4.4 用 produces 参数返回 JSON 格式的结果

在之前的范例中,读者在浏览器中看到的输出结果都是文本类型的。在一些场景中,需要把输出内容转换成 JSON 格式并输出,对此可以通过@RequestMapping 注解中的 produces 参数来实现。

具体可以在 2.4.1 小节创建的 ControllerDemo 项目中新建一个名为 ControllerForJSON.java 的控制器类,并写入如下代码:

```
01  package prj.controller;
02  import org.springframework.web.bind.annotation.RequestMapping;
03  import org.springframework.web.bind.annotation.RestController;
04  import java.util.HashMap;
05  @RestController
06  public class ControllerForJSON {
07      @RequestMapping(value = "/demoJSON",produces = {"application/json"})
08      public HashMap demoJSON(){
09          HashMap accountHM = new HashMap();
10          accountHM.put("id","001");
11          accountHM.put("name","Peter");
12          accountHM.put("balance","1000");
13          return accountHM;
14      }
15  }
```

根据第 8 行 demoJSON 方法之前的@RequestMapping 注解定义,该方法能处理/demoJSON

格式的请求，并且这里还通过@RequestMapping 注解的 produces 参数定义了该方法的返回结果将会被转换成 JSON 格式。

再来看一下第 9 行和第 13 行的方法主体，在其中创建了名为 accountHM 的 HashMap，并通过第 10～12 行的方法向该 HashMap 中插入了若干数据，最后返回了 HashMap 类型的 accountHM 对象。

对应地，如果在浏览器中输入 http://localhost:8080/demoJSON 请求，那么能看到如图 2.10 所示的结果。从中可以看到，虽然 demoJSON 方法返回对象的类型是 HashMap，但根据第 7 行 produces 参数的定义，该对象会被转换成 JSON 格式并输出。

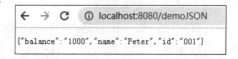

图 2.10　转换成 JSON 格式后输出

2.5　编写业务逻辑类

在之前的范例中，控制器类中的方法在匹配到 URL 请求后，会直接处理并返回。但在实际的应用项目中，这些请求往往对应着一个个具体的业务请求，比如"购买商品"或"查询余额"等。

根据软件设计原则，在一个类或一个方法中，最好只放入同一种类型的代码，这样能降低类和方法的维护难度，所以如果把业务处理代码和控制器部分的代码混杂在一起，这不是一种好的做法，对此，在 Spring Boot 项目中，往往会把业务逻辑代码单独封装到业务逻辑类中。

2.5.1　用@Service 注解编写业务处理类

根据 2.2 节图 2.1 中的描述，在复杂的项目中，还需要进一步把业务代码拆分成到"业务逻辑层"和"服务提供层"。但在本范例中，业务处理的逻辑比较简单，所以就把两者合二为一，即在业务逻辑层封装业务代码。

为了演示业务处理类，这里将新建名为 ServiceDemo 的 Maven 项目，其中的 pom.xml 和启动类和之前 2.3.1 小节的 StarterDemo 很相似，这部分代码可参考之前的讲解。

在该项目中，将新建 Controller.java 类作为控制器，新建 Service.java 作为业务处理类，这两个类和启动类的目录层次关系如图 2.11 所示。从中可以看到，启动类处在 prj 这个包之下，控制器类处于 prj.controller 包之下，而业务处理类处于 prj.service 包之下。也就是说，控制器类和业务处理类均处于启动类所在的子包中。

本项目中业务处理类 AccountService.java 的代码如下：

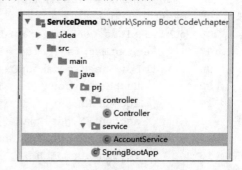

图 2.11　业务处理类和其他类的层次关系图

```
01  package prj.service;
02  import org.springframework.stereotype.Service;
```

```
03   import java.util.HashMap;
04   @Service
05   public class AccountService {
06      public HashMap getAccountByID(String id){
07          HashMap accountHM = new HashMap();
08          accountHM.put("ID",id);
09          accountHM.put("balance",1500);
10          return accountHM;
11      }
12   }
```

在该类的第 6～11 行中封装了根据 ID 找账户的 getAccountByID 方法，在其中通过 HashMap 来模拟一个账户数据并返回。也就是说，该类其实封装了业务处理方法。

注意第 3 行的@Service 注解，这个注解表示，要把本类（AccountService）注册到 Spring 容器中。之前讲过，由于 Spring Boot 启动类相当于被@ComponentScan 注解修饰，因此在启动 Spring Boot 项目时，Spring 容器会扫描启动类所在的包和子包下的所有路径，一旦发现有被@Service 等注解所修饰的类，就会把这些类读取到 Spring 容器中。这样其他类（比如控制器类）就能以控制反转的方式引入并使用这个 AccountService 类。

2.5.2　在控制器类中调用业务逻辑类的方法

在实际项目中，一般是在控制器类中调用业务逻辑类中封装的方法，从而达到分离"控制器类的代码"和"业务逻辑代码"的效果。所以在 ServiceDemo 项目中，需要在 Controller.java 类中实现相关的调用动作，具体代码如下：

```
01   package prj.controller;
02   import org.springframework.beans.factory.annotation.Autowired;
03   import org.springframework.web.bind.annotation.PathVariable;
04   import org.springframework.web.bind.annotation.RequestMapping;
05   import org.springframework.web.bind.annotation.RestController;
06   import prj.service.AccountService;
07   import java.util.HashMap;
08   //用@RestController 注解实现控制器类
09   @RestController
10   public class Controller {
11      @Autowired
12      AccountService accountService;
13      @RequestMapping("/getAccountByID/{id}")
14      public HashMap getAccountByID(@PathVariable String id){
15          return accountService.getAccountByID(id);
16      }
17   }
```

在第 14 行 getAccountByID 方法的@RequestMapping 注解中，能够看到该方法将会处理 /getAccountByID/{id}格式的 URL 请求，其中{id}是参数。同时由于第 14 行的 id 参数是从 URL 请求中读取的，因此该参数前需要加@PathVariable 注解。

在该方法中，通过调用业务逻辑类 accountService 中的 getAccountByID 方法实现根据 id 查找账户的功能。这里请注意，由于 AccountService 类被@Service 注解所修饰，因此在启动该 Spring Boot 项目时，Spring 容器会把该类扫描到容器中，这样就能在 Controller 类的第 11 行和第 12 行通过@Autowired 注解引入 AccountService 类型的 accountService 实例。

具体而言，@Autowired 注解的含义是，会根据类型（这里是 AccountService）到 Spring 容器中查找是否有该类型经过注册的类，如果有则引入，由此体现了"类的依赖关系反转到 Spring 容器"的控制反转的开发模式。

总结，在 Spring Boot 项目中开发和使用业务逻辑类的主要步骤如下：

（1）在启动类的子包中，开发业务逻辑类，并用@Service 注解修饰。

（2）在控制器类中，可以通过@Autowired 注解的方式引入业务处理类，并调用封装在其中的业务逻辑方法。

2.6　编写和读取配置文件

在 Spring Boot 的项目中，一般会在配置文件中存放两类参数，一类是和 Spring Boot 服务本身相关的参数，比如端口号和工作协议等；另一类是业务有关的参数，比如数据库连接参数等。

在 Spring Boot 的项目中，一般会在 resources 目录下存放配置文件。目前比较通用的配置文件格式有两种，一种是.properties 文件，另一种是.yml 文件。

2.6.1　配置和读取.properties 文件

把通用性的参数存放在配置文件中，而不是 Java 代码中，不仅能统一管理这些参数，还能最大限度地降低因修改参数而带来的风险。本小节将新建 ConfigDemo 类型的 Spring Boot 项目，由此来演示编写和读取配置文件的相关用法。

该项目的启动类和 pom.xml 与 2.3.1 小节的 StarterDemo 项目完全一致，不过这里需要在 resources 目录下新建 application.properites 配置文件，具体效果如图 2.12 所示。

该配置文件的代码如下，通过第 1 行代码指定本项目的工作端口是 8888，通过第 2 行代码指定本项目所要用到的数据库用户名参数是 sa。注意，在扩展名是.properties 的文件中，具体的参数格式是：参数名=参数值。

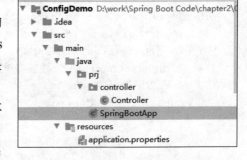

图 2.12　在 resources 目录下放置配置文件

```
01  server.port=8888
02  db.username=sa
```

随后编写 Controller.java 控制器类，代码如下：

```
01  package prj.controller;
02  import org.springframework.beans.factory.annotation.Autowired;
03  import org.springframework.core.env.Environment;
04  import org.springframework.web.bind.annotation.RequestMapping;
05  import org.springframework.web.bind.annotation.RestController;
06  @RestController
07  public class Controller {
08      @Autowired
09      private Environment env;//用此对象读取参数
10      @RequestMapping("/getParam")
11      public String getParam(){
12          return "db.username is:" + env.getProperty("db.username");
13      }
14  }
```

在该控制器类的第 9 行中，以@Autowired 依赖注入的方式引入了读取配置文件中参数的 env 对象，并在第 11 行的 getAccountByID 方法中，通过该 env 对象的 getProperty 方法读取了配置在 application.properties 文件的 db.username 参数。

由于在本项目的配置文件中通过参数修改了该 Spring Boot 项目的工作端口，因此在启动后需要向 8888 端口发起请求。

启动本项目后，在浏览器中输入 http://localhost:8888/getParam 请求后，能看到输出结果：db.username is:sa。由此可知，通过 env.getProperty 方法能有效地读取配置文件中的参数。

2.6.2　配置和读取.yml 文件

扩展名为.yml 的是另一种格式的配置文件，在 Spring Boot 项目中一般会用 application.yml 配置文件来存放参数，该配置文件也存放在 resources 目录中。

这里需要在 ConfigDemo 项目中暂时删除 2.6.1 小节编写的 application.properties 文件，创建一个名为 application.yml 配置文件，具体代码如下：

```
01  server:
02    port: 8888
03  db:
04    username: sa
05    pwd: 123
```

从中能看到在.yml 配置文件中配置参数的方式。

（1）在.yml 文件中，是通过类似第 1 行和第 2 行的方式，以冒号换行加空格的方式配置参数的，这里的参数等同于 server.port=8888 的效果。

（2）在定义参数名时，本级和下一级的参数名需要换行，且换行后需要缩进统一数量的空格，比如本项目中统一缩进两个空格。

（3）在各级参数的后面需要用冒号结尾，且参数名和参数值之间需要加一个空格，比如这里 port:和 8888 之间需要有一个空格。

（4）同级参数之间，只需要写一个上级参数名，比如第 4 行和第 5 行的参数名都是缩进两个空格，是同一级参数，这里它们的上级参数名都是 db。进一步看，这里其实配置了两个参数，一个是 db.username=sa，另一个是 db.pwd=123。

对于上述 application.yml 配置文件，可以在 Controller.java 控制类中加入如下代码读取其中的具体参数：

```
01    @Autowired
02    private Environment env;
03    @RequestMapping("/getYmlParam")
04    public String getYmlParam(){
05        return "db.username is:" + env.getProperty("db.username") + ",
    db.pwd is:" + env.getProperty("db.pwd");
06    }
```

从第 5 行的代码中能看到，对于.yml 格式的文件，依然可以通过 env.getProperty 的方法来读取其中的参数。这里如果在浏览器中输入 http://localhost:8888/getYmlParam，能看到如图 2.13 所示的效果。

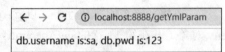

图 2.13　读取.yml 配置文件的运行效果图

2.6.3　用@Value 注解读取配置文件

上文是用 Environment 类型对象的 getProperty 方法来读取配置文件中的参数的，此外，还可以通过@Value 注解来读取，这里将名为 ControllerForValue.java 的控制器类，在其中用该注解读取配置参数，具体代码如下：

```
01    package prj.controller;
02    import org.springframework.beans.factory.annotation.Autowired;
03    import org.springframework.beans.factory.annotation.Value;
04    import org.springframework.core.env.Environment;
05    import org.springframework.web.bind.annotation.RequestMapping;
06    import org.springframework.web.bind.annotation.RestController;
07    @RestController
08    public class ControllerForValue {
09        //用@Value 注解读取参数
10        @Value("${db.username}")
11        private String username;
12        @Value("${db.pwd}")
13        private String pwd;
14        @RequestMapping("/getParamFromValue")
15        public String getParamFromValue(){
16            //输出读取到的参数
17            return "db.username is:" + username + ", db.pwd is:" + pwd;
18        }
19    }
```

在本类的第 10～13 行代码中，通过@Value 注解读取两个参数并赋给 username 和 pwd 这两个变量。从中能够看到@Value 注解的用法是，在括号中用"${db.username}"的形式指定配置文件中的参数名，并把该参数对应的值赋予该注解所修饰的变量。

在读取到两个参数后，在该类第 15 行的 getParamFromValue 方法中，通过第 17 行的 return 语句返回了这两个参数所对应的值，这里如果在浏览器中输入 http://localhost:8888/getParamFromValue，能看到如下输出结果：

```
db.username is:sa, db.pwd is:123
```

2.6.4　在项目中用同一种风格读取配置文件

前面不仅讲述了用两种不同格式的配置文件存储参数的做法，也给出了用不同方法读取参数的方式。不过在同一个项目中，为了降低项目的维护难度，建议用同一种风格读取配置文件。

（1）在项目中，建议用同一种格式的配置文件，比如用了.yml 格式的文件配置参数，就别再用.properties 格式的文件配置参数。

（2）在配置文件中，用同一种风格的配置参数，比如在 yml 文件中，本级和下级参数名之间统一缩进两个空格。

（3）用同一种方式来读取配置文件中的参数，比如统一用@Value 注解的方式来读取配置文件，而不要在项目中混杂地使用多种方式来读取参数。

2.7　思考与练习

1. 选择题

（1）控制反转的缩写是什么？（B）

A. IOB　　　　　　　B. IOC　　　　　　　C. IOD　　　　　　　D. IOE

（2）可以在如下哪个文件中配置 Spring Boot 的启动界面？（A）

A. banner.txt　　　　B. application.txt　　　C. application.yml　　　D. config.xml

（3）在 Spring Boot 的项目中，一般通过什么注解来定义控制器类？（D）

A. RestfulController　　　　　　B. @Service

C. @Value　　　　　　　　　　D. @RestController

2. 填空题

（1）在默认情况下，Spring Boot 项目的配置文件存放在（resources）目录中。

（2）在 Spring Boot 项目中，可以通过（@Service）注解来定义业务逻辑类。

（3）在 Spring Boot 项目中，可以通过（@Autowired）注解以控制反转的方式来引入依赖类。

3. 操作题

（1）根据本书提示，开发一个 Spring Boot 项目，并让它工作在 9090 端口上。

提示步骤：（1）在 resouces 目录中创建配置文件；（2）在配置文件中定义工作端口。

（2）根据本书提示，开发一个 Spring Boot 项目，该项目启动后，在输入 localhost:8080/test 请求后，会输出 JSON 格式的{"name":"Tom"}内容。

提示步骤：在定义控制器类的方法时，在对应的@RequestMapping 注解中加入正确的 produces 参数。

（3）在 Spring Boot 项目的配置文件中，通过.yml 格式的配置文件定义格式为"login.pwd=1234"的参数，在控制器类中通过@Value 注解读取该参数并输出。

提示步骤：（1）在.yml 文件中用正确的格式定义参数；（2）在控制器类中正确地配置@Value 注解。

第 3 章

Spring Boot 用 JPA 操作数据库

在大多数的项目中都会使用数据库来存储业务数据，对此在 Spring Boot 项目中可以用 JPA 等组件来连接并操作数据库。

本章先给出搭建 MySQL 数据库环境的步骤，随后介绍通过 ORM 规范分离业务逻辑和数据库操作逻辑的做法，接着详细介绍用 JPA 组件操作数据库的做法，并在此基础上给出 JPA 操作事务的方式。

通过本章的学习，读者不仅能全面了解 Spring Boot 通过 JPA 组件操作数据库的各种知识点，而且还能全面掌握用 JPA 组件开发项目级的数据库操作的常用技能要点。

3.1　搭建 MySQL 环境

MySQL 是传统的关系型数据库，在其中可以用数据库和数据表的形式存储数据。由于 MySQL 数据库是开源的，能降低项目的开发成本，因此得到了广泛的应用。

这里首先安装 MySQL 的开发环境，包括安装 MySQL 数据库和客户端，并创建 MySQL 数据库和数据表，随后会在 MySQL 的数据表中进行插入数据的操作。

3.1.1　安装 MySQL 数据库和客户端

可以到官网（https://dev.mysql.com/downloads/mysql/）下载 MySQL 的安装包，本书选用的是比较稳定的 5.7.19 版本。

下载完成后，可以按照一步一步的提示完成安装动作，在其中会让用户输入针对 root 用户名的密码，本书输入的是 123456，这里按照实际的需求输入对应的密码即可。

安装 MySQL 数据库以后，MySQL 数据库服务器会自动启动，此时就能在命令行中通过数据命令进行建库、建表和操作数据等动作。

不过在命令行中操作 MySQL 数据库未必直观，也未必方便，所以在 Windows 操作系统中，还可以通过客户端操作数据库。

本书用到的 MySQL 客户端是 MySQL WorkBench 6.3.3 版本，该客户端软件可以从官网（https://dev.mysql.com/downloads/workbench/）下载。下载并安装此客户端软件，打开后，能看到如图 3.1 所示的效果。单击用框标识出的"加号"按钮，即可创建指向 MySQL 服务器的连接对象。

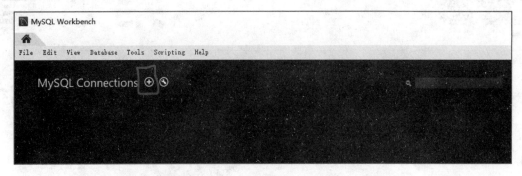

图 3.1　MySQL WorkBench 客户端软件的运行效果图

3.1.2　通过 MySQL 客户端创建数据库连接

如图 3.1 所示，单击"加号"按钮创建 MySQL 连接后，能看到如图 3.2 所示的界面。

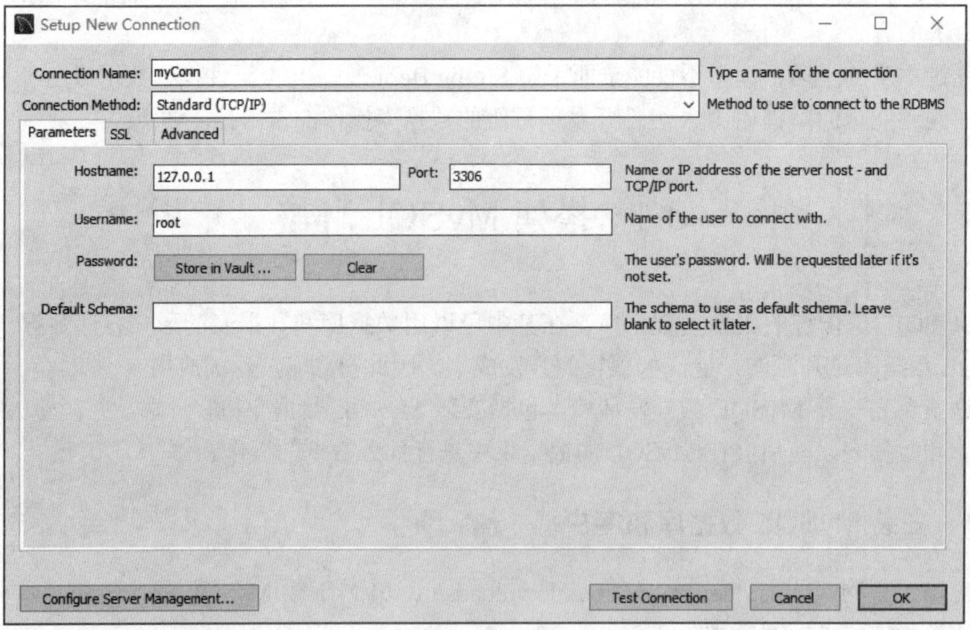

图 3.2　在 MySQL WorkBench 客户端创建连接

其中 Connection Name 表示本连接的名字，这里填的是"myConn"，Hostname 和 Port 表示本连接将要指向的 MySQL 服务器的 IP 地址和端口号，这里输入的是 127.0.0.1 和 3306，表示指向本地 MySQL 服务器所在的地址和端口号，而 Username 则是用以连接的用户名。

输入完成后，可以单击下方的 Test Connection 按钮测试连接，测试通过后，就能通过单击下方的 OK 按钮完成创建连接的动作，创建完成后，能看到如图 3.3 所示的数据库连接对象。

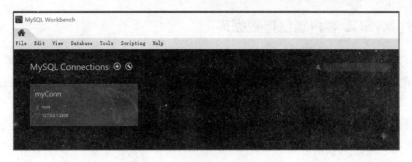

图 3.3　完成创建数据库连接对象

如果单击图 3.3 中的 myConn 连接对象，能看到如图 3.4 所示的要求输入密码的界面。

图 3.4　输入密码的界面

在其中输入之前所设置的密码 123456 后，就能进入如图 3.5 所示的客户端界面，在其中能进行后继的创建数据库、创建数据表和操作数据等动作。

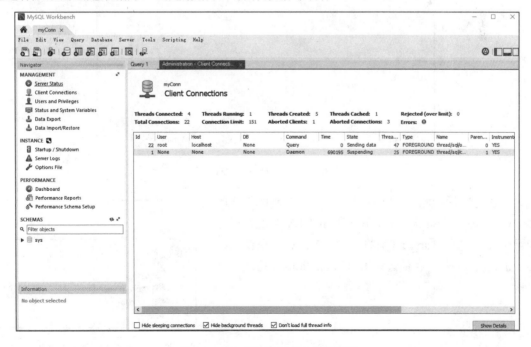

图 3.5　进入操作数据库客户端界面

3.1.3　通过 MySQL 客户端创建数据库

在 MySQL 数据库中，存储数据的层次结构是"数据库"到"数据表"，即一个 MySQL 数据库服务中，可以根据业务逻辑关系创建多个数据库（Schema），比如名为 Stock（库存）或 Account（订单）的数据库。

在每个数据库中可以创建一个或多个表，比如在 Stock 数据库中可以创建 Stock（库存）或 Detail（库存明细）表，在 Account 数据库中可以创建 User（用户）或 Balance（余额）表。

通过 MySQL WorkBench 客户端创建数据库的步骤如下：

在进入如图 3.5 所示的客户端操作界面后，在左下方的 SCHEMAS 部分右击，能看到弹出 Create Schema 菜单项，如图 3.6 所示。

单击 Create Schema 菜单项，就能看到如图 3.7 所示的创建数据库的界面，在其中的 Name 栏中输入待创建的数据库名"Stock"，再单击下方的 Apply 按钮，就能完成创建数据库的动作。

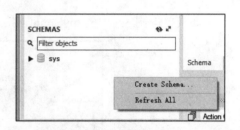

图 3.6　弹出 Create Schema 菜单项

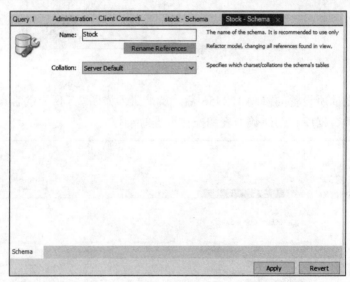

图 3.7　输入数据库名"Stock"

创建完成后，就能在 SCHEMAS 部分看到所创建的 Stock 数据库，如图 3.8 所示。单击该 SCHEMA 展开后，能看到其中包含 Tables（数据表）、Views（视图）、Stored Procedures（存储过程）和 Functions（功能）等要素。

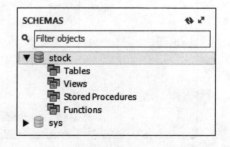

图 3.8　创建好的 Stock 数据库

3.1.4　在数据库中创建数据表

在图 3.7 的 stock 数据库中，选中 Tables 并右击，能看到如图 3.9 所示的界面，在其中单击 Create Table 菜单项，就能开始创建数据表。

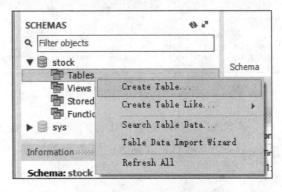

图 3.9　在 Stock 数据库中创建数据表

单击图 3.9 中的 Create Table 菜单项后，进入如图 3.10 所示的界面。在其中的 Table Name 中，可以输入待创建的数据表名 stock，在下方的 Column Name 所在的文本框中，可以依次输入该数据表的每个字段名和字段类型，输入完成后单击下方的 Apply 按钮即可保存数据表。

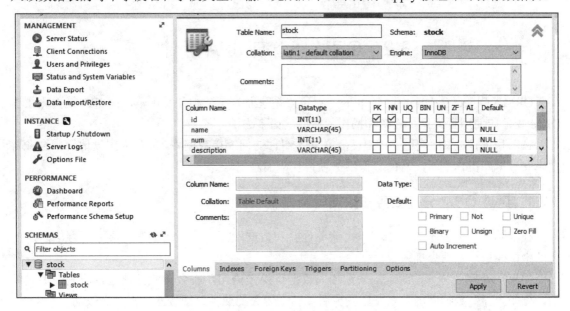

图 3.10　创建数据表

3.1.5　向数据表中插入若干数据

在 Stock 数据库中创建好 Stock 表以后，可以通过单击 File→New Query Tab 菜单项打开 Query 界面，如图 3.11 所示，在其中可以通过 INSERT 语句向 stock 表中插入数据。

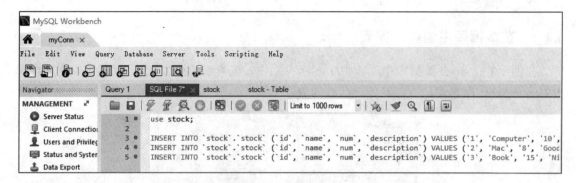

图 3.11　在 Query 界面运行 SQL 语句

具体的插入数据的 SQL 语句如下，其中通过第 1 行的语句打开 stock 数据库，并通过第 2～4 行的 INSERT 语句向 stock 数据库的 stock 数据表中插入 3 条数据。

```
01  use stock;
02  INSERT INTO 'stock'.'stock' ('id', 'name', 'num', 'description') VALUES
    ('1', 'Computer', '10', 'Good');
03  INSERT INTO 'stock'.'stock' ('id', 'name', 'num', ' description ') VALUES
    ('2', 'Mac', '8', 'Good');
04  INSERT INTO 'stock'.'stock' ('id', 'name', 'num', ' description ') VALUES
    ('3', 'Book', '15', 'Nice');
```

3.2　ORM 概念与 JPA 组件

ORM（Object Relational Mapping，对象关系映射）是一种开发规范，而 JPA 组件则根据 ORM 规范向使用者提供了连接和操作数据库的诸多方法。

在项目中，如果用遵循 ORM 规范的 JPA 组件访问连接数据库，能最大限度地解耦合业务逻辑和数据库操作逻辑，从而降低维护项目代码的难度。

3.2.1　通过 ORM 分离业务和数据库操作

在实际项目的业务方法中，不可避免地会和数据库打交道，比如在"添加库存信息"的方法中，要把库存信息插入数据表中。

如果在处理业务方法时，混杂地加入数据库操作语句，就会让业务处理方法变得很难维护，比如当存储数据库的表名发生变更后，和它无关的业务处理方法也得随之改动。

但如果引入 ORM 组件，就可以把存储在数据库中的数据转换成业务数据类，这样就能在业务方法中剥离数据库的操作动作，这样哪怕数据库存储数据的方式有所改变，比如变更了连接字段或表结构，也不会影响业务方法，从而降低代码的维护难度。

引入 ORM 前后的对比效果如图 3.12 所示。

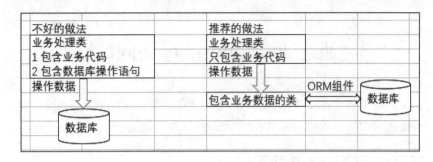

图 3.12　引入 ORM 前后的对比效果图

3.2.2　JPA 组件是 ORM 的解决方案

JPA（Java Persistence API，Java 持久层的接口方法）是一套组件，在其中封装了基于 ORM 规范的解决方案。

ORM 的核心思想是"映射"，即把数据库中的数据映射成业务数据，所以 JPA 组件会把数据表映射成 Java 业务数据类，会把数据表中的每一条数据映射成业务数据类型的实例化对象，会把数据表中的每个字段映射成 Java 业务数据类中的每个属性。通过 JPA 组件映射后，数据库中的数据和 Java 对象间的关系如表 3.1 所示。

表 3.1　经 JPA 映射后数据库和 Java 类之间的关系对应表

数据库层面的概念	Java 层面的概念
数据表，比如 stock 数据表	Java 类，比如用 class 定义的 Stock 类
数据库中的数据，比如 stock 数据表中的一条条数据	实例化对象，比如 Stock 类的一个个实例化对象
数据表中的字段，比如 stock 数据表中的 id、name、num 和 desc 字段	Java 类中的属性，比如 Stock 类中也会对应地定义 id、name、num 和 desc 属性，以映射 stock 数据表中的字段

3.2.3　JPA 组件的常用接口和实现类

在实际项目中，一般会通过如下 JPA 组件的常用接口，实现操作数据库的动作。

（1）Repository 接口是一个父类接口，其他的接口和实现类都是它的子类。程序员一般是用其子类接口（比如 CrudRepository）开发数据库相关的操作。

（2）CrudRepository 和 JpaRepository 接口是 Repository 接口的子类，在其中封装了针对数据库的 CRUD（增删改查）操作。

（3）PagingAndSortingRepository 接口除了封装了基本的数据库操作方法外，还封装了分页和排序的相关方法。

虽然 JPA 还有其他接口，比如提供动态查询功能的 JpaSpecificationExecutor 接口，但对于一些比较简单的查询，用 JpaRepository 和 CrudRepository 接口就可以实现，而对于比较复杂的查询，一般是通过@Query 注解引入原生 SQL 语句的方式实现的。所以相对于本文给出的接口，其他 JPA 接口的使用频率并不高。

3.3 通过 JpaRepository 访问数据库

JpaRepository 是 JPA 组件中使用频率比较高的重要接口，这里将以此为例给出在 Spring Boot 项目中连接访问和操作数据库的详细步骤。

3.3.1 创建项目，引入 JPA 依赖包

这里将创建名为 JPADemo 的 Maven 项目，在其中的 pom.xml 文件中将通过如下关键代码引入 Spring Boot、JPA 和 MySQL 相关的依赖包。

```
01    <dependencies>
02      <dependency>
03        <groupId>org.springframework.boot</groupId>
04        <artifactId>spring-boot-starter-web</artifactId>
05      </dependency>
06      <dependency>
07      <groupId>mysql</groupId>
08        <artifactId>mysql-connector-java</artifactId>
09        <scope>runtime</scope>
10      </dependency>
11      <dependency>
12        <groupId>org.springframework.boot</groupId>
   <artifactId>spring-boot-starter-data-jpa</artifactId>
13      </dependency>
14    </dependencies>
```

通过第 2~5 行代码引入了 Spring Boot 相关的依赖包，由于本项目是通过 JPA 访问操作 MySQL 数据库的，因此通过第 7~10 行代码引入了 MySQL 的依赖包，通过第 11~13 行代码引入了 JPA 的依赖包。在本项目中，重要文件和配置文件如表 3.2 所示。

表 3.2　JPADemo 项目重要文件和配置文件一览表

所 在 包	文 件 名	作　用
prj	SpringBootApp.java	该 Spring Boot 项目的启动类
prj.controller	Controller.java	控制器类
prj.service	StockService.java	业务逻辑类，在其中封装了若干业务方法
prj.repo	StockRepo.java	JPA 类，在其中封装了通过 JPA 操作 MySQL 数据库的相关方法
prj.model	Stock.java	业务模型类，用于把数据表中的数据映射成 Java 类
resources 目录下	application.yml	存放了 MySQL 和 JPA 等配置文件

在图 3.13 中，可以看到本项目中的重要文件的层次结构。

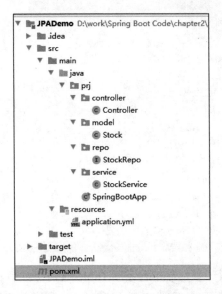

图 3.13　JPADemo 项目的重要文件的层次结构图

3.3.2　确认 MySQL 数据环境

本项目的 MySQL 环境是在 3.1 节搭建的，下文归纳了数据库和数据表的重要信息。

（1）MySQL 数据库的连接地址是 localhost，端口是 3306。

（2）MySQL 数据库的连接用户名是 root，密码是 123456。

（3）在 MySQL 数据库中创建了名为 stock 的数据库（schema）。

（4）在 stock 数据库中创建名为 Stock 的库存表，该表的结构如表 3.3 所示。

表 3.3　Stock 库存表结构一览表

字　段　名	类　　型	说　　明
id	int	主键
name	varchar	库存货物名
num	int	库存数量
description	varchar	库存货物的描述

同时，在该 Stock 数据表中，通过上文的代码已插入了若干条库存数据。

3.3.3　编写业务实体类

在本项目中，通过如下 Stock.java 业务实体类实现与 MySQL 数据表 Stock 的映射效果，具体代码如下：

```
01  package prj.model;
02  import javax.persistence.Column;
03  import javax.persistence.Entity;
04  import javax.persistence.Id;
05  import javax.persistence.Table;
```

```
06  //通过如下两个注解和 Stock 数据表关联
07  @Entity
08  @Table(name="Stock")
09  public class Stock {
10      @Id //通过@Id 定义主键
11      private int ID;
12      @Column(name = "name")
13      private String name;
14      @Column(name = "num")
15      private int num;
16      @Column(name = "description")
17      private String description;
18      //省略针对诸多属性的 get 和 set 方法
19  }
```

在该类的第 7 行和第 8 行通过@Entity 和@Table 这两个注解说明和 Stock 数据表相关联。在第 10 行通过@Id 注解说明第 11 行的 ID 字段和 Stock 表中的主键（id 字段）相关联。

随后通过第 12 行的@Column 注解说明第 13 行定义的 Stock.java 类中的属性 name 和 Stock 表中的 name 字段相关联，之后，再通过第 14～17 行代码定义了 Stock 类属性和 Stock 数据表的另外两个关联方式。

3.3.4 编写 JPA 的配置文件

在本项目的 application.yml 文件中配置 JPA 和 MySQL 的相关信息，具体代码如下：

```
01  spring:
02    jpa:
03      show-sql: true
04      hibernate:
05        dll-auto: validate
06    datasource:
07      url: jdbc:mysql://localhost:3306/stock?serverTimezone=GMT
08      username: root
09      password: 123456
10      driver-class-name: com.mysql.jdbc.Driver
```

通过第 1～5 行代码定义了 JPA 的相关信息，具体是通过第 3 行代码定义了在本项目中会输出各种 SQL 语句，这样是为了方便调试，而在第 5 行中定义了 Stock.java 业务模型类和 Stock 数据表的对应关系是 validate，即在本项目启动时会检查 Stock.java 中定义的属性是否和 Stock 表的字段一致，如果不一致，就会抛出异常。

通过第 6～10 行代码定义了 MySQL 的连接信息，具体是在第 7 行定义了 MySQL 的连接字符串，通过第 8 行和第 9 行代码定义了连接到 MySQL 所用的用户名和密码，通过第 10 行代码定义了连接 MySQL 所要用到的驱动类。

3.3.5　用 JpaRepository 编写 Repo 类

在 StockRepo.java 类中，通过实现（implements）JPA 组件的 JpaRepository 接口封装了操作数据库的若干方法。通过使用 StockRepo.java 类，该 Spring Boot 项目中的业务逻辑代码能对 Stock 表进行"增删改查"的相关操作。

在实际项目中，一般会把此类实现 JPA 接口的类叫作 Repo 类，当然从功能角度来讲，也能叫作 DAO 类。该 StockRepo.java 类的代码如下：

```
01   package prj.repo;
02   import org.springframework.data.jpa.repository.JpaRepository;
03   import org.springframework.stereotype.Component;
04   import prj.model.Stock;
05   import java.util.List;
06   //用@Conponent 注解放入 Spring 容器中
07   @Component
08   public interface StockRepo extends JpaRepository<Stock, Integer> {
09       //JPA 将根据这个方法自动拼装查询语句
10       public List<Stock> findByName(String name);
11       //删除库存信息
12       @Override
13       public void delete(Stock stock);
14       @Override
15       void deleteById(Integer id);
16       //新增或更新库存
17       @Override
18       public Stock save(Stock stock);
19   }
```

在本类的第 7 行中，用@Conponent 注解来修饰此类，凡被该注解修饰的类，会被加入 Spring 容器中，这样在业务逻辑类或其他类中就能通过@Autowired 注解的方式以依赖注入的方式来使用 Repo 类。

在第 8 行中能看到，该类实现了 JpaRepository 接口，在该接口之后，用<Stock, Integer> 范式说明本类将同业务模型类 Stock 相整合，而整合后的数据主键是 int 类型的。

在第 10 行中，通过 findByName 方法根据 name 查找 Stock 的相关数据，根据 JPA 的命名规则，该方法名会被解析成 select * from Stock where name = #name 的效果。

而该 findByName 方法会返回一条或多条 Stock 数据，返回后，JPA 会根据 Stock 业务模型类中已定义的注解把 Stock 数据表中的数据转换成 List<Stock>，由此实现数据映射（ORM）的效果。

通过第 13 行的 delete 方法可以删除由参数 stock 指定数据的效果，通过第 15 行的 deleteById 方法能删除由参数 id 作为主键的 Stock 数据，而通过第 18 行的 save 方法能实现把参数所指定的 stock 对象保存到数据库中的动作。

总结，该 Repo 类实现（implements）的 JpaRepository 接口封装了如表 3.4 所示的操作数据库的方法，通过这些方法同样可以操作其他业务类型的数据。

表 3.4　JpaRepository 接口所含的数据库操作方法一览表

方 法 名	说　　明
findAll	返回所有表中的业务对象
Delete	删除指定业务对象
deleteById	根据 Id 删除指定业务对象
Save	把指定业务对象保存到数据库中，事实上该方法可以起到 insert 或 update 的作用

3.3.6　编写控制器类和业务逻辑类

本项目的控制器类和业务逻辑类相对简单，而且之前讲解过其中的关键注解，所以这里仅给出代码，不再做详细的说明。其中控制器类 Controller.java 的代码如下，这里主要是通过第 12 行定义的 stockService 类调用各种业务方法。

```
01  package prj.controller;
02  import org.springframework.beans.factory.annotation.Autowired;
03  import org.springframework.web.bind.annotation.PathVariable;
04  import org.springframework.web.bind.annotation.RequestMapping;
05  import org.springframework.web.bind.annotation.RestController;
06  import prj.model.Stock;
07  import prj.service.StockService;
08  import java.util.List;
09  @RestController
10  public class Controller {
11      @Autowired
12      StockService stockService;
13      @RequestMapping("/getStockByName/{name}")
14      public List<Stock> getStockByName(@PathVariable String name){
15          return stockService.findByName(name);
16      }
17      @RequestMapping("/getAllStocks")
18      public List<Stock> getAllStocks(){
19          return stockService.getAllStock();
20      }
21      @RequestMapping("/deleteStock")
22      public void deleteStock(){
23          stockService.delete();
24      }
25      @RequestMapping("/deleteStockByID/{ID}")
26      public void deleteStockByID(@PathVariable String ID){
27          stockService.deleteStockByID(Integer.valueOf(ID));
28      }
29      @RequestMapping("/insertStock")
```

```
30      public Stock insertStock(){
31          return stockService.insertStock();
32      }
33      //修改库存信息
34      @RequestMapping("/updateStock")
35      Stock updateStock(){
36          return stockService.updateStock();
37      }
38  }
```

而业务逻辑类 StockService.java 的代码如下，其中主要通过第 10 行的 stockRepo 类调用定义在 JPA 类中的各种增删改查操作。

```
01  package prj.service;
02  import org.springframework.beans.factory.annotation.Autowired;
03  import org.springframework.stereotype.Service;
04  import prj.model.Stock;
05  import prj.repo.StockRepo;
06  import java.util.List;
07  @Service
08  public class StockService {
09      @Autowired
10      private StockRepo stockRepo;
11      public List<Stock> findByName(String name){
12          return stockRepo.findByName(name);
13      }
14      public List<Stock> getAllStock(){
15          return stockRepo.findAll();
16      }
17      //删除库存信息
18      public void delete(){
19          Stock delStock = stockRepo.getOne(10);
20          stockRepo.delete(delStock);
21      }
22      //根据 ID 删除库存信息
23      public void deleteStockByID(int id){
24          stockRepo.deleteById(id);
25      }
26      //插入库存信息
27      public Stock insertStock(){
28          Stock stock = new Stock();
29          stock.setID(10);
30          stock.setName("machine");
31          stock.setNum(5);
32          stock.setDescription("Good");
33          return stockRepo.save(stock);
34      }
```

```
35        //修改库存信息
36        public Stock updateStock(){
37            Stock stock = stockRepo.getOne(10);
38            stock.setNum(50);
39            return stockRepo.save(stock);
40        }
41    }
```

在表 3.5 中整理了控制器类各方法所能处理的 URL 请求关系，以及控制器类各方法与业务逻辑类和 Repo 类中方法的调用关系。

表 3.5　URL 调用及方法调用关系表

URL 格式	控制器类方法	业务处理类方法	Repo 类方法	作　用
/getStockByName/{name}	getStockByName	findByName	findByName	根据 name 找 Stock
/getAllStocks	getAllStocks	getAllStocks	findAll	返回所有 Stock 数据
/deleteStock	deleteStock	delete	delete	删除 id 是 10 的 Stock 数据
/deleteStockByID/ {ID}	deleteStockByID	deleteStockByID	deleteById	删除指定的 Stock
/insertStock	insertStock	insertStock	save	插入 Stock 数据
/updateStock	updateStock	updateStock	save	更新修改后的 Stock

3.3.7　运行观察增删改查的效果

从本范例中，读者能进一步体会到 ORM 数据映射及 Stock 业务类的作用。比如在 getAllStocks 方法中，在调用 Repo 类的 findAll 方法从 MySQL 的 Stock 表中得到一组库存数据后，会转换成 Java 的 List<Stock>对象并返回。而在业务代码中，如果要更新 Stock 数据，那么先创建一个包含更新后数据的 Stock 对象，再调用 Repo 类中的 save(Stock stock)方法实现在数据表中的更新动作。

也就是说，在业务逻辑类 StockService.java 中虽然包含了各种业务操作的代码，而且这些操作事实上也会落实到 MySQL 数据库的 Stock 表中，但在该业务逻辑类中，操作的对象始终是业务对象 Stock，而看不到任何操作数据库的痕迹，即操作业务对象的动作被 JPA 组件有效地映射成了相关数据库操作语句。

这就是通过 JPA 组件分离业务逻辑和数据库操作动作的具体效果，这种分离不仅能有效地确保程序员在开发时只需关注业务动作，更能确保数据库修改对业务动作的隔离性。

启动本范例的 Spring Boot 项目后，还能通过 URL 请求观察到具体对数据库的增删改查效果，表 3.6 给出了本范例的运行效果。

表 3.6　JPA 项目运行结果一览表

URL 请求	浏览器中的运行效果说明	说　明
localhost:8080/getStockByName/computer	[{"name":"Computer","num":10, "description":"Good","id":1}]	从 Stock 表中查找所有 name 是 computer 的数据

（续表）

URL 请求	浏览器中的运行效果说明	说　明
localhost:8080/ /getAllStocks	JSON 格式的所有 Stock 数据	从 Stock 表中拿到所有 Stock 数据后，转换成 List<Stock>类型返回
localhost:8080/ /insertStock	{"name":"machine","num":5, "description":"Good","id":10}	插入一条 id 是 10 的 Stock 数据，并在浏览器中返回插入后的数据
localhost:8080/ /updateStock	{"name":"machine","num":50, "description": "Good","id":10}	把 id 是 10 的 Stock 数据的 num 更新成 50，并在浏览器中返回更新后的数据
localhost:8080/ /deleteStock	浏览器中没有输出	在数据表中删除 id 是 10 的 Stock 数据，注意此时该条数据必须存在，否则报错
localhost:8080/ /deleteStockByID/1	浏览器中没有输出	在数据表中删除 id 是 1 的 Stock 数据，注意此时该条数据必须存在，否则会报错

3.4　实现分页和排序的 JPA 接口

在一些业务场景中，需要通过分页的形式分批返回数据，或者还需要对返回数据进行排序操作，对此可以用 JPA 组件的 PagingAndSortingRepository 接口来实现此类需求。

3.4.1　用 PagingAndSortingRepository 实现排序和分页

该接口的原型定义如下，从中能看到，该接口不仅继承（extends）了 CrudRepository 接口中关于增删改查的相关方法，第 2 行和第 3 行所示的 findAll 方法还提供了对返回数据进行排序和分页的功能。

```
01  public interface PagingAndSortingRepository<T, ID> extends CrudRepository<T,
    ID> {
02      Iterable<T> findAll(Sort var1);
03      Page<T> findAll(Pageable var1);
04  }
```

为了更好地演示分页和排序效果，可以通过运行如下 SQL 语句向 Stock 表中插入若干条数据，插入完成后，该表具有 7 条数据。

```
01  INSERT INTO 'stock'.'stock' ('id', 'name', 'num', 'description') VALUES
    ('11', 'JavaBook', '15', 'Nice');
02  INSERT INTO 'stock'.'stock' ('id', 'name', 'num', 'description') VALUES
    ('12', 'PythonBook', '12', 'OK');
03  INSERT INTO 'stock'.'stock' ('id', 'name', 'num', 'description') VALUES
    ('13', 'Tool', '10', 'Good');
04  INSERT INTO 'stock'.'stock' ('id', 'name', 'num', 'description') VALUES
    ('14', 'KeyBoard', '11', 'Good');
```

随后，可以在 3.3 节所创建的 JPADemo 项目中，创建名为 StockPagingAndSortingRepo 的 Repo 类，让该类实现（implements）PagingAndSortingRepository 接口。

由于实现分页和排序的 findAll 方法已经定义在 PagingAndSortingRepository 接口中，因此在 StockPagingAndSortingRepo 类中甚至都不需要写其他代码，该类的相关代码如下：

```
01   package prj.repo;
02   import org.springframework.data.repository.PagingAndSortingRepository;
03   import org.springframework.stereotype.Component;
04   import prj.model.Stock;
05   @Component
06   public interface StockPagingAndSortingRepo extends
     PagingAndSortingRepository<Stock, Integer> {
07   }
```

同时新建一个名为 StockPagingAndSortingService 的业务类，具体代码如下：

```
01   package prj.service;
02   import org.springframework.beans.factory.annotation.Autowired;
03   import org.springframework.data.domain.Page;
04   import org.springframework.data.domain.PageRequest;
05   import org.springframework.data.domain.Pageable;
06   import org.springframework.data.domain.Sort;
07   import org.springframework.stereotype.Service;
08   import prj.model.Stock;
09   import prj.repo.StockPagingAndSortingRepo;
10   import java.util.List;
11   @Service
12   public class StockPagingAndSortingService {
13       @Autowired
14       private StockPagingAndSortingRepo stockPagingAndSortingRepo;
15       //实现排序功能
16       public List<Stock> sortByName() {
17           Sort sort = new Sort(Sort.Direction.DESC, "name");
18           return (List<Stock>) stockPagingAndSortingRepo.findAll(sort);
19       }
20       //实现分页功能
21       public List<Stock> splitPage() {
22           //从第 0 条开始，展示 3 条数据
23           Pageable pageable = new PageRequest(0, 3);
24           Page<Stock> list = stockPagingAndSortingRepo.findAll(pageable);
25           return (List<Stock>) list.getContent();
26       }
27   }
```

在 sortByName 方法的第 17 行中定义了用于排序的 sort 对象，并用该对象指定了返回结果将按 name 字段进行降序排列，随后在第 18 行的 findAll 方法中，通过传入该 sort 对象实现

了排序的效果。

在 splitPage 方法的第 23 行中，通过 PageRequest 对象指定了分页方式，即返回从第 0 条数据开始的 3 条数据。随后在第 24 行的 findAll 方法中，通过传入 pageable 对象实现了分页的效果，并通过第 25 行的 return 语句返回了包含分页效果的数据。

为了直观地查看排序和分页的效果，需要在控制器类 Controller.java 中加入如下代码：

```
01      @Autowired
02      private StockPagingAndSortingService stockPagingAndSortingService;
03      @RequestMapping("/sortByName")
04      List<Stock> sortByName(){
05          return stockPagingAndSortingService.sortByName();
06      }
07      @RequestMapping("/splitPage")
08      List<Stock> splitPage(){
09          return stockPagingAndSortingService.splitPage();
10      }
```

完成上述开发动作后，重启该 Spring Boot 项目。在浏览器中输入 http://localhost:8080/sortByName，由此能看到如下按 name 降序排序的结果。

```
[{"name":"Tool","num":10,"description":"Good","id":13},{"name":"PythonBook"
,"num":12,"description":"OK","id":12},{"name":"Mac","num":8,"description":"Good
","id":2},{"name":"KeyBoard","num":11,"description":"Good","id":14},{"name":"Ja
vaBook","num":15,"description":"Nice","id":11},{"name":"Computer","num":10,"des
cription":"Good","id":1},{"name":"Book","num":15,"description":"Nice","id":3}]
```

如果在浏览器中输入 http://localhost:8080/splitPage，则能看到如下分页效果，其中只返回了 3 条数据。

```
[{"name":"Computer","num":10,"description":"Good","id":1},{"name":"Mac","nu
m":8,"description":"Good","id":2},{"name":"Book","num":15,"description":"Nice",
"id":3}]
```

3.4.2　对排序和分页对象的说明

上文仅仅实现了对 name 字段的降序排列，也仅仅实现了返回首页的 3 条数据。在实际项目中，还能通过 Sort、PageRequest、Pageable 和 Page 等对象实现更为广泛的排序和分页效果，具体说明如下：

（1）可以通过 Sort sort = new Sort(Sort.Direction.ASC, "name");的方式设置针对指定字段升序的排列方式。

（2）在通过 Pageable pageable = new PageRequest(start, limit);的方式设置分页时，第一个参数表示起始索引位，是从 0 开始的，而第 2 个参数表示从起始索引位开始，将要返回多少条数据。

（3）在构造 PageRequest 对象时，还可以通过第 3 个参数来表示排序方式，比如 Pageable pageable = new PageRequest(0, 3,Sort);表示所有数据先按 Sort 方式排序后，再返回最开始的 3 条数据。

（4）在通过 Page<Stock> list = stockPagingAndSortingRepo.findAll(pageable);的形式获取分页数据时，返回的对象类型是 Page<Stock>，而不是我们想要的 List 类型，对此，需要像代码中一样，通过 list.getContent()方法把 Page<Stock>转换成 List<Stock>，此后才可以继续使用。

3.5 深入了解 JPA 查询数据的方式

在上文给出的范例中，对数据表的查询操作相对简单。对于一些比较复杂的查询需求，或者要采用原生 SQL 进行查询时，就可以通过本节给出的方法来实现。

3.5.1 JPA 从方法名中解析数据库操作的方式

在 JPA 中会根据方法名的前缀、连接词和后缀自动拼接出查询数据库的语句，比如在 3.3.5 小节的范例中的 findByName(String name)方法名，前缀是 find，连接词是 By，后缀是字段名 Name。这里注意大小写，即首字母 f 是小写，连接词 By 的 B 是大写，而后缀的开始字母 N 也是大写。JPA 会根据此方法名拼接出如下数据库语句：

```
select * from Stock where name = #name
```

其中 Stock 是根据如下的继承 JpaRepository 接口所指定的泛型所决定的,而#name 则是该方法传入的参数。

```
public interface StockRepo extends JpaRepository<Stock, Integer>
```

表 3.7 归纳了其他的根据方法名拼接成查询语句的方式。

表 3.7 方法名和查询语句对应关系一览表

方法名范例	对应的查询语句	关键字说明
findByNumAndName	where num = 参数 and name = 参数	And 相当于条件"与"
findByNumOrName	where num = 参数 or name = 参数	Or 相当于条件"或"
findByNumBetween	where num between 参数 and 参数	Between 相当于范围查询
findByNumLessThan	where num < 参数	LessThan 表示小于
findByNumMoreThan	where num > 参数	MoreThan 表示大于
findByNameLike	where name like 参数	Like 表示模糊查询
findByNameIsNull	where name is null	IsNull 表示空查询

事实上，此类根据方法名拼接成查询语句的方式还有很多，比如还可以引入大于等于、小于等于或不等于方式。但遇到多字段或单字段复杂查询的需求时，不建议采用这种方法名拼接的方式。因为这会让代码变得不好理解，从而增加代码的维护难度。对此，可以采用下文给出的方法来查询数据。所以在项目中，只有当遇到单字段的简单查询时，才建议使用这种拼接方式。

3.5.2　用@Query 查询数据

通过在 JPA 的@Query 注解，可以采用基于 JPQL（Java Persistence Query Language）的方式来查询数据。从语法上看，JPQL 和原生 SQL 非常相似，不过 JPQL 语句能运行在不同种类的数据库引擎中，也就是说，JPQL 能向程序员屏蔽掉不同数据库的差异。

通过如下步骤能在 JPADemo 的项目中引入@Query 注解，从而用 JPQL 来查询数据。

步骤 01 在 StockRepo 类中添加如下代码:

```
01  @Query("select s from Stock s where s.description like ?1%")
02  public List<Stock> getStockByDesc(String desc);
```

在该方法第 1 行的 @Query 注解中定义了用于查询的 JPQL 语句，这里是用?1 的占位符表示此处应该使用第 1 个参数，即 desc。所以这句 JPQL 语句等价于如下的查询语句，根据 desc 查询库存信息。

```
01  select s from Stock s where s.description like 'desc 参数'
```

步骤 02 在 StockService 类中添加如下调用代码:

```
01  public List<Stock> getStockByDesc(String desc){
02      return stockRepo.getStockByDesc(desc);
03  }
```

步骤 03 在控制器类 Controller.java 中添加如下代码:

```
01      @RequestMapping("/getStockByDesc/{desc}")
02      List<Stock> getStockByDesc(@PathVariable String desc){
03          return stockService.getStockByDesc(desc);
04      }
```

当重启 JPADemo 项目后，在浏览器中输入 http://localhost:8080/getStockByDesc/Good，就能看到 description 是 Good 的所有库存信息。

3.5.3　用 nativeQuery 参数运行原生 SQL 语句

在一些包含表连接、group by、having 或子查询的查询条件中，需要用到原生的 SQL 语句进行查询。此时依然可以使用@Query 注解，但需要加入 nativeQuery=true 的条件，比如可以通过如下方式改写上例，就能使用原生的 SQL 语句了。

```
01  @Query(value = "select s from Stock s where s.description like ?1%",
    nativeQuery = true)
02  public List<Stock> getStockByDesc(String desc);
```

3.6　通过 JPA 组件引入事务

事务是由一句或多句操作语句组成的集合，数据库系统或计算机操作系统需要确保组成事务的语句要么全都执行成功，要么全都不执行。

在 Spring Boot 项目中是用@Transactional 注解来实现事务的，注意@Transactional 注解不仅可以标识在基于 JPA 的数据库操作方法上，也可以标识在业务处理方法上，也就是说在 Spring Boot 项目中，事务不仅可以由若干条数据库操作语句构成，也可以由若干个业务操作构成。

3.6.1　"要么全都做，要么全都不做"的事务

比如某转账操作包含如下两个操作数据库的动作：

```
01  从小张的账户里扣除 100 元
02  往小李的账户里添加 100 元
```

如果在第 2 步时发生异常，即无法向小李的账户里添加 100 元，那么该转账操作应该全部撤销，即撤销"从小张账户里扣除 100"元的操作。

从中可以看到，事务有"要么全都做，要么全都不做"的特性，如果事务中有动作执行失败，那么应当撤销事务中已经成功执行的其他操作，从而回退到事务发生前的状态。

对此，一般对事务有如下两类操作：

（1）提交事务，是指事务中的所有操作都正常，这样就能通过提交事务把相关操作对应的数据修改提交到数据库中。

（2）回滚事务，也叫回退事务，是指事务中有操作发生异常，就需要通过回滚操作把数据库的状态回滚到事务发生前。

3.6.2　用@Transactional 注解管理事务

事务本来是一个数据库层面的概念，不过在 Spring Boot 开发场景中，可以通过事务管理器和@Transactional 注解在业务层面管理事务，从而无须了解事务在数据库层面的底层实现。

@Transactional 注解的常用参数如表 3.8 所示。

表 3.8　@Transactional 注解常用参数一览表

参数使用范例	说　　明
timeout = 20	事务的超时时间，单位是秒，超过这个时间事务还没有返回，则抛出超时异常
readOnly = false	这个事务是不是只读的
isolation = Isolation.DEFAULT	该参数叫事务隔离级别，定义事务并发时的处理方式，建议别设置得太高，保持默认值即可

（续表）

参数使用范例	说　明
propagation = Propagation.REQUIRED	该参数叫事务传播机制，定义了当一个事务方法被另一个事务方法调用时，该事务方法应该如何处理
rollbackFor= Exception.class	设置该事务遇到哪类异常时需要回滚

通过如下步骤能在 JPADemo 的项目中引入@Transactional 注解，从而实践事务的相关操作。

步骤01 添加名为 StockForTransService 的业务处理类，具体代码如下：

```
01  package prj.service;
02  import org.springframework.beans.factory.annotation.Autowired;
03  import org.springframework.stereotype.Service;
04  import org.springframework.transaction.annotation.Isolation;
05  import org.springframework.transaction.annotation.Propagation;
06  import org.springframework.transaction.annotation.Transactional;
07  import prj.model.Stock;
08  import prj.repo.StockRepo;
09  @Service
10  public class StockForTransService {
11      @Autowired
12      private StockRepo stockRepo;
13      //引入事务修改多条库存信息
14      @Transactional(timeout = 20,readOnly = false,isolation =
    Isolation.DEFAULT,propagation = Propagation.REQUIRED)
15      public void updateStockOK(){
16          Stock stock = stockRepo.getOne(10);
17          stock.setNum(25);
18          stockRepo.save(stock);
19          Stock anotherStock = stockRepo.getOne(1);
20          anotherStock.setNum(15);
21          stockRepo.save(anotherStock);
22      }
23      //引入事务修改多条库存信息
24      @Transactional(rollbackFor= Exception.class)
25      public void updateStockError(){
26          Stock stock = stockRepo.getOne(10);
27          stock.setNum(35);
28          stockRepo.save(stock);
29          //故意抛出异常
30          String str = null;
31          str.toString();
32          Stock anotherStock = stockRepo.getOne(1);
33          anotherStock.setNum(25);
34          stockRepo.save(anotherStock);
35      }
36  }
```

在第 15 行的 updateStockOK 方法之前用到了@Transactional 注解，说明该方法中的所有操作都将以事务的方式来管理。

再观察一下第 14 行@Transactional 注解的参数，能知道该事务的超时时间是 20 秒，不是只读的，事务隔离级别采用默认值，事务传播方式是 REQUIRED。关于这两个参数后文会详细讲解。

在 updateStockOK 方法中，通过 getOne 方法得到了两个 Stock 类型的对象，并在修改后通过 save 方法设置回数据库。也就是说，该方法中的两个 save 动作是以事务的方式管理的，从而确保它们要么全都成功执行，要么全都不执行。

在第 25 行的 updateStockError 方法同样是被@Transactional 注解所修饰的，说明该方法中的动作也是以事务的方式来管理的，只不过在第 24 行中通过 rollbackFor 参数说明，该方法中只要遇到 Exception 异常，就要回滚事务。

在 updateStockError 方法的第 30 行和第 31 行，由于会发生空指针异常，因此该方法中定义的事务会被回滚。

从本范例中能看到用@Transactional 注解管理事务的优势：无须在方法中通过代码显式地提交或回滚事务。事实上，Spring 的事务管理器会自动地管理事务的提交和回滚动作，即如果方法中没抛出指定异常，则在方法结束后提交事务，否则回滚事务。

步骤02 在控制器类 Controller 中通过如下关键代码，用第 2 行定义的 stockForTransService 对象调用事务的相关方法。

```
01      @Autowired
02      StockForTransService stockForTransService;
03      @RequestMapping("/transOK")
04      void transOK(){
05          stockForTransService.updateStockOK();
06      }
07      @RequestMapping("/transError")
08      void transError(){
09          stockForTransService.updateStockError();
10      }
```

编写完成后重启该JPADemo项目，随后如果在浏览器中输入 http://localhost:8080/transOK，就能通过调用 StockForTransService 类中的 updateStockOK 方法成功地以事务的方式修改两条库存信息。

如果在浏览器中输入 http://localhost:8080/transError，则会触发 updateStockError 方法，由于在该方法中会抛出异常，因此一方面会在浏览器中看到错误提示，另一方面，该事务所包含的两个修改库存信息的动作也不会影响数据库。

3.6.3　定义事务隔离级别

在操作事务的场景中，为了确保并发读写数据的正确性，引入了事务隔离级别这个概念，和它相关的有脏读、不可重复读和幻读这 3 个概念。

- 脏读是指一个事务读了其他事务还没有提交的数据。比如张三的工资原本是 10000,财务人员把他的工资修改成 15000,但没有提交该修改事务,此时另一个事务读取张三的工资,发现是 15000,但财务又回滚了该修改工资的事务,所以工资又成了 10000。在此类场景中,读取到的 15000 就是一个脏数据。如果在第一个事务提交前,其他事务不能读取其修改过的值,就能避免该问题。

- 不可重复读是指一个事务的操作导致另一个事务前后两次读到不同的数据,比如在事务 1 中,张三读到自己的工资是 10000,但针对工资的操作尚未完成,在另一个事务中,财务修改了他的工资为 15000,并提交了事务,这时在事务 1 中,张三再次读取工资时,就会变成 15000,这就叫不可重复读。具体的解决办法是,只有在修改事务完全提交之后,才可以允许读取数据。

- 幻读是指一个事务的操作会导致另一个事务前后两次查询的结果不同。比如在事务 1 中,能读取到 5 条工资是 10000 的员工记录,但此时事务 2 又插入了一条工资是 10000 的员工记录,那么事务 1 再次查询"工资是 10000 的员工"时,就会返回 6 条数据,这就叫幻读。解决办法是,在操作事务完成数据处理之前,任何其他事务都不可以添加新数据,即可避免该问题。

对此,可以通过设置@Transactional 注解的 isolation 参数来具体定义事务隔离级别,从而设置在事务中对脏读、不可重复读和幻读的允许程度,具体的参数值说明如表 3.9 所示。

表 3.9　@Transactional 事务隔离级别参数一览表

参数取值	说　　明
Isolation.READ_UNCOMMITTED	允许脏读、不可重复读和幻读
Isolation. READ_COMMITTED	禁止脏读,但允许不可重复读和幻读
Isolation.REPEATABLE_READ	禁止脏读和不可重复读,但允许幻读
Isolation. SERIALIZABLE	禁止脏读、不可重复读和幻读
Isolation. DEFAULT	采用数据库的默认值

这里请注意,并不是事务隔离级别设置得越高就越好,相反在实际开发中,如果把该参数设置得过高,甚至有可能引发产线问题。

假设把该参数设置成禁止脏读、不可重复读和幻读的参数值 SERIALIZABLE,有执行修改功能的事务未被提交,那么读数据的操作一直会延后直至这些事务提交后。

大家可以想象一下,如果执行修改功能的事务运行时间很长(比如半小时),而这个时间段中有请求要查询该数据,那么这个请求就会一直处于等待状态,对应该请求的数据库连接也会一直持续着。以此类推,如果在事务运行的这段时间来了足够多的请求,这些请求的连接同样也不会被释放,这样的连接请求积累到一定数量,足以导致数据库崩溃。

所以,没有特殊情况,不要去设置事务隔离级别的参数,用 Isolation.DEFAULT 所对应的默认值即可。

3.6.4　定义事务传播机制

在@Transactional 注解中,可以通过 propagation 来定义事务传播方式。在 Spring 容器中定义了 7 种事务传播机制的值,由此规定了在嵌套情况下,事务之间相互调用时的 7 种协调方式。

表 3.10 整理了 7 种事务传播机制的取值,以及对应的协调事务的方式。

表 3.10　@Transactional 事务传播机制参数一览表

参数取值	说　明
Propagation.REQUIRED	表示当前事务必须在一个具有事务的方法中运行，如果该事务的调用方已经处在一个事务中，那么该事务可以在该外部事务中运行，否则得重新开启一个事务
Propagation. SUPPORTS	表示当前事务方法不需要在事务环境中运行，但如果该事务的调用方已经处在一个事务中，那么本事务也能在调用方的事务中运行
Propagation.MANDATORY	表示当前事务方法必须在一个事务环境中运行，否则将抛出异常
Propagation.REQUIRES_NEW	表示当前事务方法必须运行在它自己独立的事务中，对此数据库系统将为该方法创建一个新的事务
Propagation.NOT_SUPPORTED	表示该事务方法不应该在一个事务中运行。如果该事务的调用方处在一个事务环境中，那么该事务方法将直到这个事务提交或者回滚才恢复执行
Propagation.NEVER	表示该事务方法不应该在一个事务中运行，否则抛出异常
Propagation.NESTED	表示如果当前事务的调用方法处在一个事务环境中，那么该方法应该运行在一个嵌套事务中，被嵌套的事务可以独立于被封装的事务进行提交或者回滚

在大多数场景中会把事务传播机制的值设置成 Propagation.REQUIRED，或者干脆不设置，采用默认值，使用其他值的场景并不多。

3.6.5　@transactional 注解使用建议

由于@transactional 注解管理着事务，而事务一旦设置不当，就会导致数据库死锁，进而引发产线问题，所以在使用该注解时一般会遵循如下原则：

（1）该注解可以修饰在方法上，也可以修饰在类上，如果修饰在类上时，该类中的所有方法都会用事务的方式来管理。从使用原则上来看，事务的作用范围应当尽可能小，所以如果没有特殊情况，尽量把该注解作用在方法上。

（2）该注解可以作用在业务逻辑类、控制器类等的方法上，如果作用在控制器类的方法上，就表示该方法对应的请求将会以事务的方式来管理，如果作用在业务逻辑类上，则表示该业务动作将被以事务的方式来管理。究竟该作用在哪个级别的方法上？这是由业务需求来决定的，没有固定结论。

（3）一般需要用 timeout 参数来设置事务的超时时间，且超时时间不应设置得过长，以免因长时间等待而导致连接数积累。

（4）对于事务隔离级别和事务传播机制这两个参数，使用时尤其得谨慎，如果没有特殊需求，一般不设置，而采用默认值。

3.7　思考与练习

1. 选择题

（1）在 MySQL 数据库中，可以通过哪种 SQL 语句来插入数据？（B）

    A. select   B. insert   C. delete   D. update

（2）可以在如下哪个文件中配置 JPA 的连接参数？（C）

    A. banner.txt   B. application.txt   C. application.yml   D. config.xml

（3）在 JPA 中，一般是通过什么注解来定义管理事务的？（A）

    A. @transactional   B. @transaction
    C. @trans   D. @transactions

2. 填空题

（1）在 @transactional 注解中，是通过（readOnly）参数来设置事务是否是只读的。

（2）在 JPA 项目中，可以通过（@Component）注解来定义 Repo 类。

（3）在 JPA 项目中，如果要实现分页和排序功能，可以通过继承（PagingAndSortingRepository）类来实现。

3. 操作题

（1）在本章所创建的 stock 表中插入 3 条数据。

提示步骤：在客户端通过运行 insert 语句来插入数据。

（2）开发一个基于 JPA 的 Spring Boot 项目，该项目启动后，在输入 localhost:8080/getPartOfStocks 请求后，会展示第 3 条到第 5 条库存数据。

提示步骤：（1）需要定义对应的控制器类、业务处理类和 Repo 类以及对应的方法；（2）让 Repo 类继承 PagingAndSortingRepository；（3）定义分页对象 PageRequest，并设置合适的参数。

（3）在 JPA 项目中，通过事务插入 3 条库存数据，具体插入的数据不限，但需要确保，如果在插入时发生 Exception 异常，则要回滚事务。

提示步骤：（1）通过 @transactional 注解定义事务；（2）合理地设置事务的诸多参数，尤其是设置回滚异常类的 rollbackFor 参数。

第4章

Spring Boot 整合前端模板

Spring Boot 是后端开发技术，之前读者也看到了用 Spring Boot 开发后端控制器层、业务逻辑层、数据应用层模块的步骤。和后端相对的是前端开发，前端会把用户请求通过控制器发送到后端，后端在处理完请求后会把结果返回到前端，这样用户就能在前端页面上看到效果。

目前和 Spring Boot 整合得比较好的前端模板是 Thymeleaf 和 FreeMarker，通过使用这两套模板，前端工程师能更好地关注页面设计，而后端工程师能更好地关注数据传输和展示。

本章将介绍能实现前后端交互功能的 ModelAndView 组件，并在此基础上综合讲述 Spring Boot 和这两套前端模板的整合步骤，这样读者在学完本章以后，就能掌握基本的全栈开发技能。

4.1　Thymeleaf 模板与前后端交互

Thymeleaf 是一个面向 HTML 语法的前端视图层模板引擎，它能在现有的 HTML 属性标签的基础上额外添加 th 等属性来展示数据。

在 Spring Boot 整合 Thymeleaf 的场景中，前端开发者会在 Thymeleaf 模板中预先绘制好界面效果，并以模板的形式留下待填充数据的位置。当 Spring Boot 通过 ModelAndView 等对象向 Thymeleaf 模板返回数据后，用户就能动态地看到界面加数据的效果。

4.1.1　用于前后端交互的 ModelAndView 对象

从名字来看，ModelAndView 中的 Model 表示模型，View 表示视图，从存储要素角度分析，该对象能同时存储模型和视图两类数据，从功能来讲，该对象能存储后台处理好的结果数据，并把结果发送到前端，比如 Thymeleaf 模板页面，以供展示。

当 Spring Boot 后台框架处理好请求以后，一般会同前端有如下的交互动作：

（1）返回处理结果，比如业务模型对象或参数。

（2）携带着返回结果返回指定页面。

在实际应用中，能通过设置 ModelAndView 中的 model 对象来传递返回结果，能通过设置其中的 view 对象来指定返回的视图页面。表 4.1 整理了 ModelAndView 中的重要方法。

表 4.1　ModelAndView 对象重要方法一览表

方法原型	说　明
ModelAndView(String viewName) ModelAndView(View view)	构造函数，在构造时能指定返回的视图页面
ModelAndView(String viewName, Map<String, ?> model) ModelAndView(View view, Map<String, ?> model)	构造函数，在构造时能同时设置返回的视图页面的返回结果
ModelAndView addObject(String attributeName, Object attributeValue)	向 ModelAndView 中添加 Model 对象
void setView(View view)	设置 View 视图对象

也就是说，通过表 4.1 中的方法，Spring Boot 框架能在处理好请求后对应地设置 ModelAndView 对象，并通过它向前端返回结果。

4.1.2　Spring Boot 与 Thymeleaf 整合的范例

这里将在名为 ModelAndViewDemo 的 Maven 项目中给出两者通过 ModelAndView 整合的范例。该项目的文件结构如图 4.1 所示。

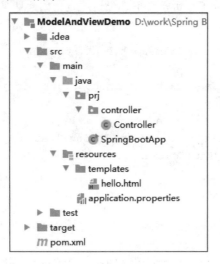

图 4.1　ModelAndViewDemo 项目文件结构图

表 4.2 给出了重要文件的说明。

表 4.2　ModelAndViewDemo 项目文件一览表

重要文件	说　明
pom.xml	引入了该项目所用到的依赖包，尤其引入了 Thymeleaf 的依赖包
SpringBootApp.java	启动类
Controller.java	控制器类，在其中通过 ModelAndView 对象和前端 Thymeleaf 交互

（续表）

重要文件	说　　明
application.properties	配置文件，其中包含 Thymeleaf 的相关配置
hello.html	包含 Thymeleaf 模板的前端页面文件，注意它在 resources 目录的 templates 目录中，这个目录结构需要和配置文件中的配置保持一致

该项目的重要开发步骤如下：

步骤 01 在 pom.xml 中包含本项目的依赖包，关键代码如下。其中，通过第 6~9 行代码引入了 Thymeleaf 模板的依赖包。

```
01    <dependencies>
02      <dependency>
03        <groupId>org.springframework.boot</groupId>
04        <artifactId>spring-boot-starter-web</artifactId>
05      </dependency>
06      <dependency>
07        <groupId>org.springframework.boot</groupId>
08 <artifactId>spring-boot-starter-thymeleaf</artifactId>
09      </dependency>
10    </dependencies>
```

步骤 02 编写启动类，代码如下。由于之前已经讲述过，因此这里只给出代码，不进行分析。

```
01  package prj;
02  import org.springframework.boot.SpringApplication;
03  import
    org.springframework.boot.autoconfigure.SpringBootApplication;
04  @SpringBootApplication
05  public class SpringBootApp {
06      public static void main(String[] args) {
07          SpringApplication.run(SpringBootApp.class, args);
08      }
09  }
```

步骤 03 编写控制器类，代码如下：

```
01  package prj.controller;
02  import org.springframework.web.bind.annotation.RequestMapping;
03  import org.springframework.web.bind.annotation.RestController;
04  import org.springframework.web.servlet.ModelAndView;
05  @RestController
06  public class Controller {
07      @RequestMapping("/welcome")
08      public ModelAndView welcome() {
09        ModelAndView modelAndView = new ModelAndView("hello");
10        modelAndView.getModel().put("name", "Tom");
```

```
11        return modelAndView;
12    }
13 }
```

在第 8 行的 welcome 方法中，先是在第 9 行创建了 ModelAndView 类型的对象，并通过构造函数指定该对象中的视图为 "hello"，随后通过第 10 行代码在该对象的 Model 中以键值对的形式添加了键是 name、值是 Tom 的数据。结合起来看，welcome 方法将向 hello 视图返回一个键值对数据。

步骤 04 在 application.properties 中编写 thymeleaf 模板的相关参数，具体代码如下：

```
01 #启用 thymeleaf 视图
02 spring.thymeleaf.enabled=true
03 #设置 Content-Type 值
04 spring.thymeleaf.content-type=text/html
05 ## 检查模板是否存在，然后呈现
06 spring.thymeleaf.check-template-location=true
07 # 不启用缓存
08 spring.thymeleaf.cache=false
09 # 构建前缀
10 spring.thymeleaf.prefix=classpath:/templates/
11 # 构建后缀
12 spring.thymeleaf.suffix=.html
```

在对应的参数项前都有注释，读者可以自行阅读，不过这里有如下两点需要注意：

（1）为了使用 Thymeleaf 视图，必须配置第 2 行的参数。

（2）第 10 行和第 12 行定义的前缀和后缀会和 ModelAndView 对象中的视图整合起来使用。比如在 Controller.java 中，ModelAndView 中返回的视图是 hello，所以会对应地加上前后缀，加号以后的值是 classpath:/templates/hello.html，这样能指定最终跳转到的视图文件位置。

步骤 05 需要编写包含 Thymeleaf 模板的 hello.html 页面，代码如下：

```
01 <!DOCTYPE html>
02 <html lang="en" xmlns:th="http://www.thymeleaf.org">
03 <head>
04    <meta charset="UTF-8">
05    <title>welcome</title>
06 </head>
07 <body>
08    Welcome:<span th:text="${name}"></span>
09 </body>
10 </html>
```

其中在第 2 行指定了第 8 行要用到的 th 标签的命名空间，这来自于 Thymeleaf 模板。

而在第 8 行中，通过 th:text="${name}" 的形式指定了存放${name}参数的占位符，而具体的 name 参数值来自于后端的返回。从这个页面中能看到 Thymeleaf 模板如下的样式特征：

（1）本范例中，Thymeleaf 模板是嵌入在 HTML5 代码中的，在使用时需要如第 2 行所示引入要用到该模板属性元素的命名空间。

（2）在诸如 HTML5 的前端页面中，可以像第 8 行那样通过 Thymeleaf 的语法设置参数的占位符，这样当后端通过 ModelAndView 等形式传递参数时，就能在占位符所在的位置动态展示。

完成开发后启动该项目，并如控制器中的 welcome 方法之前的@RequestMapping 注解所示，在浏览器中输入 http://localhost:8080/welcome，就能看到输出"Welcome:Tom"的字样。从发起请求到展示数据，主要经历了如下的流程：

（1）根据@RequestMapping 注解所定义的，http://localhost:8080/welcome 请求被控制器类中的 welcome 方法所处理。

（2）在 welcome 方法中设置了返回视图为 hello，并设置了 name 参数的值是 Tom。

（3）根据 application.properties 中的配置，会根据配置好的前后缀确定待返回的视图页面，这里是 resources（该目录在本项目的 classpath 中）目录下的 templates 目录中的 hello.html。

（4）最终会展示 hello.html，并根据其中 Thymeleaf 模板的定义，在 name 参数占位符所在的位置展示"Tom"字样。由此展示最终看到的结果。

4.1.3　用 Thymeleaf 循环展示数据

在上例中，读者能看到在包含 Thymeleaf 模板的视图页面中动态展示参数的效果。而通过该模板的循环语法，还能以相对简单的页面代码展示较为复杂的数据。

读者可以在 4.1.1 小节所创建的 ModelAndViewDemo 范例中创建名为 list.html 的文件，在其中用 Thymeleaf 模板展示数据，具体代码如下：

```
01  <!DOCTYPE html>
02  <html  lang="en" xmlns:th="http://www.thymeleaf.org">
03  <head>
04      <meta charset="UTF-8">
05      <title>库存列表</title>
06  </head>
07  <body>
08  <table border="2">
09      <tr>
10          <td>库存编号</td>
11          <td>库存货物</td>
12          <td>数量</td>
13          <td>描述</td>
14      </tr>
15      <tr th:each="stock: ${stocks}">
16          <td th:text="${stock.ID}"></td>
17          <td th:text="${stock.name}"></td>
18          <td th:text="${stock.num}"></td>
19          <td th:text="${stock.description}"></td>
```

```
20        </tr>
21     </table>
22     </body>
23     </html>
```

这里同样是在第 2 行中用 xmlns:th=http://www.thymeleaf.org 代码引入 Thymeleaf 模板。

在第 8～21 行的表示表格的<table>标签元素中，通过第 15～20 行代码循环展示数据。具体的做法是，先在第 15 行用代码<tr th:each="stock: ${stocks}">表示待循环的参数是 stocks，是从 Spring Boot 后端传来的，并且指定了循环时每次从 stocks 中取出来的元素名叫 stock。

随后在第 16～19 行，用诸如"${stock.ID}"的形式依次展示 stock 对象中的值，其中 ID、name、num 和 description 则是 stock 对象中的属性。

在开发好前端代码后，需要在控制器类 Controller.java 中添加如下代码：

```
01  @RequestMapping("/showList")
02     public ModelAndView showList() {
03         //准备数据
04         List<Stock> stockList = new ArrayList<Stock>();
05         Stock s1 = new Stock();
06         s1.setID(1);
07         s1.setName("Book");
08         s1.setNum(10);
09         s1.setDescription("Good");
10         Stock s2 = new Stock();
11         s2.setID(2);
12         s2.setName("Machine");
13         s2.setNum(12);
14         s2.setDescription("Useful");
15         //把两条数据添加到 stockList 中
16         stockList.add(s1);
17         stockList.add(s2);
18         //设置待返回的视图名为 list
19         ModelAndView modelAndView = new ModelAndView("list");
20         //添加名为 stockList 的参数
21         modelAndView.addObject("stocks",stockList);
22         return modelAndView;
23     }
```

在这个方法的第 4 行中创建了名为 stockList 的 List 对象，在其中存储 Stock 类型的数据，而在第 5～17 行代码中创建了两个 Stock 类型的对象，并把它们放入了 stockList 中。

随后在第 19 行创建的 ModelAndView 对象中设置了待返回的视图是 list，根据配置文件中定义的前后缀把这个视图转换成为 classpath:templates 目录下的 list.html，这就是刚才讲解过的包含 Thymeleaf 循环语句的文件。

在向该视图跳转时，还通过第 21 行代码传输了名为 stocks 的 stockList 数据，这需要和 list.html 的代码保持一致。而这里用到的 Stock 对象代码如下：

```
01    package prj.model;
02    public class Stock {
03        private int ID;
04        private String name;
05        private int num;
06        private String description;
07    //省略必要的get和set方法
08    }
```

从中能看到，这里定义的 ID、name、num 和 description 属性名需要和 list.html 中保持一致。

完成开发后，重启该项目，并根据 showList 方法前的 @RequestMapping 注解定义在浏览器中输入 http://localhost:8080/showList，就能看到如图 4.2 所示的效果，其中包含的数据和 showList 方法里定义的完全一致，由此能看到用 Thymeleaf 模板循环展示数据的效果。

图 4.2　用 Thymeleaf 模板循环展示数据的效果图

4.1.4　用 Thymeleaf 进行条件判断

在 Thymeleaf 模板中，还能通过 th:if 标签对值进行条件判断。为了展示该效果，可以在 resourses 目录的 templates 目录中新建名为 ifDemo.html 的文件，代码如下：

```
01    <!DOCTYPE html>
02    <html  lang="en" xmlns:th="http://www.thymeleaf.org">
03    <head>
04        <meta charset="UTF-8">
05        <title>库存列表</title>
06    </head>
07    <body>
08    <table border="2">
09        <tr>
10            <td>库存编号</td>
11            <td>库存货物</td>
12            <td>数量</td>
13            <td>描述</td>
14        </tr>
15        <tr th:if="${stocks.empty}">
16            <td colspan="4">没有库存数据</td>
17        </tr>
18        </tr>
19    </table>
20    </body>
21    </html>
```

在第 15～17 行的<tr>标签元素中，通过 th:if 语句判断 stocks 对象是否为空，如果是，则通过第 16 行代码展示"没有库存数据"的字样。该前端文件对应的控制器方法代码如下：

```
01    @RequestMapping("/noData")
02    public ModelAndView noData() {
03        //准备数据
04        List<Stock> stockList = new ArrayList<Stock>();
05        ModelAndView modelAndView = new ModelAndView("ifDemo");
06        modelAndView.addObject("stocks",stockList);
07        return modelAndView;
08    }
```

虽然该方法在第 6 行中，在 modelAndView 对象中存入了 stocks 对象，但对应的 stockList 为空，所以一旦向 ifDemo.html 前端传输数据后，会对应地满足“stocks 为空”的条件。

所以如果在浏览器中输入 http://localhost:8080/noData，就能看到如图 4.3 所示的效果。

图 4.3　Thymeleaf 条件判断案例的运行效果图

4.2　Spring Boot、JPA 整合 Thymeleaf

在 4.1 节的范例中，向 Thymeleaf 模板提交的数据都是手动设置的，本节将演示 Spring Boot 通过 JPA 从数据库中获取数据，并展示到 Thymeleaf 的做法。

4.2.1　创建项目并准备数据环境

这里将创建名为 ThymeleafWithDB 的 Maven 项目，通过 JPA 从 MySQL 表中获取数据，并把数据传输给前端 HTML 页面，在其中通过 Thymeleaf 模板动态循环地展示数据。该项目的重要文件如表 4.3 所示。

表 4.3　ThymeleafWithDB 项目文件一览表

重要文件	说　　明
pom.xml	引入了该项目所用到的依赖包，不仅包含 Thymeleaf 的依赖包，还包含连接数据库所用的 JPA 和 MySQL 依赖包
SpringBootApp.java	启动类，和第 3 章 JPADemo 范例中完全一致
Controller.java	控制器类，在其中通过 ModelAndView 对象和前端 Thymeleaf 交互
StockService.java	业务逻辑类
StockRepo.java	包含 JPA 组件的 Repo 类，为了实现分页，这里用到了 PagingAndSortingRepository 接口
Stock.java	业务模型类，和第 3 章 JPADemo 范例中完全一致
application.properties	配置文件，其中包含 Thymeleaf 和 MySQL 的相关配置
list.html	包含 Thymeleaf 模板的前端页面文件，注意它在 resources 目录的 templates 目录中，这个目录结构需要和配置文件中的配置保持一致

本项目要用到的 MySQL 环境以及 stock 数据表是前文 3.1 节创建的，具体说明如下：

（1）MySQL 数据库的连接地址是 localhost，端口是 3306，连接用户名是 root，密码是 123456。

（2）Stock 数据表创建在 Stock 数据库（schema）中。

（3）stock 表的数据结构如表 4.4 所示，而且该表中已经存若干库存数据。

表 4.4　Stock 库存表结构一览表

字　段　名	类　　型	说　　明
id	int	主键
name	varchar	库存货物名
num	int	库存数量
description	varchar	库存货物的描述

4.2.2　通过 JPA 获取数据并传给前端

在本项目中，启动类 SpringBootApp.java 和业务模型类 Stock.java 与第 3 章 JPADemo 项目中的完全一致，所以这里就不再重复讲述了，其他相关类的开发步骤如下：

步骤 01　在 pom.xml 文件中，通过如下代码引入 Thymeleaf、JPA 和 MySQL 的依赖包。

```
01  <dependencies>
02      <dependency>
03          <groupId>org.springframework.boot</groupId>
04          <artifactId>spring-boot-starter-web</artifactId>
05      </dependency>
06      <dependency>
07      <groupId>mysql</groupId>
08          <artifactId>mysql-connector-java</artifactId>
09          <scope>runtime</scope>
10      </dependency>
11      <dependency>
12          <groupId>org.springframework.boot</groupId>
            <artifactId>spring-boot-starter-data-jpa</artifactId>
13      </dependency>
14      <dependency>
15          <groupId>org.springframework.boot</groupId>
            <artifactId>spring-boot-starter-thymeleaf</artifactId>
16      </dependency>
17  </dependencies>
```

其中通过第 7～13 行代码引入了 MySQL 和 JPA 的依赖包，通过第 14～16 行代码引入了 Thymeleaf 的依赖包。

步骤 02　在 Controller.java 控制器类中编写处理请求的 showList 方法，并在这个方法中通过 ModelAndView 对象向前端传输数据，具体代码如下：

```
01  package prj.controller;
02  import org.springframework.beans.factory.annotation.Autowired;
```

```
03    import org.springframework.web.bind.annotation.RequestMapping;
04    import org.springframework.web.bind.annotation.RestController;
05    import org.springframework.web.servlet.ModelAndView;
06    import prj.service.StockService;
07    @RestController
08    public class Controller {
09        @Autowired
10        StockService stockService;
11        @RequestMapping("/showList")
12        public ModelAndView showList(){
13            ModelAndView modelAndView = new ModelAndView("list");
14            //数据是通过 JPA 从 showList 数据表中读来的
      modelAndView.addObject("stocks",stockService.getAllStock());
15            return modelAndView;
16        }
17    }
```

在 showList 方法中，在第 13 行创建了指向 list 视图的 ModelAndView 对象，并通过第
14 行代码把通过 JPA 从 MySQL 表中得到的库存数据存入 stocks 参数，最后通过第 15
行的 return 语句把包含库存数据的 stocks 对象发送到 list 视图。

根据 application.ymlk 中关于视图前缀和后缀的定义，通过这里的 ModelAndView 对象
能跳转到 resources/templates 目录的 list.html 前端视图。

步骤 03　编写业务逻辑类和 Repo 类，其中业务逻辑类 StockService.java 的代码如下：

```
01    package prj.service;
02    import org.springframework.beans.factory.annotation.Autowired;
03    import org.springframework.stereotype.Service;
04    import prj.model.Stock;
05    import prj.repo.StockRepo;
06    import java.util.List;
07    @Service
08    public class StockService {
09        @Autowired
10        private StockRepo stockRepo;
11        public List<Stock> getAllStock(){
12            return (List<Stock>)stockRepo.findAll();
13        }
14    }
```

在 getAllStock 方法中，通过第 12 行代码调用 Repo 类中的 findAll 方法，获取所有的库
存对象并返回。

StockRepo.java 的代码如下：

```
01    package prj.repo;
02    import org.springframework.data.repository.
      PagingAndSortingRepository;
03    import org.springframework.stereotype.Component;
```

```
04   import prj.model.Stock;
05   @Component
06   public interface StockRepo extends PagingAndSortingRepository<Stock,
     Integer> {  }
```

从第 6 行代码能看到，该 Repo 类实现（implements）了 JPA 中包含分页和排序功能的
PagingAndSortingRepository 接口，由于在 StockService 中调用的 findAll 方法已经封装
在该 JPA 接口中，因此这里在 StockRepo 类中甚至不需要再写代码。

步骤 04 在 application.yml 文件中编写 JPA 和 Thymeleaf 的配置参数，具体代码如下：

```
01   spring:
02     jpa:
03       show-sql: true
04       hibernate:
05         dll-auto: validate
06     datasource:
07       url: jdbc:mysql://localhost:3306/stock?serverTimezone=GMT
08       username: root
09       password: 123456
10       driver-class-name: com.mysql.jdbc.Driver
11     thymeleaf:
12       enabled: true
13       content-type: text/html
14       check-template-location: true
15       cache: false
16       prefix: classpath:/templates/
17       suffix: .html
```

其中在第 1~10 行代码中给出了 JPA 和 MySQL 的相关定义，而在第 11~17 行代码中
给出了 Thymeleaf 模板的参数。

这里用到的配置参数其实在前文都已经说明过，不过注意第 2~11 行的缩进，根据 .yml
配置文件的缩进格式，第 11 行的 thymeleaf 其实和第 2 行的 jpa 同级，它们均属于第 1
行的 spring 的子级配置。

步骤 05 编写包含 Thymeleaf 模板的 list.html 页面，该页面需要存放在 resources/templates 目录下，
具体代码如下：

```
01   <!DOCTYPE html>
02   <html  lang="en" xmlns:th="http://www.thymeleaf.org">
03   <head>
04     <meta charset="UTF-8">
05     <title>库存列表</title>
06   </head>
07   <body>
08   <table border="2">
09     <tr>
10         <td>库存编号</td>
```

```
11          <td>库存货物</td>
12          <td>数量</td>
13          <td>描述</td>
14      </tr>
15      <tr th:each="stock : ${stocks}">
16          <td th:text="${stock.ID}"></td>
17          <td th:text="${stock.name}"></td>
18          <td th:text="${stock.num}"></td>
19          <td th:text="${stock.description}"></td>
20      </tr>
21  </table>
22  </body>
23  </html>
```

在第 15 行，用 th:each="stock : ${stocks}" 的方式指定需要用循环的方式展示 stocks 对象中的每个元素，而 stocks 对象是从 Spring Boot 后端传递而来的。在第 16～19 行，依次展示了 stocks 对象中每个元素的 ID、name、num 和 descrption 属性值。

至此，完成了代码编写的工作。通过运行器类启动该 Spring Boot 项目后，再在浏览器中输入 http://localhost:8080/showList，就能看到如图 4.4 所示的效果，其中的库存信息均是从 MySQL 数据库的 stock 表中所得的，由此能看到 Spring Boot、JPA 和 Thymeleaf 模板三者整合后的效果。

图 4.4　Spring Boot、JPA 和 Thymeleaf 整合的效果图

4.2.3　用 Thymeleaf 模板演示分页效果

在 4.2.2 小节的 list.html 中，所有的数据是一起返回、一起展示的。在现实场景中，如果数据比较多，就需要分页展示数据。可以在上文的 ThymeleafWithDB 项目中添加如下代码，从而实现分页的效果。

添加点 1，在业务逻辑类 StockService.java 中添加如下支持分页的方法：

```
01  public Page<Stock> getStockListByPage(int pageNum, int pageSize) {
02      Sort sort = new Sort(Sort.Direction.ASC , "ID");
03      Pageable pageable = PageRequest.of(pageNum, pageSize, sort);
```

```
04          Page<Stock> stocks = stockRepo.findAll(pageable);
05          return stocks;
06      }
```

在这个方法的第 2 行中，首先通过 Sort 对象定义了"按 ID 进行升序排列"的排序方式，随后通过第 3 行的 PageRequest 对象定义分页的方式，这里表示起始数据的 pageNum 和每页展示数据的 pageSize 值都来自于外部传入的参数。

在确定排序和分页的方式后，本方法在第 4 行中通过调用 PagingAndSortingRepository 类型对象 stockRepo 的 findAll 方法，根据在参数 pageable 中封装好的分页和排序的方式，向 MySQL 的 stock 数据表中请求数据，并把得到的数据通过第 5 行的 return 语句返回。

添加点 2，在控制器类 Controller.java 中对应地添加一个支持分页的 listByPage 方法，代码如下：

```
01      @RequestMapping("/listByPage")
02      public ModelAndView listByPage(@RequestParam(value = "pageNum",
    defaultValue = "0") int pageNum,
03  @RequestParam(value = "pageSize", defaultValue = "3") int pageSize) {
04          Page<Stock> stocks=stockService.getStockListByPage(pageNum,
    pageSize);
05          System.out.println("total page:" + stocks.getTotalPages());
06          System.out.println("current Page: " + pageNum);
07          ModelAndView modelAndView = new ModelAndView("listByPage");
08          //传递参数
09          modelAndView.addObject("stocks",stocks);
10          return modelAndView;
11      }
```

在第 2 行和第 3 行定义该方法的参数时，由于表示当前页的 pageNum 和每页数据个数的 pageSize 参数都是从 URL 请求中以 get 参数的形式得到的，因此在其前面要加@RequestParam 注解，否则无法从请求中得到这两个参数。

在该方法的第 4 行中调用了 stockService 对象的 getStockListByPage 方法，在传入分页参数的情况下得到了当前页面中的数据。同时为了调试，还在第 5 行和第 6 行中输出了当前页和每页个数的信息。

在拿到当前页面的数据后，该方法通过第 9 行的方法把它加到 modelAndView 对象中，并在第 10 行中通过该对象向 listByPage 视图返回数据。

添加点 3，在 resources/templates 目录中添加如下 listByPage.html 页面，在其中实现分页的效果。

```
01  <!DOCTYPE html>
02  <html lang="en" xmlns:th="http://www.thymeleaf.org">
03  <head>
04    <meta charset="UTF-8">
05    <title>库存列表</title>
06  </head>
07  <body>
```

```
08  <table border="2">
09      <tr>
10          <td>库存编号</td>
11          <td>库存货物</td>
12          <td>数量</td>
13          <td>描述</td>
14      </tr>
15      <tr th:each="stock : ${stocks}">
16          <td th:text="${stock.ID}"></td>
17          <td th:text="${stock.name}"></td>
18          <td th:text="${stock.num}"></td>
19          <td th:text="${stock.description}"></td>
20      </tr>
21  </table>
22  <div>
23      <ul>
24          <li>
25              <a th:href="'/listByPage?pageNum=0'">首页</a>
26          </li>
27          <li th:if="${stocks.hasPrevious()}">
28              <a th:href="'/listByPage?pageNum=' +
    ${stocks.previousPageable().getPageNumber()}" th:text="上一页"></a>
29          </li>
30          <li th:if="${stocks.hasNext()}">
31              <a th:href="'/listByPage?pageNum=' +
    ${stocks.nextPageable().getPageNumber()}" th:text="下一页"></a>
32          </li>
33          <li>
34              <a th:href="'/listByPage?pageNum=' + ${stocks.getTotalPages()
    - 1}">尾页</a>
35          </li>
36      </ul>
37  </div>
38  </body>
39  </html>
```

这里第 21 行之前的代码都分析过，而在第 22～37 行的<div>属性元素中加入了分页的效果，具体说明如下：

（1）第 25 行代码通过 th:href="'/listByPage?pageNum=0'"以 URL 参数的形式向控制器类的 listByPage 方法传递了 pageNum 为 0 的参数，以展示首页数据。

（2）在显示"上一页"的效果前，先需要通过第 27 行的 th:if 代码判断 stocks 对象中是否包含上一页的数据，如果是，则通过第 28 行的代码展示"上一页"链接，注意这里"上一页"链接所对应的参数，这样就能通过该链接得到上一页的数据。

（3）展示"下一页"的方法和展示"上一页"的很相似，都是先通过 th:if 判断是否有下一页数据，再通过链接得到下一页的数据。

（4）在第 34 行的代码中，通过 th:href="'/listByPage?pageNum='+ ${stocks.getTotalPages() - 1}"的代码得到了尾页的数据，注意这里是用 URL 中 pageNum 的参数值得到尾页的数据。

编写完成后重启该项目，此时如果在浏览器中输入 http://localhost:8080/listByPage，就能看到如图 4.5 所示的效果。

从中能看到，图 4.5 中每页的数据是 3 条，而且在数据下方展示了对应的分页链接，由于是第一页，因此没有包含"上一页"的链接，如果单击图 4.5 中的"下一页"链接，就能看到页面跳转的效果，如图 4.6 所示。

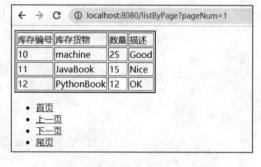

图 4.5　以分页方式展示数据的效果图　　　　　图 4.6　单击"下一页"的效果图

从中不仅能看到页面上的数据变化，而且还能看到在 URL 中，通过携带 pageNum 参数的方式取到了下一页的数据。并且，由于参数 stocks 中已经包含"上一页"的数据，因此还能看到对应的链接。同样，还能自行单击"首页""下一页"和"尾页"等链接，以观察对应的效果。

4.3　Spring Boot 整合 FreeMarker

和 Thymeleaf 一样，FreeMarker 也是一款前端模板，该模板是用纯 Java 语言编写的，所以也能很好地同 Spring Boot 后端框架整合。在该模板中，不仅同样可以包含 HTML 等前端元素，也可以从 Spring Boot 等后端获取元素，以实现数据的动态展示。

4.3.1　Spring Boot 整合 FreeMarker 的简单范例

FreeMarker 和 Thymeleaf 模板一样，都可以从后端接收参数并展示，在如下的 FreeMarkerDemo 项目中将展示该模板的基本用法，具体的开发步骤如下：

步骤01 在 pom.xml 中引入 FreeMarker 模板的依赖包，关键代码如下：

```
01  <dependency>
02      <groupId>org.springframework.boot</groupId>
03      <artifactId>spring-boot-starter-freemarker</artifactId>
04  </dependency>
```

步骤02 编写启动类 SpringBootApp.java 和控制器类 Controller.java，这两个 Java 文件的代码和 ModelAndViewDemo 项目中的基本一致，所以不再讲解，读者可以自行查看相关源码。

步骤 03　在 application.properties 文件中编写 FreeMarker 模板的相关配置，具体代码如下：

```
01  #指定模板文件的位置
02  spring.freemarker.tempalte-loader-path=classpath:/templates
03  #指定是否开启缓存
04  spring.freemarker.cache=false
05  #指定模板中采用的编码，用了 UTF-8 以后，就可以展示中文
06  spring.freemarker.charset=UTF-8
07  #指定在使用前需要检查模板的位置
08  spring.freemarker.check-template-location=true
09  #指定模板中页面的格式
10  spring.freemarker.content-type=text/html
11  #指定需要使用 HttpServletRequest 中的值
12  spring.freemarker.expose-request-attributes=true
13  #指定需要使用 Session 中的值
14  spring.freemarker.expose-session-attributes=true
15  #指定 RequestContext attribute 的值
16  spring.freemarker.request-context-attribute=request
17  #指定模板文件的后缀名
18  spring.freemarker.suffix=.ftl
```

相关的配置值都已经通过注释说明，根据这里的配置，控制器中返回的 list 将被加上 .ftl 后缀，形成 list.ftl，然后 FreeMarker 解析器会据此到第 2 行指定的 resources/templates 目录下找这个模板文件，并展示数据。

步骤 04　在 resources/templates 目录下编写 list.ftl 文件，在其中通过 FreeMarker 模板动态展示数据。注意该模板的前端文件扩展名是 .ftl，该文件的具体代码如下：

```
01  <!DOCTYPE html>
02  <html  lang="en">
03  <head>
04      <meta charset="UTF-8">
05      <title>库存列表</title>
06  </head>
07  <body>
08  <table border="2">
09      <tr>
10          <td>库存编号</td>
11          <td>库存货物</td>
12          <td>数量</td>
13          <td>描述</td>
14      </tr>
15      <#list stocks as stock>
16      <tr>
17          <td>${stock.ID}</td>
18          <td>${stock.name}</td>
19          <td>${stock.num}</td>
20          <td>${stock.description}</td>
```

```
21      </tr>
22      </#list>
23  </table>
24  </body>
25  </html>
```

这里请注意，是通过第 15 行的#list 标签循环地展示数据的，展示的数据同样来自 Spring Boot 控制器中的 stocks 参数，展示时同样会用第 17~20 行的形式，以参数.属性的方式具体展示参数的每条数据的每个属性元素。

编写完成后启动该项目，并在浏览器中输入 http://localhost:8080/showList，就能看到如图 4.7 所示的效果，其中库存数据使用 FreeMarker 模板中的循环语句动态展示。

图 4.7　Spring Boot 整合 FreeMarker 模板的效果图

4.3.2　用 FreeMarker 模板展示分页效果

这里将通过 FreeMarker 模板分页展示数据的效果，进一步给出该模板的具体用法。这里要用到的项目 FreeMarkerWithDB 是根据 4.2.3 小节的 ThymeleafWithDB 项目改写而成的。

其中，这两个项目对应的启动类是 StringBootApp.java，业务逻辑类是 StockService.java，访问数据库所用到的 StockRepo.java 和业务模型 Stock.java 完全一致，而控制器类 Controller.java 和配置文件 application.yml 以及前端文件 listByPage.ftl 需要修改。

相同的类文件之前已经分析过，读者可自行阅读本书附带的源码，需要修改的文件具体描述如下：

步骤01 需要修改的 Controller.java 关键代码如下：

```
01      @RequestMapping("/listByPage")
02      public ModelAndView listByPage(@RequestParam(value = "pageNum",
    defaultValue = "0") int pageNum, @RequestParam(value = "pageSize",
    defaultValue = "3") int pageSize) {
03          Page<Stock> stocks=stockService.getStockListByPage(pageNum,
    pageSize);
04          ModelAndView modelAndView = new ModelAndView("listByPage");
05          //传递参数
06  modelAndView.addObject("stocks",stocks.getContent() );
07          modelAndView.addObject("currentPage",pageNum );
08  modelAndView.addObject("totalPage",stocks.getTotalPages() );
09          return modelAndView;
10      }
```

这里在第 4 行创建 ModelAndView 对象时，指定了该对象将要向 listByPage 视图返回 Stock 数据,结合后文提到的配置文件,这里具体会向 listByPage.ftl 前端文件传输数据。

为了实现分页效果，这里需要通过第 7 行和第 8 行代码传输表示当前页的 currentPage 参数和表示一共多少页的 totalPage 参数，而包含库存数据的 stocks 参数则是在第 6 行

设置的，由于 ftl 文件在循环时只能接收 List 等类型的集合类数据，因此这里需要调用
stocks.getContent 方法把数据转换成 List<Stock>类型的数据。

步骤 02 　在 application.yml 文件中加入 JPA 和 FreeMarker 的参数，这里注意配置文件的格式，
具体每个参数的含义之前都已经讲过了。

```
01  spring:
02    jpa:
03      show-sql: true
04      hibernate:
05        dll-auto: validate
06    datasource:
07      url: jdbc:mysql://localhost:3306/stock?serverTimezone=GMT
08      username: root
09      password: 123456
10      driver-class-name: com.mysql.jdbc.Driver
11    freemarker:
12      tempalte-loader-path: classpath:/templates
13      cache: false
14      charset: UTF-8
15      check-template-location: true
16      content-type: text/html
17      expose-request-attributes: true
18      expose-session-attributes: true
19      request-context-attribute: request
20      suffix: .ftl
```

步骤 03 　在 listByPage.ftl 文件中，用 FreeMarker 模板实现分页的效果，具体代码如下：

```
01  <!DOCTYPE html>
02  <html lang="en">
03  <head>
04      <meta charset="UTF-8">
05      <title>库存列表</title>
06  </head>
07  <body>
08  <table border="2">
09      <tr>
10          <td>库存编号</td>
11          <td>库存货物</td>
12          <td>数量</td>
13          <td>描述</td>
14      </tr>
15      <#list stocks as stock>
16      <tr>
17          <td>${stock.ID}</td>
18          <td>${stock.name}</td>
19          <td>${stock.num}</td>
```

```
20          <td>${stock.description}</td>
21      </tr>
22      </#list>
23  </table>
24  <div>
25      <ul>
26          <li>
27              <a href="/listByPage?pageNum=0">首页</a>
28          </li>
29          <#if (currentPage>0)>
30          <li>
31              <a href="/listByPage?pageNum=${currentPage-1}">上一页</a>
32          </li>
33          </#if>
34          <#if (currentPage<totalPage-1)>
35          <li>
36              <a href="/listByPage?pageNum=${currentPage+1}">下一页</a>
37          </li>
38          </#if>
39          <li>
40              <a href="/listByPage?pageNum=${totalPage - 1}">尾页</a>
41          </li>
42      </ul>
43  </div>
44  </body>
45  </html>
```

这里在第 15～22 行代码中用<#list>的形式循环展示了当前页的数据，而在 24～43 行的<div>标签中用<#if>的形式动态展示了分页的效果。

在分页相关的代码中，在第 29 行中，先通过<#if>语句用 currentPage 参数判断当前是不是第 1 页，如果不是，则通过第 30～32 行代码展示"上一页"的链接，同样，在第 34 行的<#if>语句中，通过 currentPage<totalPage-1 的形式判断当前是不是最后一页，如果不是，则通过第 35～37 行代码展示"下一页"的效果。

本范例运行后，如果在浏览器中输入 http://localhost:8080/listByPage，就能看到如图 4.8 所示的分页效果，和之前的范例不同，这里的分页效果是用 FreeMarker 模板实现的。

图 4.8　用 Freemarker 模板实现分页的效果图

4.4　思考与练习

1. 选择题

（1）Spring Boot MVC 框架中，前端页面属于框架里的哪一部分？（B）

    A. 模型层　　　　　　B. 视图层　　　　　　C. 控制器层　　　　　　D. 都不属于

（2）在 ModelAndView 对象中，可以通过哪类参数来设置前端返回页？（A）

    A. View　　　　　　B. Model　　　　　　C. Attribute　　　　　　D. Object

（3）在本章中，Thymeleaf 模板是用如下的什么标签来实现条件判断的？（D）

    A. th:list　　　　　　B. th:switch　　　　　　C. th:while　　　　　　D. th:if

2. 填空题

（1）在配置文件中，如果要启用 Thymeleaf 模板，则需要配置（spring.thymeleaf.enabled）参数。

（2）如果要动态添加 Thymeleaf 模板的后缀名，则需要配置（spring.thymeleaf.suffix）参数。

（3）在默认情况下，FreeMarker 模板文件的后缀名是（.ftl）。

3. 操作题

（1）仿照本章 ModelAndViewDemo 范例中的做法，以 Thymeleaf 整合 Spring Boot 框架的方式，在前端展示"你好"加"用户名"，其中用户名需要动态地从 Spring Boot 后端传入。

（2）仿照本章 ThymeleafWithDB 范例中的做法，在包含 Thymeleaf 模板的前端动态展示库存数据，但这里需要按 name 字段降序排列，只展示前两条数据。

（3）本章 FreeMarkerWithDB 范例中的做法，以分页的形式展示所有的库存数据，这里需要每页展示 5 条数据，且数据需要按 descrption 字段升序排列。

第5章

面向切面编程与过滤器拦截器

同前文提到的 IoC 一样，面向切面编程（Aspect Oriented Program，AOP）理念也是 Spring 框架的一大基石，用基于 AOP 的编程方式，程序员能动态地把不同种类的业务动作以低耦合的方式整合到一起，这样不仅能实现功能的有效扩展，更能确保代码具有较高的可维护性。

Spring 的拦截器可以说是 AOP 开发理念的具体实现，通过编写拦截器方法就能在具体业务动作执行的前后动态地添加诸如过滤请求和安全验证等操作，也就是说，拦截器是以"拦截"动作请求的方式实现 AOP 的效果，而过滤器也会被请求触发，从而检查请求的信息并实现"过滤非法请求"的效果。

通过本章的学习，读者能在熟悉拦截器和过滤器具体用法的基础上掌握 AOP 的理念和实践要点，由此进一步了解 Spring Boot 框架的开发要点。

5.1 面向切面的概念和做法

在面向切面的编程模式中，会把和主要业务无关但必不可缺的通用性服务模块（比如日志模块等）以切面的方式封装起来，并用"动态代理"等方式有效地整合业务模块和这些通用性服务模块。

在项目中，业务代码和功能性代码整合是刚性需求，但从功能来看，这两者其实没有相通点。如果在业务代码中用对象依赖的方式引入功能性模块，就会导致两者耦合度过高，从而代码很难维护，所以用面向切面的方式来整合这两类代码是比较合适的做法。

5.1.1 相关概念

在一个项目中，在调试阶段，需要打印每个方法后的内存使用量，以监控并排查内存问题。传统的做法是，在每个方法之后手动地添加打印内存，具体代码如下：

```
01  void 方法1(){
02      正常业务
```

```
03        打印内存用量
04    }
05    void 方法2(){
06        正常业务
07        打印内存用量
08    }
```

在这种做法中，如果打印内存用量的方法有所修改，比如需要添加参数，就得手动地在每个方法后面逐一修改，这样就会引发因漏改错改而导致的问题。

在面向切面编程中，虽然从运行效果来看，在正常业务之后也会打印内存用量，但在正常业务的代码中看不到任何打印内存用量方法的痕迹，因为这两者是通过配置文件或注解等方式关联到一起的。和面向切面编程相关的概念归纳如下：

- 切面是指待插入的逻辑代码，比如这里是指打印内存用量的方法代码。
- 切入点是指在哪个位置插入切面代码，比如在正常业务中的哪个位置插入打印内存用量的方法。
- 通知是指在正常代码运行到切入点的位置时，Spring 容器等会通知切面代码运行。常用的通知类型有前置通知、后置通知、环绕通知、后置成功通知和后置异常通知。比如前置通知是指，在正常业务运行前，通知打印内存用量的方法运行，其他的以此类推。

在基于配置文件的 SSM 等框架中，一般是通过编写配置文件来实现面向切面编程的，而在 Spring Boot 框架项目中，一般是用注解的方式来实现的。

5.1.2　用范例了解面向切面编程

这里将创建名为 AOPDemo 的项目，在其中演示 Spring Boot 整合面向切面编程的做法，关键的开发步骤如下：

步骤 01 在 pom.xml 中引入 Spring Boot 和面向切面 AOP 的依赖包，代码如下：

```
01    <dependencies>
02      <dependency>
03        <groupId>org.springframework.boot</groupId>
04        <artifactId>spring-boot-starter-web</artifactId>
05      </dependency>
06      <dependency>
07        <groupId>org.springframework.boot</groupId>
08        <artifactId>spring-boot-starter-aop</artifactId>
09      </dependency>
10    </dependencies>
```

其中在第 2~5 行代码中引入了 Spring Boot 的依赖包，而在第 6~9 行的代码中引入了 AOP 的依赖包。

步骤 02 编写启动类 SpringBootApp.java 和控制器类 Controller.java，这两个类的代码之前已经分析过，所以不再讲述。启动类代码如下：

```
01    package prj;
02    import org.springframework.boot.SpringApplication;
03    import
      org.springframework.boot.autoconfigure.SpringBootApplication;
04    @SpringBootApplication
05    public class SpringBootApp {
06        public static void main(String[] args) {
07            SpringApplication.run(SpringBootApp.class, args);
08        }
09    }
```

控制器类代码如下：

```
01    package prj.controller;
02    import org.springframework.web.bind.annotation.RequestMapping;
03    import org.springframework.web.bind.annotation.RestController;
04    @RestController
05    public class Controller {
06        @RequestMapping("/aopDemo")
07        public String aopDemo() {
08            return "aopDemo";
09        }
10    }
```

步骤 **03** 编写用 AOP 方式打印内存用量的类 MemAopService.java，代码如下：

```
01    package prj.service;
02    import org.aspectj.lang.JoinPoint;
03    import org.aspectj.lang.ProceedingJoinPoint;
04    import org.aspectj.lang.annotation.*;
05    import org.springframework.stereotype.Component;
06    import
      org.springframework.web.context.request.RequestContextHolder;
07    import
      org.springframework.web.context.request.ServletRequestAttributes;
08    import javax.servlet.http.HttpServletRequest;
09    //AOP 类需要加入@Aspect 和@Component 这两个注解
10    @Aspect
11    @Component
12    public class MemAopService {
13        //定义切入点
14        @Pointcut("execution(* prj.controller.*.*(..))")
15        private void checkMem(){}
```

在实现 AOP 的类中，需要像第 10 行和第 11 行那样加入两个注解。同时，需要像第 14 行和第 15 行那样定义切入点。

这里定义的切入点的方法名是 checkMem，而切入点的位置如第 14 行所示，表示当运行到 prj.controller 包中的所有方法时，将触发如下所示的该切入点相关的 AOP 通知方法：

```
16      //前置通知
17      @Before("checkMem()")
18      private void before(JoinPoint joinPoint){
19          HttpServletRequest request = ((ServletRequestAttributes)
    RequestContextHolder.getRequestAttributes()).getRequest();
20          System.out.println("Url is:" +
    request.getRequestURL().toString());
21          System.out.println("method is:" +
    joinPoint.getSignature().getName());
22      }
23      //后置通知
24      @After("checkMem()")
25      private void printMem(){
26          System.out.println( "After the method, is Mem usage is:" +
    Runtime.getRuntime().freeMemory()/1024/1024 + "M");
27      }
28      //环绕通知
29      @Around("checkMem()")
30      private Object  around(ProceedingJoinPoint joinPoint) throws
    Throwable {
31          System.out.println( "Around for AOP");
32          //获取方法参数值数组
33          Object[] args = joinPoint.getArgs();
34          Object ret = joinPoint.proceed(args);
35          System.out.println( "proceed args, result is: " + ret);
36          //调用方法
37          return ret;
38      }
39      //后置成功通知
40      @AfterReturning(pointcut = "checkMem()",returning = "returnObj")
41      private void afterReturning(Object returnObj){
42          System.out.println( "return value is:" + returnObj);
43      }
44      //后置异常通知
45      @AfterThrowing(pointcut = "checkMem()",throwing = "e")
46      private void afterThrowing(JoinPoint joinPoint,Exception e){
47          System.out.println( "Exception is:" + e.getMessage());
48      }
49  }
```

上文和 AOP 相关的通知方法如表 5.1 所示，从中能看到对应的注解和针对各通知类型方法的描述。

表 5.1　AOP 通知方法一览表

行　号	注　解	说　明	方法功能
18	@Before	关于切入点 checkMem()方法的前置通知	输出请求所对应的 URL 和方法
25	@After	关于切入点的后置通知	输出当前的内存用量
30	@Around	环绕通知	输出提示语句后，通过第 34~37 行的方法执行切入点方法
41	@AfterReturning	后置成功通知	输出切入点方法的运行结果
46	@AfterThrowing	后置异常通知	如果切入点方法有异常，则输出异常信息

在定义各种类型的通知时，需要像第 17 行那样，以@Before("checkMem()")的形式在通知注解中说明该通知所对应的切入点方法名。由于在第 14 行中，该 checkMem 切入点已经和对应的类和方法绑定到一起，因此当控制器类中的 aopDemo 方法运行时，就会触发表 5.1 所对应的各种通知方法。

启动该项目后，在浏览器中输入 http://localhost:8080/aopDemo，就能在浏览器中看到"aopDemo"的运行结果，这是在控制器类的方法中所定义的。此外，还能在控制台中看到如下由各 AOP 通知方法所输出的文字信息。

```
01  Around for AOP
02  Url is:http://localhost:8080/aopDemo
03  method is:aopDemo
04  proceed args, result is: aopDemo
05  After the method, is Mem usage is:226M
06  return value is:aopDemo
```

从该输出结果的顺序中能看到各类通知方法的执行顺序。

（1）http://localhost:8080/aopDemo这个URL请求会触发Controller.java中的aopDemo方法。

（2）执行 checkMem 切点所对应的环绕通知。

（3）在执行环绕通知第 34 行的 Object ret = joinPoint.proceed(args);代码前，会执行前置通知方法。

（4）当前置通知方法执行以后，会继续执行环绕通知第 34 行及以后的代码。

（5）执行后置通知和后置成功通知的方法。

（6）由于 aopDemo 方法中没有抛出异常，因此这里不会执行后置异常通知中的方法。

从本 AOP 范例运行的结果来看，确实能在业务方法后输出内存用量，但在业务方法 aopDemo 中看不出任何输出内存用量方法的痕迹，而两者的结合是通过 MemAopService 类的相关注解实现的。

也就是说，如果需要更改输出内存用量方法的参数，甚至在代码上线后不需要再输出，只需要更改切面类 MemAopService 中的相关代码，而无须变动业务逻辑。从中读者应该能感受到面向切面编程给代码维护带来的好处。

5.1.3　环绕通知与拦截器

由于从环绕通知中能看到拦截器的痕迹，因此这里再详细分析一下，相关代码如下：

```
01      @Around("checkMem()")
02    private Object  around(ProceedingJoinPoint joinPoint) throws Throwable
    {
03        System.out.println( "Around for AOP");
04        //获取方法参数值数组
05        Object[] args = joinPoint.getArgs();
06        Object ret = joinPoint.proceed(args);
07        System.out.println( "proceed args, result is: " + ret);
08        //调用方法
09        return ret;
10    }
```

之前已经提到了，Controller.java 类的 aopDemo 方法会触发该环绕通知的方法。在进入该环绕通知方法时，Spring 容器会接管 aopDemo 方法的执行流程。

具体来看，在该方法的第 5 行中能得到 aopDemo 方法的参数，这里为空，而在第 6 行中，通过 joinPoint.proceed(args)方法执行了 aopDemo 中定义的功能，执行以后再通过第 9 行的代码返回结果。

也就是说，aopDemo 方法会被该环绕通知方法拦截，拦截后可以检查请求参数，也可以在第 6 行执行 aopDemo 方法前做其他事情。如果通过各种判断逻辑发现该方法不能执行，就可以通过去掉第 6 行的代码来实现这一效果。

Spring 拦截器的功能是拦截方法、检查参数并判断是否可以继续执行，而从环绕通知方法的代码中可以发现这事实上已经能起到拦截器的效果，也就是说，从原理上讲，Spring 拦截器和面向切面编程中的环绕通知方法其实是相通的。

5.2　Spring Boot 与拦截器

拦截器也叫 Interceptor，可以用来拦截用户的请求，并进行响应处理，比如在实际项目中可以通过拦截器来检查用户发起的请求是否合法，如果不合法的话，还能终止该请求继续运行。

在 Spring Boot 项目中，能通过注解的方式比较方便地实现拦截器的效果，而且在一个 Spring Boot 项目中，还能配置多个拦截器，以实现不同的拦截效果。

5.2.1　拦截器的重要方法

在项目中，一般是通过继承（extends）HandlerInterceptorAdapter 类，并重写其中的 3 个方法来实现拦截器的。拦截器的 3 个相关方法及运行时间点如下：

（1）preHandle，该方法会在请求对应的控制器方法被调用前运行，该方法是布尔类型的，如果返回 true，则执行下一个拦截器，如果之后没有拦截器，则继续执行控制器方法；如果返回 false，则中断执行，即该请求被拦截。

（2）postHandle，该方法会在请求对应的控制器方法执行后运行，该方法是 void 类型的，没有返回值。

（3）afterCompletion，该方法在整个请求处理后运行，也是 void 类型的。

在项目中，更多地会在 preHandle 方法中定义拦截动作，而重写 postHandle 和 afterCompletion 这两个方法的场景并不多。

5.2.2　Spring Boot 整合多个拦截器

这里将在 InterceptorDemo 项目中给出 Spring Boot 整合多个拦截器的做法，该项目的重要文件如表 5.2 所示。

表 5.2　InterceptorDemo 重要文件一览表

文　件　名	说　　明
pom.xml	指定依赖包，这里只需包含 Spring Boot 相关包即可
SpringBootApp.java	启动类
Controller.java	控制器类，定义处理 URL 请求的诸多方法
ConfigInterceptor.java	拦截器配置类，在其中通过注解和方法配置诸多拦截器，注意，和 SpringBootApp 启动类处于同级目录
ParamInterceptor.java UrlInterceptor.java	在这两个类中定义了拦截器的动作，也就是说，本项目定义了两个拦截器。为了方便管理，这两个文件处于同一个包

该项目的具体开发步骤如下：

步骤 01 在 pom.xml 中，只需通过如下关键代码引入 Spring Boot 的依赖包即可，因为拦截器所用到的依赖包已经包含在其中了。

```
01    <dependencies>
02      <dependency>
03        <groupId>org.springframework.boot</groupId>
04        <artifactId>spring-boot-starter-web</artifactId>
05      </dependency>
06    </dependencies>
```

步骤 02 编写启动类 SpringBootApp.java，由于该类之前反复分析过，因此这里请读者自行阅读代码，不再重复讲述。

步骤 03 编写 Controller.java 控制器类，具体代码如下：

```
01  package prj.controller;
02  import org.springframework.web.bind.annotation.PathVariable;
03  import org.springframework.web.bind.annotation.RequestMapping;
04  import org.springframework.web.bind.annotation.RestController;
05  @RestController
```

```
06  public class Controller {
07      @RequestMapping("/login/{username}")
08      public String login(@PathVariable String username){
09          System.out.println("login");
10          return "loginOK";
11      }
12      @RequestMapping("/hackerVisit")
13      public String hackerVisit() {
14          return "hackerVisitOK";
15      }
16  }
```

其中在第 8 行和第 13 行中分别定义了能处理两个请求的不同方法。

步骤 04 编写用于检查 URL 请求的拦截器类 UrlInterceptor.java，具体代码如下：

```
01  package prj.interceptor;
02  import org.springframework.lang.Nullable;
03  import org.springframework.stereotype.Component;
04  import org.springframework.web.servlet.ModelAndView;
05  import org.springframework.web.servlet.handler.HandlerInterceptorAdapter;
06  import javax.servlet.http.HttpServletRequest;
07  import javax.servlet.http.HttpServletResponse;
08  @Component
09  public class UrlInterceptor extends HandlerInterceptorAdapter {
10      @Override
11      public boolean preHandle(HttpServletRequest request,
12  HttpServletResponse response, Object handler) throws Exception {
13          System.out.println("UrlInterceptor, preHandle");
14          String url = request.getRequestURI();
15          //检查 url
16          if(url.toLowerCase().indexOf("hacker") != -1){
17              System.out.println("prevent hacker visit.");
18              return false;
19          }else {
20              return true;
21          }
22      }
23      @Override
24      public void postHandle(HttpServletRequest request,
    HttpServletResponse response, Object handler, @Nullable ModelAndView
    modelAndView) throws Exception {
25          System.out.println("UrlInterceptor, postHandle");
26      }
27      @Override
28      public void afterCompletion(HttpServletRequest request,
    HttpServletResponse response, Object handler, @Nullable Exception ex)
```

```
     throws Exception {
29         System.out.println("UrlInterceptor, afterCompletion");
30     }
31 }
```

该拦截器类有如下注意要点：

（1）该类需要如第 9 行所示，继承 HandlerInterceptorAdapter 类，以实现拦截器效果。

（2）需要如第 8 行所示，加入@Component 注解，这样当启动该项目时，就会把该类注册到 Spring 容器中，在此基础上，后文将要讲到的拦截器配置类才能继续后继的配置动作。

（3）如前文所述，分别在第 11 行、第 23 行和第 26 行重写了拦截器的 3 个重要方法，这 3 个方法将在不同的时机被触发。

（4）在第 23 行的 postHandle 方法和第 27 行的 afterCompletion 方法中只是定义了打印动作，没有放其他代码，而在第 11 行的 preHandle 方法中定义了根据 URL 请求判断是否需要拦截的动作。具体而言，是通过第 15 行的 if 语句判断其中是否包含 hacker 字样，如果是，则返回 false，拦截该请求，否则返回 true，继续执行后继拦截器或控制器方法。

步骤 05 编写用于检查参数的拦截器类 ParamInterceptor.java，具体代码如下：

```
01 package prj.interceptor;
02 import org.springframework.lang.Nullable;
03 import org.springframework.stereotype.Component;
04 import org.springframework.web.servlet.ModelAndView;
05 import
   org.springframework.web.servlet.handler.HandlerInterceptorAdapter;
06 import javax.servlet.http.HttpServletRequest;
07 import javax.servlet.http.HttpServletResponse;
08 @Component
09 public class ParamInterceptor extends HandlerInterceptorAdapter {
10     @Override
11     public boolean preHandle(HttpServletRequest request,
12 HttpServletResponse response, Object handler) throws Exception {
13         String url = request.getRequestURI() ;
14         System.out.println("in ParamInterceptor, url is:" + url);
15         if(url == null || url.indexOf("hacker") != -1){
16             return false;
17         }else {
18             return true;
19         }
20     }
21     @Override
22     public void postHandle(HttpServletRequest request,
   HttpServletResponse response, Object handler, @Nullable ModelAndView
   modelAndView) throws Exception {
23         System.out.println("ParamInterceptor, postHandle");
24     }
```

```
25        @Override
26        public void afterCompletion(HttpServletRequest request,
     HttpServletResponse response, Object handler, @Nullable Exception ex)
     throws Exception {
27            System.out.println("ParamInterceptor, afterCompletion");
28        }
29    }
```

其中很多拦截器的注意要点之前已经分析过。在本方法中，通过重写第 11 行的 preHandle 方法来实现根据参数进行拦截的动作。

具体先通过第 12 行的代码来获取请求 url，由于这里把参数包含在 url 中，因此会通过第 14 行的 if 语句判断参数中是否包含 hacker 字样，如果是，则返回 false 拦截该请求，否则返回 true，继续执行后继拦截器或方法。

最后，还需要编写拦截器配置类 ConfigInterceptor.java，具体代码如下：

```
01  package prj;
02  import org.springframework.beans.factory.annotation.Autowired;
03  import org.springframework.context.annotation.Configuration;
04  import
    org.springframework.web.servlet.config.annotation.InterceptorRegistry;
05  import
    org.springframework.web.servlet.config.annotation.WebMvcConfigurer;
06  import prj.interceptor.ParamInterceptor;
07  import prj.interceptor.UrlInterceptor;
08  @Configuration
09  public class ConfigInterceptor implements WebMvcConfigurer {
10      @Autowired
11      private UrlInterceptor urlInterceptor;
12      @Autowired
13      private ParamInterceptor paramInterceptor;
14      @Override
15      public void addInterceptors(InterceptorRegistry registry) {
16  registry.addInterceptor(urlInterceptor).addPathPatterns("/**");
17  registry.addInterceptor(paramInterceptor).addPathPatterns("/login/*");
18      }
19  }
```

通过第 9 行的代码能看到，拦截器配置类需要实现（implements）WebMvcConfigurer 接口，并如第 15 行所示，在 addInterceptors 方法中配置拦截器。

这里配置拦截器的动作是，如第 16 行和第 17 行所示，通过 addInterceptor 方法按顺序添加两个拦截器，并通过 addPathPatterns 方法指定每个拦截器所能处理的 URL 格式。

比如通过第 16 行的定义能看到，urlInterceptor 拦截器能拦截所有的请求，而通过第 17 行的配置代码能看到，paramInterceptor 拦截器只能拦截/login/*格式的请求。

5.2.3 从拦截器的运行效果观察执行顺序

启动该项目后，能通过如下请求观察拦截器的运行顺序和执行要点。

第一，如果在浏览器中输入 http://localhost:8080/hackerVisit，则在浏览器中看不到任何输出，同时能在控制台看到如下输出：

```
01  UrlInterceptor, preHandle
02  prevent hacker visit.
```

这说明该请求只触发了 urlInterceptor 拦截器，而没有触发 paramInterceptor 拦截器。同时由于 URL 中包含 hacker 字样，所以被拦截，甚至没有进入对应的控制器类方法。

第二，如果输入 http://localhost:8080/login/Peter，则能在浏览器中看到控制器方法的输出字样 "loginOK"，这说明该请求没有被拦截。同时能在控制台看到如下输出：

```
01  UrlInterceptor, preHandle
02  in ParamInterceptor, url is:/login/Peter
03  login
04  ParamInterceptor, postHandle
05  UrlInterceptor, postHandle
06  ParamInterceptor, afterCompletion
07  UrlInterceptor, afterCompletion
```

由此能看到，这两个拦截器相关方法的执行顺序是，拦截器的 preHandle 方法→控制器方法→拦截器的 postHandle 和 afterCompletion 方法。

第三，如果输入 http://localhost:8080/login/hacker，由于该请求的参数中包含 hacker 字样，会被拦截掉，因此不会在浏览器中看到任何输出。

5.3 Spring Boot 与过滤器

过滤器和拦截器有一定的相似性，都是能预处理 URL 请求，并能加工处理返回结果。不过，过滤器是 Servlet 容器支持的，定义在 javax.servlet 依赖包中，所以它的用途和使用场景与拦截器有一定的差异。

5.3.1 过滤器的 3 个重要方法

如果要实现过滤器类，必须得让这个类实现（implements）Filter 类，并实现其中的 init、doFilter 和 destroy 方法，同样，在一个项目中可以创建一个或多个过滤器。

（1）当包含过滤器的 Spring Boot 项目（或其他类型的 Web 项目）启动时，会创建该项目的所有过滤器，并依次执行它们的 init 方法。

（2）此后过滤器会一直监听请求，当请求到达时，会触发对应过滤器的 doFilter 方法。

（3）当 Spring Boot 等 Web 项目停止运行时，则会执行过滤器中的 destroy 方法。

据此特性，一般会在过滤器的 init 方法中定义初始化动作，在 destroy 方法中定义释放资源等回收动作，而在 doFilter 方法中定义过滤请求的相关代码。

5.3.2　Spring Boot 整合多个过滤器

在 FilterDemo 项目中，将演示在 Spring Boot 项目中整合过滤器的做法。这里不仅要注意定义和整合过滤器的做法，还要掌握设置过滤器执行顺序的做法。该项目的重要文件如表 5.3 所示。

表 5.3　FilterDemo 重要文件一览表

文 件 名	说　　明
pom.xml	指定依赖包，这里只需包含 Spring Boot 相关包即可
SpringBootApp.java	启动类
Controller.java	控制器类，定义处理 URL 请求的方法
FilterConfig.java	过滤器配置类，在其中不仅配置了过滤器，更配置了过滤器的执行顺序，和 SpringBootApp 启动类处于同级目录
ReqFilter.java AnotherFilter.java	在这两个类中定义了过滤器的动作。为了方便管理，这两个文件处于同一个包中

该项目的具体开发步骤如下：

步骤01　在 pom.xml 中，只需引入 Spring Boot 的依赖包即可，因为过滤器所用到的依赖包已经包含在其中了，这部分代码和之前 InterceptorDemo 的 pom.xml 文件很相似，所以不再重复讲述，读者可自行查看代码。

步骤02　编写启动类 SpringBootApp.java，该类和 InterceptorDemo 项目中的完全一致，所以也不再重复讲述。

步骤03　编写控制器类 Controller.java，由于本范例是演示过滤器，因此控制器类相对简单，只需定义一个能处理请求的方法即可，代码如下：

```
01  package prj.controller;
02  import org.springframework.web.bind.annotation.RequestMapping;
03  import org.springframework.web.bind.annotation.RestController;
04  @RestController
05  public class Controller {
06      @RequestMapping("/testFilter")
07      public String testFilter(){
08          System.out.println("testFilter");
09          return "testFilter";
10      }
11  }
```

步骤04　编写两个过滤器类，其中 ReqFilter.java 的代码如下：

```
01  package prj.filter;
02  import javax.servlet.*;
```

```
03    import javax.servlet.http.HttpServletRequest;
04    import java.io.IOException;
05    public class ReqFilter implements Filter {
06        @Override
07        public void init(FilterConfig filterConfig) throws
      ServletException {
08            System.out.println("ReqFilter init");
09        }
10        @Override
11        public void doFilter(ServletRequest servletRequest,
      ServletResponse servletResponse, FilterChain filterChain)
12                throws IOException, ServletException {
13            System.out.print("ReqFilter doFilter,url is:");
14            String url = ((HttpServletRequest)
      servletRequest).getServletPath();
15            System.out.println(url);
16            if (url.indexOf("hacker") == -1) {
17            filterChain.doFilter(servletRequest,servletResponse);
18            }else {
19                System.out.print("the url is filtered");
20            }
21        }
22        @Override
23        public void destroy() {
24            System.out.println("ReqFilter destroy");
25        }
26  }
```

为了把该类定义成过滤器，需要像第 5 行那样实现（implements）Filter 接口，并需要如第 7 行、第 11 行和第 23 行那样实现其中的 3 个方法，这 3 个方法的执行时间点在前文已经分析过。

在该类第 11 行的 doFilter 方法中定义了过滤请求的具体动作。这里根据第 16 行的 if 语句判断 URL 请求中是否有 hacker 字样，如果没有，则通过第 17 行的 filterChain.doFilter 方法把请求传递下去。此时如果在项目中还有其他的过滤器，则由其他过滤器继续处理请求，如果没有，则会由控制器类的方法处理该请求。

这里可以看到，如果通过第 16 行的 if 语句判断出该请求需要被过滤，那么会走第 18 行的 else 流程，其中没有 filterChain.doFilter 方法，所以该请求不会继续被处理，这样该请求就相当于被拦截掉了。

另一个过滤器类 AnotherFilter.java 的代码如下，该过滤器类相对简单，在第 6 行和第 16 行的 init 和 destroy 方法中只是打印提示语句，在第 10 行的 doFilter 处理请求的方法中，除了打印提示语句外，也只是通过第 13 行的 filterChain.doFilter 方法把请求继续传递下去。

```
01    package prj.filter;
02    import javax.servlet.*;
03    import java.io.IOException;
```

```
04  public class AnotherFilter implements Filter {
05      @Override
06      public void init(FilterConfig filterConfig) throws ServletException {
07          System.out.println("AnotherFilter init");
08      }
09      @Override
10      public void doFilter(ServletRequest servletRequest, ServletResponse
    servletResponse, FilterChain filterChain)
11              throws IOException, ServletException {
12          System.out.println("AnotherFilter doFilter");
13          filterChain.doFilter(servletRequest,servletResponse);
14      }
15      @Override
16      public void destroy() {
17          System.out.println("AnotherFilter destroy");
18      }
19  }
```

最后，需要在 FilterConfig.java 类中配置之前定义过的两个过滤器，并设置它们的执行顺序，具体代码如下：

```
01  package prj;
02  import org.springframework.boot.web.servlet.FilterRegistrationBean;
03  import org.springframework.context.annotation.Bean;
04  import org.springframework.context.annotation.Configuration;
05  import prj.filter.AnotherFilter;
06  import prj.filter.ReqFilter;
07  @Configuration
08  public class FilterConfig {
09      @Bean
10      public FilterRegistrationBean addAnotherFilter(){
11          FilterRegistrationBean filterRegistrationBean=new
    FilterRegistrationBean();
12          //注册过滤器
13          filterRegistrationBean.setFilter(new AnotherFilter());
14          //设置匹配规则
15          filterRegistrationBean.addUrlPatterns("/*");
16          //order 数越小，优先级越高，越先执行
17          filterRegistrationBean.setOrder(1);
18          return filterRegistrationBean;
19      }
20      @Bean
21      public FilterRegistrationBean addReqFilter(){
22          FilterRegistrationBean filterRegistrationBean=new
    FilterRegistrationBean();
23          filterRegistrationBean.setFilter(new ReqFilter());
24          filterRegistrationBean.addUrlPatterns("/*");
```

```
25          filterRegistrationBean.setOrder(2);
26          return filterRegistrationBean;
27      }
28  }
```

在该类中，需要如第 7 行那样，用@Configuration 注解说明该类将起到的配置作用。而在第 10 行和第 21 行中，则通过两个方法配置了之前定义好的两个过滤器。

在配置时，需要像第 13 行那样注册过滤器，也需要像第 15 行那样设置该过滤器所对应的请求，这里两个过滤器对应能处理的请求都是/*，表示能处理任何请求。同时也需要像第 17 行那样设置过滤器的执行顺序，这里能看到 AnoterFilter 过滤器的执行顺序要先于 ReqFilter。

5.3.3 从运行效果观察过滤器的执行顺序

开发好过滤器项目后，通过运行 SpringBootApp.java 类启动该项目，在启动时能在控制台中看到如下输出语句，这说明过滤器的 init 方法会在启动时运行，再根据之前设置好的执行顺序，能看到 AnotherFilter 要比 ReqFilter 先初始化。

```
01  AnotherFilter init
02  ReqFilter init
```

随后在浏览器中输入 http://localhost:8080/testFilter，就能在控制台中看到如下输出，这说明请求会先按顺序经过两个过滤器，随后被控制器中的方法处理。

```
01  AnotherFilter doFilter
02  ReqFilter doFilter,url is:/testFilter
03  testFilter
```

如果终止该 Spring Boot 项目，就能在控制台中看到如下输出，此时 Spring 容器会依次执行过滤器的 destroy 方法。

```
01  AnotherFilter destroy
02  ReqFilter destroy
```

5.3.4 过滤器和拦截器的异同点

从之前的范例中，大家能看到，过滤器和拦截器都能在控制器方法前处理并拦截请求，不过这两者有如下差异：

（1）拦截器是基于 Java 反射机制的，而过滤器则基于函数的回调机制。

（2）在定义拦截器时，不需要依赖于 Servlet 容器，但过滤器需要。

（3）对于不同的请求，拦截器可以被多次初始化，而过滤器的初始化动作只能在容器初始化时被执行一次。

（4）从 Spring 的角度来看，拦截器可以根据 IoC 机制获取 Spring 容器中的诸多 Bean，但过滤器不行。

在实际项目中，如果只想过滤具有指定特征的 URL 请求，比如 URL 中包含指定字符的请求或者 session 中不包含指定对象的请求，那么可以使用过滤器。而如果想要在请求被处理前添加通用性的动作，比如打印日志或监控内存等，就可以使用拦截器。

5.4　思考与练习

1. 选择题

（1）在面向切面编程的开发中，如果要定义环绕通知，则需要加入（A）注解？

　　A. @Around　　　　　B. @Before　　　　　C. @After　　　　　D. @Exception

（2）如果要实现拦截器，一般需要继承（C）类？

　　A. HandlerIntercepterAdapter　　　　　B. HandInterceptorAdapter
　　C. HandlerInterceptorAdapter　　　　　D. HandlerInterceptorAdapt

（3）在配置过滤器时，可以通过如下哪个注解来指定多个过滤器的执行顺序？（D）

　　A. @Autowired　　　　B. @Config　　　　　C. @Filter　　　　　D. @Order

2. 填空题

（1）在面向切面的编程中，可以通过（@Pointcut）注解来指定切入点。
（2）如果要实现过滤器类，则需要让这个类实现（Filter）类。
（3）过滤器的 init 方法一般是在哪个时间点被调用的？（Web 程序启动时）

3. 操作题

（1）仿照本章 AOPDemo 范例中的做法定义一个输出"Running Finished"的 printLog 方法，并且当控制器类中的所有方法运行后，均会执行该 printLog 方法。

（2）仿照本章 InterceptorDemo 范例中的做法定义一个拦截器，该拦截器的效果是：如果请求 URL 中包含"NotAllow"字样，则拦截该请求。

（3）仿照本章 FilterDemo 范例中的做法定义一个过滤器，该过滤器只匹配/login 格式的请求，一旦当该请求到达，通过 doFilter 方法输出"Hello"字样，同时不过滤该请求。

第6章

用 RESTful 规范提供统一风格的服务

在 Spring Boot 等 Web 项目中，一般是在控制器类中用配置在@RequestMapping 注解中的 URL 请求提供对外服务，而前端或其他模块则是通过调用对应的 URL 请求来使用相关服务的。

在具体定义 URL 请求时，一般会遵循 RESTful 规范来定义请求格式、请求所对应的 HTTP 动作以及参数，这样在提供服务的项目中就能用统一的风格来规范对外服务方法，而调用服务的前端和其他模块也能用统一的风格来调用服务获取结果。

本章首先结合 HTTP 协议来讲述 RestFul 规范，并给出用 RESTful 规范标准化 URL 请求的做法，随后还会讲述与之相关的 RestTeamplate 和 Swagger 实践要点。

6.1   RESTful 规范与模块间的通信

REST（Representational State Transfer，表述性状态转换）在 Web 应用场景中是指设计框架请求接口的原则，符合这种原则的架构就叫 RESTful 架构。

6.1.1   URL 请求、HTTP 动作与返回码

从之前的章节能看到，在 Spring Boot 项目的控制器中，一般使用如下形式提供对外服务的接口方法。

```
01   @RequestMapping(value="/getStocks", method= RequestMethod.GET)
02   public String getStocks(){
03       具体的业务动作
04   }
```

其中在第 1 行通过@RequestMapping 注解定义了该 getStocks 方法对应的是 GET 类型的"/getStocks"请求，其中第 2 行的 getStocks 叫方法名，而第 1 行的/getStocks 叫 URL 请求名，也叫 URL 请求。

在实际项目中，前端或其他模块是通过发起类似于第 1 行的 URL 请求来调用第 2 行的方法的，以此进行数据的增删改查操作。本章要讲的 RESTful 规范不是用来规范类似于第 2 行的方法名，而是用来规范第 1 行的 URL 请求。

在讲 RESTful 规范前，先来讲一下准备知识：HTTP 请求动作和返回码。

上文提到的"/getStocks"请求是通过网络传输的，所以需要符合 HTTP 协议。而通过指定请求方法的 HTTP 协议中的请求动作就能指定该方法具体执行增删改查中的哪类操作。

常用的基于 HTTP 协议的请求动作有 GET、POST、PUT 和 DELETE 这 4 种，表 6.1 给出了针对这些请求动作的具体说明。

表 6.1　基于 HTTP 协议的请求动作说明表

动　作	说　明
GET	在 URL 中传递参数，一般用于定义实现"查询"功能的接口
POST	通过请求体传递参数，一般用于定义实现"查询"和"插入"功能的接口
PUT	一般用于定义实现"更新"功能的接口
DELETE	一般用于定义实现"删除"功能的接口

事实上，HTTP 协议的请求动作不止这 4 种，但表 6.1 给出的 4 种请求动作比较常用。从中可以看到，如果在发送 HTTP 请求时合理地指定请求动作，就能明确指定这些请求具体是执行"增删改查"中的哪一种。

而当 Spring Boot 等 Web 服务端处理好请求后，除了需要返回处理结果之外，还需要用基于 HTTP 协议的返回码说明这次请求的处理状态。表 6.2 给出了比较常用的 HTTP 返回码。

表 6.2　HTTP 返回码说明表

返　回　码	说　明
200	（服务端）正确地处理了请求
201	根据（创建数据的）请求以及参数正确地创建对象
301	请求所对应的服务被重定向到其他 URL 地址，此时会进行请求重定向的操作
400	服务器不理解请求的语法，一般是指参数错误
404	服务器找不到请求的页面
500	服务器遇到错误，无法返回请求
504	网关超时，所以无法返回请求

6.1.2　什么是 RESTful

RESTful 是一种定义增删改查请求 URL 的设计规范（也叫设计风格），在遵循 RESTful 规范的前提下，在实现不同业务功能的方法时能用相同的风格定义对外提供服务的 URL 请求，具体包括 URL 请求名称和 URL 请求的 HTTP 动作以及其他请求参数。

如果在项目开发过程中引入 RESTful 规范，会带来如下优势：

（1）由于 RESTful 规范直接面向 HTTP 协议，因此很轻量，也就是说，基于 RESTful 规范的 URL 请求工作起来无须很大的网络通信代价。

（2）具有非常好的可读性，所以其他人在阅读基于 RESTful 的 URL 请求时，能比较轻易地理解该方法要实现的功能。

（3）在编写 URL 请求所对应的方法实现动作时，可以不需要考虑（Spring 或网络协议）上下文，所以能降低接口方法的复杂度。

（4）能比较轻易地引入缓存机制，从而进一步降低处理请求的时间代价。

接下来，当读者看到实现增删改查功能的 RESTful 定义规范时，就能具体感受到该规范的上述优势。

6.1.3　增删改查方法对应的 RESTful 接口名

表 6.3 将以针对库存（Stock）对象的增删改查操作为例具体给出不同类型的 RESTful 请求的定义规范。

表6.3　针对增删改查的 RESTful 规范说明表

动　作	URL 请求	HTTP 动作	参数说明
查询指定 id 的库存	/stock/{id}	GET	{id}表示待查询的库存数据 id
查询所有库存信息	/stocks	GET	返回所有库存，无须参数
创建新的库存数据	/stock	POST	在请求体（Body）中传入待插入的库存数据
修改指定 id 的库存	/stock/{id}	PUT	{id}表示待修改的库存数据 id，而具体待修改的库存数据会通过请求体（Body）传入
删除指定 id 的库存	/stock/{id}	DELETE	{id}表示待删除的库存数据 id

从表 6.3 中能够看到，在 RESTful 规范中，会通过 URL 请求和 HTTP 动作来具体指定请求的功能，比如用基于 Get 动作的/stocks 请求来查询并返回所有的库存数据，当然在具体使用时，还应当在之前加入该 URL 请求服务所在的主机 IP 地址和端口名，比如 localhost:8080/ stocks。

注意，在定义 URL 请求的名称时，尽量不要引入动词，比如在定义查询所有库存的 URL 请求时，不要定义成"/getStocks"，而可以定义成"stocks"。当然这也不是绝对的，比如要定义"匹配数据"所对应的 URL 请求时，可能不得不使用带动词的 URL 名，比如"/match"。

并且，在定义 RESTful 的 URL 请求时，一般通过/{id}的形式传递参数，或者通过基于 HTTP 协议的请求体（请求的 Body）传递参数，而不会用诸如"/stock?id=xxx"的形式传入参数。

6.1.4　调用不同版本的请求

在实际项目中，经常会升级对外提供服务的接口，以及对应的 URL 请求。在这种功能迭代的场景中，为了达到向下兼容的效果，一般需要让新老 URL 请求共存。

此时可以让其他模块在调用时，在 HTTP 的请求头中传入不同的版本号来区分，但这种做法会增加调用复杂度，所以可以直接在 URL 请求中放入版本号，具体代码如下：

```
01  /v1/stocks
02  /v2/stocks
```

如果要调用 1.0 版本的方法,则可以发起如第 1 行所示的请求,若要调用 2.0 版本的方法,则可以发起如第 2 行所示的请求。严格来说,这种做法并不符合 RESTful 规范,但很直观易懂,所以在一些项目中经常能看到这种写法。

6.2　用 RESTful 统一项目的对外服务风格

在本范例中,不仅用到了 RESTful 规范,统一了不同 URL 请求的命名规范和参数传递方式,还统一了返回值的输出风格。此外,还用@RestControllerAdvice 注解的方式定义了在全局范围内处理异常的机制,由此能整合 HTTP 返回码,统一对外提示错误信息。

6.2.1　创建项目

首先需要创建名为 RestfulDemo 的 Maven 项目,在其中将以针对库存信息的增删改查动作为例演示如下 3 方面的实践要点:

（1）在控制器类 Controller.java 中,统一地用 RESTful 规范定义对外服务的 URL。

（2）引入 RESTful 规范的目的是为了"统一",所以在本项目中还统一了基于 HTTP 协议的返回码和返回信息。

（3）在本范例中,还通过全局性异常处理类统一处理并返回了异常信息。

本项目的重要文件结构如图 6.1 所示。

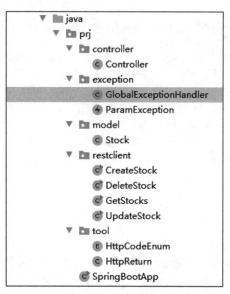

图 6.1　RestfulDemo 项目的文件结构图

表 6.4 给出了针对各文件的说明,同时注意这些文件所在的包（package）。

表 6.4　RestfulDemo 项目文件功能一览表

文 件 名	说　　明
SpringBootApp.java	启动类
Controller.java	控制器类，在其中定义了符合 RESTful 规范的服务接口
Stock.java	存储库存信息的业务模型类
HttpCodeEnum.java	在其中以枚举类型的方式定义了 HTTP 返回码和返回信息
HttpReturn.java	封装返回信息的类，用此来统一返回信息
ParamException.java	自定义异常类，当输入参数错误时会抛出该异常类
GlobalExceptionHandler.java	全局性的异常处理类，用此来统一出现异常时的返回信息
restclient 包下的 4 个文件	用 RestTemplate 类分别调用 Cotnroller 类中定义的基于 RESTful 规范的方法，这些文件将在后文 6.3 节讲述

6.2.2　定义 pom.xml，编写启动类

由于 RESTful 规范的相关方法都已经封装在 Spring Boot 的依赖包中了，因此在本项目的 pom.xml 中只需要通过如下关键代码引入 Spring Boot 依赖包即可，无须再引入其他依赖包。

```
01    <dependencies>
02      <dependency>
03        <groupId>org.springframework.boot</groupId>
04        <artifactId>spring-boot-starter-web</artifactId>
05      </dependency>
06    </dependencies>
```

而本项目的启动类和之前其他项目的非常相似，所以只给出代码，不再进行分析。

```
01  package prj;
02  import org.springframework.boot.SpringApplication;
03  import org.springframework.boot.autoconfigure.SpringBootApplication;
04  @SpringBootApplication
05  public class SpringBootApp {
06    public static void main(String[] args) {
07      SpringApplication.run(SpringBootApp.class, args);
08    }
09  }
```

6.2.3　统一返回结果的格式

在控制器类 Controller.java 的诸多方法中，是用同一种格式返回处理结果，所以在讲述控制器类之前，先来看一下封装返回结果的相关类。在如下的 HttpCodeEnum.java 代码中封装了具体的返回码和返回信息。

```
01  package prj.tool;
02  public enum HttpCodeEnum {
03    //用枚举的方式定义 HTTP 返回码和返回信息
04    OK(200, "OK"),
```

```
05      CREATEOK(201, "CREATEOK"),
06      REDIRECT(301, "REDIRECT"),
07      PARAM_ERROR(400,"PARAM_ERROR"),
08      NOT_FOUND(404, "NOT_FOUND"),
09      SERVER_ERROR(500, "SERVER_ERROR");
10      //HTTP 返回码和返回信息的变量
11      private Integer httpCode;
12      private String httpMsg;
13      //通过构造函数传入 HTTP 返回码和返回信息
14      HttpCodeEnum(Integer code, String msg) {
15          this.httpCode = code;
16          this.httpMsg = msg;
17      }
18      //省略针对属性的 get 和 set 方法
19  }
```

该类其实是一个枚举类，在第 4～9 行通过枚举的方式定义了 6 个 HTTP 返回码以及对应的信息，在第 11 行和第 12 行定义了存储返回码和返回信息的变量，而在第 14 行的构造函数中通过两个参数来指定返回码和返回信息的值。

在如下的 HttpReturn.java 类中具体定义返回的格式：

```
01  package prj.tool;
02  import java.io.Serializable;
03  public class HttpReturn  <T> implements Serializable {
04      //HTTP 返回码
05      private Integer httpCode;
06      //HTTP 返回码对应的信息
07      private String httpMsg;
08      //返回的数据，用泛型定义
09      private T data;
10      public HttpReturn(HttpCodeEnum httpCodeEnum, T data) {
11          this.httpCode = httpCodeEnum.getHttpCode();
12          this.httpMsg = httpCodeEnum.getHttpMsg();
13          this.data = data;
14      }
15
16      @Override
17      public String toString() {
18          return "HttpResult{" +
19                  ", httpCode=" + httpCode +
20                  ", httpMsg=" + httpMsg +
21                  ", data='" + data + '\'' +
22                  '}';
23      }
24      //省略针对属性的 get 和 set 方法
25  }
```

在该类的第 5 行、第 7 行和第 9 行中，分别定义了 HTTP 返回码、HTTP 返回信息和返回的文字信息，而本项目的返回结果由这 3 个要素共同组成。由于本项目的返回文字可以是字符串，也可以是列表等类型，因此描述返回文字的 data 对象采用了泛型 T 的定义方式。

在后面将要讲述的控制器类的诸多方法中，会通过第 10 行的构造函数以传入 HTTP 返回码、HTTP 返回信息和自定义返回文字的方式，通过该 HttpReturn 类统一返回处理结果。

6.2.4 在控制器类中定义增删改查方法

在本项目的控制器类 Controller.java 中，将遵循 RESTful 规范定义针对库存信息进行增删改查的方法。这里为了演示方便，没有引入数据库，而是用 HashMap 作为容器存储库存信息，具体代码如下：

```
01  package prj.controller;
02  import org.springframework.web.bind.annotation.*;
03  import prj.model.Stock;
04  import prj.tool.HttpCodeEnum;
05  import prj.tool.HttpReturn;
06  import prj.exception.ParamException;
07  import java.util.*;
08  @RestController
09  @RequestMapping("/v1")  //统一定义版本号
10  public class Controller {
11      //模拟数据库，在其中存放数据
12      static HashMap<Integer,Stock> stockHM = new HashMap<Integer, Stock>();
13      //根据 ID 找 Stock
14      @RequestMapping( value = "/stock/{id}",method = RequestMethod.GET)
15      public HttpReturn getStockByID(@PathVariable Integer id){
16          //如果 id 大于 100，则抛出自定义的异常
17          if(id>100){
18              throw new ParamException(400,"Param id is more than 100");
19          }
20          return new HttpReturn(HttpCodeEnum.OK, stockHM.get(id));
21      }
```

该类是通过第 8 行的@RestController 注解说明本类是控制器类，同时通过第 9 行的注解统一指定本控制器可以接受的 URL 请求前缀是/v1。

在本类中，库存信息将存储在第 12 行的 HashMap 中，其中该 HashMap 的键是库存 ID，值是 Stock 类型的对象。

在第 15 行 getStockByID 方法的@Requestmapping 注解中，以 RESTful 的方式指定了该方法可以处理 GET 类型的格式为/stock/{id}类型的请求。而通过该方法第 17 行的 if 语句指定如果 id 参数值大于 100，就会抛出下文定义的 ParamException 异常。如果参数正确，就会用第 20 行的语句从 HashMap 类型的 stockHM 对象中得到库存数据并返回。

在第 20 行构建 HttpReturn 返回对象时，由于在这里正确地处理了请求，因此给出的 HTTP 返回码是 200，而在第 18 行抛出异常时，由于出现了参数错误，因此对应地给出了 400 返回码。

```
22      //返回所有的 Stock
23      @RequestMapping( value = "/stocks",method = RequestMethod.GET)
24      public HttpReturn getStocks(){
25          //返回整个 HashMap 中包含的数据
26          return new HttpReturn(HttpCodeEnum.OK, stockHM);
27      }
```

第 24 行 getStocks 方法对应的 URL 请求是 GET 类型的/stocks，根据 RESTful 规范，该请求对应的方法将返回所有的库存数据，所以在该方法的第 26 行中，通过 HttpReturn 对象返回了所有包含在 stockHM 中的数据。由于这里正确地处理了请求，因此也给出了 200 返回码。

```
28      //插入 Stock
29      @RequestMapping(value = "/stock", method = RequestMethod.POST)
30      public HttpReturn addStock(@RequestBody Stock stock){
31          //插入 HashMap 中，模拟在数据库中插入数据
32          stockHM.put(stock.getID(),stock);
33          return new HttpReturn(HttpCodeEnum.CREATEOK,"Create the Stock
    Correctly");
34      }
```

第 30 行 addStock 方法对应的 URL 请求是 POST 类型的/stock，根据 RESTful 规范，该请求对应的方法将创建库存信息，所以在该方法的第 32 行中，以操作 HashMap 的方式模拟了"添加库存信息"的动作。添加完成后，通过第 33 行的 HttpReturn 对象对应给出了表示"创建成功"的 201 返回码。

```
35      //更新 Stock
36      @RequestMapping(value = "/stock", method = RequestMethod.PUT)
37      public HttpReturn updateStock(@RequestBody Stock stock){
38          //删除老数据，插入新数据
39          stockHM.remove(stock.getID());
40          stockHM.put(stock.getID(),stock);
41          return new HttpReturn(HttpCodeEnum.OK,"Update the Stock
    Correctly");
42      }
```

第 37 行 updateStock 方法对应的 URL 请求是 PUT 类型的/stock，根据 RESTful 规范，该请求对应的方法将更新库存信息，所以在该方法的第 39 行和第 40 行中，以操作 HashMap 的方式模拟了"更新库存信息"的动作。添加完成后，通过第 41 行的 HttpReturn 对象对应给出了表示"成功"的 200 返回码。

```
43      //删除 Stock
44      @RequestMapping(value = "/stock/{id}", method = RequestMethod.DELETE)
45      public HttpReturn deleteStock(@PathVariable Integer id){
46          //删除库存数据
47          stockHM.remove(id);
```

```
48          return new HttpReturn(HttpCodeEnum.OK,"Delete the Stock
    Correctly");
49      }
50  }
```

第 45 行 deleteStock 方法对应的 URL 请求是 DELETE 类型的/stock/{id}，根据 RESTful
规范，该请求对应的方法将删除库存信息，所以在该方法的第 47 行中，以删除 HashMap 的方
式模拟了"在数据库中删除库存信息"的动作。删除完成后，通过第 48 行的 HttpReturn 对象
对应给出了表示"成功"的 200 返回码。

下文讲述 RestTemplate 对象时，将演示通过该对象调用该控制器类中诸多 RESTful 方法
的步骤，从而让读者看到这些方法的调用效果。

在控制器类中用到的业务模型类 Stock.java 如下，在其中的第 3～6 行代码中定义了库存
ID、库存货物名、库存货物数量和库存描述等属性。

```
01  package prj.model;
02  public class Stock {
03      private int ID;
04      private String name;
05      private int num;
06      private String description;
07      //省略针对属性的 get 和 set 方法
08  }
```

6.2.5 全局性异常处理机制

在控制器 Controller.java 类中用到的自定义异常类 ParamException.java 代码如下：

```
01  package prj.exception;
02  public class ParamException extends RuntimeException {
03      //错误码，一般的 HTTP 返回码对应
04      private Integer errorCode;
05      //错误信息
06      private String errorMsg;
07      //构造函数
08      public ParamException(Integer errorCode,String errorMsg){
09          this.errorCode = errorCode;
10          this.errorMsg = errorMsg;
11      }
12      //省略针对属性的 get 和 set 方法
13  }
```

通过第 2 行的代码能看到该异常处理类继承（extends）了 RuntimeException 类，同时在
第 4 行和第 6 行中定义了存储异常错误代码和异常信息的两个变量，这里的错误代码一般和
HTTP 返回码相对应，比如用 400 表示参数错误，用 500 表示服务器错误。

此外本范例还在 GlobalExceptionHandler.java 类中统一定义了全局性的异常处理机制，具
体代码如下：

```
01   package prj.exception;
02   import org.springframework.web.bind.annotation.ExceptionHandler;
03   import org.springframework.web.bind.annotation.RestControllerAdvice;
04   import prj.tool.HttpCodeEnum;
05   import prj.tool.HttpReturn;
06   @RestControllerAdvice
07   public class GlobalExceptionHandler {
08       @ExceptionHandler(ParamException.class)
09       public HttpReturn handlerParamException(ParamException e) {
10           HttpCodeEnum httpCodeEnum;
11           httpCodeEnum = HttpCodeEnum.PARAM_ERROR;
12           return new HttpReturn(httpCodeEnum,e.getErrorMsg());
13       }
14       @ExceptionHandler(Exception.class)
15       public HttpReturn handlerOtherException(Exception e) {
16           HttpCodeEnum httpCodeEnum;
17           // 其他异常，当我们定义了多个异常时，这里可以增加判断和记录
18           httpCodeEnum = HttpCodeEnum.SERVER_ERROR;
19           return new HttpReturn(httpCodeEnum,e.getMessage());
20       }
21   }
```

全局性异常处理类一般会加入如第 6 行所示的@RestControllerAdvice 注解,该注解会把本类定义成拦截器,该拦截器中的两个方法会在满足第 8 行或第 14 行的两个条件时被触发。

具体地,一旦如第 8 行所示,在项目运行时抛出了 ParamException 异常,则会触发第 9 行的方法,在其中通过第 12 行的 HttpReturn 对象返回 HttpCodeEnum.PARAM_ERROR 对应的 400 信息。而一旦如第 14 行所示,在项目运行时抛出了 Exception 异常,则会在 handlerOtherException 方法中通过第 19 行的代码返回 HttpCodeEnum.SERVER_ERROR。

从中能看到在项目中定义全局性异常处理机制的实践要点:

(1)在类前用@RestControllerAdvice 注解修饰该类,从而把类定义成拦截器。

(2)在方法前用@ExceptionHandler 注解修改该方法,同时在@ExceptionHandler 注解中定义具体能触发该方法的异常类型,并在该方法中定义针对该类异常的处理动作。

(3)在异常处理方法中,需要通过 HTTP 返回码和返回信息向用户具体说明异常的细节信息。

这样在项目运行时出现异常情况后,就能通过这个全局性的异常处理类针对各种不同的异常情况具体执行不同的异常处理动作。

6.3　用 RestTemplate 调用 RESTful 请求

前文给出了不同类型 RESTful 请求的定义方法,而本节将讲述通过 RestTemplate 对象调用上述 RESTful 请求并获取结果的详细步骤。

6.3.1 RestTemplate 对象重要方法说明

RestTemplate 是 Spring 容器提供的，能用于调用 RESTful 请求的对象，表 6.5 整理了该对象的诸多重要方法。通过这些方法，前端或业务模块能调用 GET、POST、PUT 和 DELETE 等类型的 RESTful 请求发起各种业务请求，并得到相关的业务结果。

表 6.5 RestTemplate 重要方法一览表

方 法 名	说 明
getForEntity	调用 GET 类型的 RESTful 请求
postForObject	调用 POST 类型的 RESTful 请求，一般在使用这个方法时还需要传入 POST 请求所需要的参数
Put	调用 PUT 类型的 RESTful 请求
Delete	调用 DELETE 类型的 RESTful 请求

6.3.2 用 RestTemplate 发起 POST 请求

这里将在 RestfulDemo 项目的 prj.restclient 包（package）中创建名为 CreateStock.java 的类，在其中将通过 RestTemplate 对象发起 POST 请求，实现"创建库存对象"的效果，代码如下：

```
01  package prj.restclient;
02  import org.springframework.http.HttpEntity;
03  import org.springframework.http.HttpHeaders;
04  import org.springframework.http.MediaType;
05  import org.springframework.web.client.RestTemplate;
06  import prj.model.Stock;
07  import java.util.Map;
08  public class CreateStock {
09      public static void main(String[] args){
10          String url = "http://localhost:8080/v1/stock";
11          RestTemplate restTemplate = new RestTemplate();
12          HttpHeaders requestHeaders = new HttpHeaders();
13      requestHeaders.setContentType(MediaType.APPLICATION_JSON);
14          Stock stock = new Stock();
15          stock.setID(1);
16          stock.setName("Computer");
17          stock.setNum(10);
18          stock.setDescription("good");
19          HttpEntity<Stock> requestEntity = new HttpEntity<Stock>(stock,
    requestHeaders);
20          Map resultMap = restTemplate.postForObject(url, requestEntity,
    Map.class);
21          System.out.println(resultMap);
22      }
23  }
```

在本代码的第 12 行中创建了 RestTemplate 类型的对象，随后在第 12 行中创建了存储 HTTP 请求头的 requestHeaders 对象，并通过第 13 行的代码设置了请求头中的 ContentType 属性为 JSON，这样在第 20 行发起 POST 请求传递参数时，会把 stock 对象转换成 JSON 格式传递到服务端。

由于通过 RestTemplate 对象发起 POST 请求创建库存信息时需要传入请求对象，即 Body，所以需要在第 19 行中把待创建的 stock 对象和请求头 requestHeaders 放入请求对象 requestEntity，随后通过第 20 行代码调用 postForObject 方法发起如第 10 行所示的 RESTful 请求，通过传入包含在 requestEntity 对象中的 stock 参数实现 "插入库存对象" 的操作。

第 20 行的 postForObject 方法会返回如第 3 个参数 Map.class 所示的 Map 类型的结果，从中能看到 POST 请求的执行情况。

完成代码的编写后，通过运行 SprngBootApp.java 启动类启动 RestfulDemo 项目，随后运行该类代码。运行后能看到如下输出结果，就说明该类发起的 POST 格式的 RESTful 请求被成功执行，所以得到了 201 返回码，以及其他表示 "成功创建库存对象" 的信息。

```
{httpCode=201, httpMsg=CREATEOK, data=Create the Stock Correctly}
```

6.3.3　用 RestTemplate 发起 GET 请求

通过 CreateStock.java 类创建的库存对象能通过如下 GetStocks.java 范例观察到，因为本范例是通过发起 GET 请求获取 "所有库存信息" 和 "指定 ID 的库存信息"。

```
01  package prj.restclient;
02  import org.springframework.http.ResponseEntity;
03  import org.springframework.web.client.RestTemplate;
04  public class GetStocks {
05     public static void main(String[] args){
06        RestTemplate restTemplate = new RestTemplate();
07        System.out.println("Get all the stocks");
08        ResponseEntity<String> entity = restTemplate.getForEntity
   ("http://localhost:8080/v1/stocks" , String.class);
09        System.out.println(entity.getBody());
10        System.out.println("Get the stock by ID:1");
11        entity = restTemplate.getForEntity("http://localhost:8080/
   v1/stock/1" , String.class);
12        System.out.println(entity.getBody());
13     }
14  }
```

在本范例第 8 行的代码中，通过调用 RestTemplate 类型对象的 getForEntity 方法发起了 GET 类型的 http://localhost:8080/v1/stocks 请求调用去获取所有的库存信息，同时指定在返回体中使用 String 格式的字符串保存 "库存信息"。

在得到 entity 返回对象后，通过第 9 行的输出语句输出了包含在 entity.getBody() 对象中的所有库存信息，其中的值应当和通过 GetStocks.java 范例插入的库存信息完全相同。

随后本范例通过了第 11 行代码发起了 GET 类型的 http://localhost:8080/v1/stock/1 请求，由此获取了 ID 是 1 的库存 Stock 信息，同样，是通过第 12 行的 entity.getBody()方法得到并输出了该库存的信息。

运行本范例后，能看到如下输出结果，由此能确认本范例发起的两个 GET 类型的 RESTful 请求被成功执行。

```
01  Get all the stocks
02  org.springframework.web.client.RestTemplate - HTTP GET
    http://localhost:8080/v1/stocks
03  {"httpCode":200,"httpMsg":"OK","data":{"1":{"name":"Computer","num":
    10,"description":"good","id":1}}}
04  Get the stock by ID:1
05  org.springframework.web.client.RestTemplate - HTTP GET
    http://localhost:8080/v1/stock/1
06  {"httpCode":200,"httpMsg":"OK","data":{"name":"Computer","num":10,"des
    cription":"good","id":1}}
```

6.3.4 观察异常处理的结果

在 6.2.5 小节讲述了在项目中引入全局性异常处理机制的做法，这里将通过修改上文 CreateStock.java 范例中 GET 请求的参数来具体观察异常处理的结果。

具体的做法是，修改 GetStocks.java 范例中第 11 行的代码，把 RESTful 请求中的参数修改成 200，这样就能触发"ID 大于 100"而导致的异常。

```
01  // 修改前
02  entity = restTemplate.getForEntity("http://localhost:8080/v1/stock/1" ,
    String.class);
03  // 修改后
04  entity = restTemplate.getForEntity ("http://localhost:8080/v1/stock/200" ,
    String.class);
```

修改完成后再运行该 GetStocks 范例，根据全局性异常处理的相关流程，由于 ID 大于 100，因此会通过"throw new ParamException(400,"Param id is more than 100")"代码抛出异常。

随后在全局异常处理类 GlobalExceptionHandler.java 中，根据@ExceptionHandler 注解找到和 ParamException.class 异常处理类相匹配的处理方法，并由该处理方法抛出如下表示参数错误的 400 异常提示信息。

```
{"httpCode":400,"httpMsg":"PARAM_ERROR","data":"Param id is more than 100"}
```

此外，如果在浏览器中输入 http://localhost:8080/v1/stock/abc，故意传入非数字类型的 ID，此 时 由 于 把 abc 参 数 转 换 成 数 字 时 会 抛 出 异 常 （ Exception ） ， 因 此 会 根 据 GlobalExceptionHandler.java 类的@ExceptionHandler 注解找到和 Exception.class 异常处理类相匹配的 handlerOtherException 方法，并由该方法输出如下异常提示信息，注意这里输出的是 500 错误码。

```
{"httpCode":500,"httpMsg":"SERVER_ERROR","data":"Failed to convert value of
type 'java.lang.String' to required type 'java.lang.Integer'; nested exception is
java.lang.NumberFormatException: For input string: \"abc\""}
```

6.3.5　用 RestTemplate 发起 PUT 请求

在如下的 UpdateStock.java 范例中，将演示通过 RestTemplate 对象发起 PUT 类型的 RESTful 请求，从而修改现有库存信息的做法。

```
01  package prj.restclient;
02  import org.springframework.web.client.RestTemplate;
03  import prj.model.Stock;
04  public class UpdateStock {
05    public static void main(String[] args){
06       RestTemplate restTemplate = new RestTemplate();
07       Stock stock = new Stock();
08       stock.setID(1);
09       stock.setName("Computer");
10       stock.setNum(100);
11       stock.setDescription("excellent");
12  restTemplate.put("http://localhost:8080/v1/stock",stock);
13    }
14  }
```

在本范例中，首先通过第 7～11 行代码创建了包含更新后库存信息的 stock 对象，随后通过调用第 12 行的 put 方法发起了 PUT 类型的 http://localhost:8080/v1/stock 请求，实现了更新库存的动作。

运行本范例后，如果在浏览器中输入 http://localhost:8080/v1/stock/1，或者再次运行 6.3.3 小节的 GetStocks.java 范例，就能看到更新后的库存数据。

6.3.6　用 RestTemplate 发起 DELETE 请求

在如下的 DeleteStock.java 范例的第 5 行通过调用 delete 方法发起对应的 RESTful 请求，由此实现"删除库存数据"的动作。

```
01  package prj.restclient;
02  import org.springframework.web.client.RestTemplate;
03  public class DeleteStock {
04    public static void main(String[] args){
05       RestTemplate restTemplate = new RestTemplate();
06  restTemplate.delete("http://localhost:8080/v1/stock/{id}",1);
06    }
07  }
```

运行本范例后，也可以通过在浏览器中输入 http://localhost:8080/v1/stock/1，或者再次运行 6.3.3 小节的 GetStocks.java 范例来确认删除库存数据的效果。

6.4 用 Swagger 可视化 RESTful 请求

Swagger 是一种技术框架，也是一种技术组件，通过它可以调用和可视化 RESTful 规范的 URL 请求。

在实际项目中，当服务提供方开发完成 RESTful 请求后，一般会通过 Swagger 框架以可视化的方式向服务使用者形象化地展示诸多接口，这样双方就能在此基础上高效地讨论并完善这些服务接口。

6.4.1 Swagger 能解决哪些问题

在项目开发过程中，服务使用者一般会向服务提供者提出业务需求，比如要相关团队开发针对库存信息的增删改查操作。而服务提供者在实现接口功能的同时，需要确保接口的 URL 请求名、请求参数和 HTTP 动作（比如 GET 或 POST）等细节符合需求。

当服务提供团队开发完对应的服务功能，并用 RESTful 格式把服务提供给服务使用者时，服务使用者团队一般会通过上文所述的 RestTemplate 对象在代码中调用服务，以此获取想要的结果。

但在调用前，首先需要确保所提供的 RESTful 服务功能正确，因为一旦把调用 RESTful 请求的代码和其他业务代码整合到一起以后，出问题时，定位和排查问题就比较困难了。

此时，如果在项目中引入了 Swagger 框架，服务使用团队就能在 Web 工具页面中先确保功能正确，这样即使出现问题，也能很快地明确问题的范围。

而且，Swagger 框架还支持生成在线请求接口的文档，如果服务使用者对接口有疑问，比如不知道该传哪些请求参数，就能通过阅读在线文档更清晰地了解相关接口的用法。

总结一下，引入 Swagger 框架后，能给项目带来如下两大优势：

（1）能提供在线测试功能，服务使用者能据此方便地验证服务接口是否符合预期需求。

（2）能提供在线文档功能，这样就告诉用户该如何调用相关接口，否则的话，如果遇到参数比较复杂的接口，服务使用者在调用时可能就会有一定的困惑。

6.4.2 用 Swagger 可视化 RESTful 请求

这里将创建名为 SwaggerDemo 的 Maven 项目，在其中演示用 Swagger 可视化 RESTful 请求的做法。该项目其实是在前文所述的 RestfulDemo 基础上改写而成的，具体修改步骤如下：

修改点一，在 pom.xml 文件中，除了引入 Spring Boot 相关的依赖包以外，还需要引入 Swagger 相关的依赖包，关键代码如下：

```
01  <dependencies>
02      <dependency>
03          <groupId>org.springframework.boot</groupId>
04          <artifactId>spring-boot-starter-web</artifactId>
```

```
05          </dependency>
06          <dependency>
07              <groupId>io.springfox</groupId>
08              <artifactId>springfox-swagger2</artifactId>
09              <version>2.9.2</version>
10          </dependency>
11          <dependency>
12              <groupId>io.springfox</groupId>
13              <artifactId>springfox-swagger-ui</artifactId>
14              <version>2.9.2</version>
15          </dependency>
16      </dependencies>
```

其中通过第 2～5 行代码引入了 Spring Boot 的依赖包,通过第 6～15 行代码引入了 Swagger 相关的依赖包。

修改点二,在和 Spring Boot 启动类 SpringBootApp.java 同级的包中编写 Swagger 配置类,具体代码如下:

```
01  package prj;
02  import org.springframework.context.annotation.Bean;
03  import org.springframework.context.annotation.Configuration;
04  import springfox.documentation.builders.ApiInfoBuilder;
05  import springfox.documentation.builders.PathSelectors;
06  import springfox.documentation.builders.RequestHandlerSelectors;
07  import springfox.documentation.service.ApiInfo;
08  import springfox.documentation.spi.DocumentationType;
09  import springfox.documentation.spring.web.plugins.Docket;
10  import springfox.documentation.swagger2.annotations.EnableSwagger2;
11  @Configuration
12  @EnableSwagger2
13  public class Swagger2Config {
14      @Bean
15      public Docket createRestApi() {
16          return new Docket(DocumentationType.SWAGGER_2)
17                  .apiInfo(apiInfo())
18                  .select()
19                  .apis(RequestHandlerSelectors.basePackage("prj.
    controller"))
20                  .paths(PathSelectors.any())
21                  .build();
22      }
23      private ApiInfo apiInfo() {
24          return new ApiInfoBuilder()
25                  .title("Use Swagger to Display RESTful")
26                  .description("Use Swagger to Display RESTful")
27                  .version("1.0")
```

```
28                .build();
29      }
30  }
```

其中需要用第 11 行的@Configuration 注解说明本类将起到配置类的效果，而需要用第 12 行的@EnableSwagger2 注解说明本类是 Swagger 的配置类。

在本类第 15 行的 createRestApi 类中，通过第 16 行的代码指定将采用 SWAGGER2 规范描述 RESTful 请求，通过第 19 行代码说明将可视化 prj.controller 包中所包含的 RESTful 请求，并通过第 17 行代码说明在用 Swagger 可视化 RESTful 请求时，将调用第 23 行所示的 apiInof 方法。

而在第 23 行的 apiInfo 方法中，通过第 25～27 行代码指定了在本项目中，用 Swagger 描述 RESTful 请求时所展示的标题、描述文字和版本信息。

修改点三，修改控制器类 Controller.java 的 getStockByID 方法中，修改好的代码如下，同时不修改其他的方法。

```
01  @RequestMapping( value = "/stock/{id}",method = RequestMethod.GET)
02  @ApiOperation(value="Get the Stock By ID", notes="id need less than 100")
03  @ApiResponses({
04          @ApiResponse(code=200,message="请求正确"),
05          @ApiResponse(code=400,message="参数错误"),
06          @ApiResponse(code=404,message="页面没找到"),
07          @ApiResponse(code=500,message="服务错误")
08      })
09  public HttpReturn getStockByID(@PathVariable Integer id){
10      方法体的代码不变
11  }
```

其中，用如第 2 行所示的 ApiOperation 注解给出了在 Swagger 可视化界面中，针对本方法的描述，并通过第 3～8 行的@ApiResponses 和@ApiResponse 注解给出了针对本方法诸多返回码的说明。

至此，完成修改。其他类和代码不做修改，和 RestDemo 项目中的保持一致。

6.4.3 演示运行效果

运行本范例的 SpringBootApp.java 启动类，启动本项目后，在浏览器中输入如下的 URL：

http://localhost:8080/swagger-ui.html

此时能在浏览器中看到如图 6.2 所示的 Swagger 界面，在其中不仅可以可视化诸多 RESTful 请求，更可以尝试着调用诸多请求，以验证效果。

从图 6.2 能够看到，其中的标题和描述部分的文字和 Swagger 配置类 Swagger2Config 中的设置完全一致。同时，如果单击 controller 部分，可以看到其中包含诸多 RESTful 格式的请求。

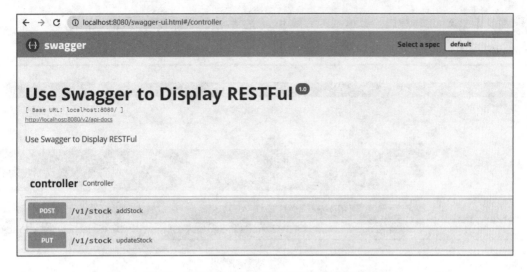

图 6.2　用 Swagger 可视化 RESTful 请求的效果图

如果再单击展开/v1/stock/{id}请求，还能看到如图 6.3 所示的效果，其中能看到针对该请求的具体描述，这些描述信息和 Controller 类中针对该请求的配置信息完全一致。

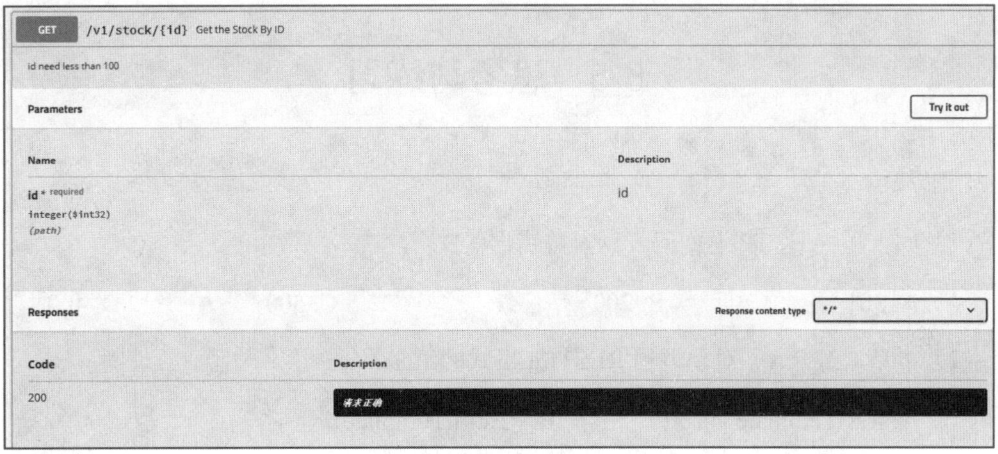

图 6.3　针对具体请求的 Swagger 效果图

此时如果单击图 6.3 中的 Try it out 按钮，就能看到如图 6.4 所示的界面。

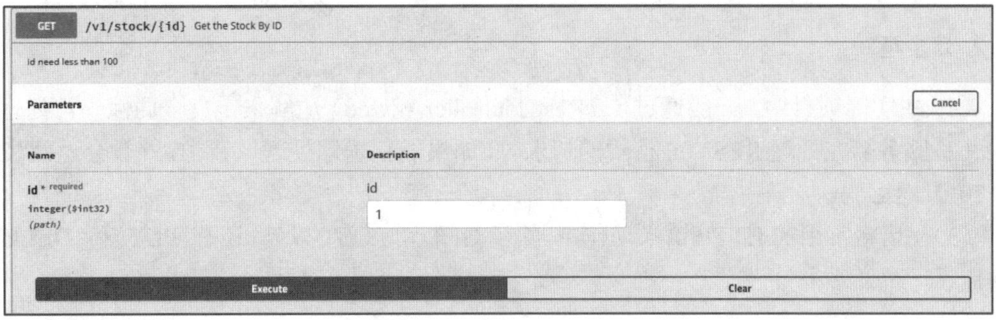

图 6.4　通过 Swagger 调用 RESTful 请求的效果图

在其中输入 id 参数后，再单击下方的 Execute 按钮，就能发起该 GET 请求，并看到如图 6.5 所示的结果，由此验证该请求的运行效果。

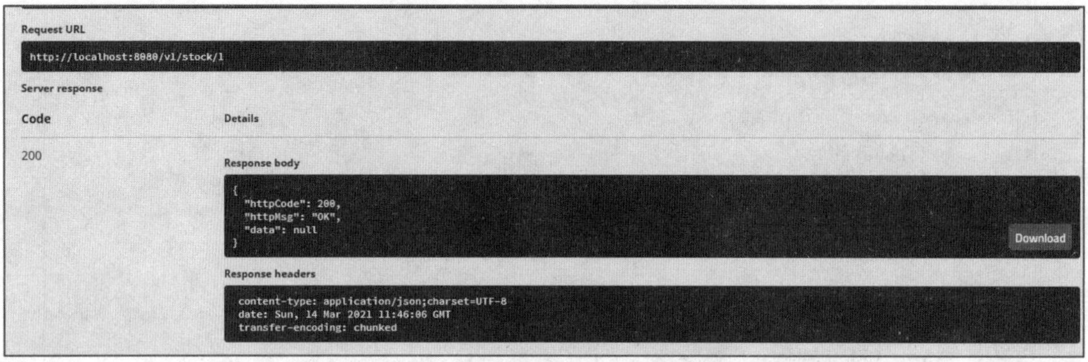

图 6.5　调用结果的效果图

在此 Swagger 页面中，还可以通过类似的方法查看并运行其他 RESTful 的请求。由此大家能看到，如果在项目中引入 Swagger 组件，不仅可以用页面的方式动态可视化诸多 RESTful 请求，还能通过运行具体验证这些 RESTful 请求的执行效果。

6.5　思考与练习

1. 选择题

（1）如下哪种 HTTP 返回码表示参数错误（D）？

A. 301　　　　　　　B. 200　　　　　　　C. 500　　　　　　　D. 400

（2）本章通过（A）对象调用 RESTful 格式的请求？

A. RestTemplate　　　　　　B. RestfulTemplate
C. RestClient　　　　　　　D. RestfulClient

（3）如果要在项目中可视化 RESTful 请求，则需要引入（C）组件？

A. RESTful　　　　　　B. Document　　　　　　C. Swagger　　　　D. JPA

2. 填空题

（1）在实际项目中，一般通过（@RestControllerAdvice）注解来定义全局性异常处理类。

（2）服务器在处理 RESTful 格式的请求时，如果能正确地处理该请求，一般会返回（200）或（201）返回码。

（3）在诸多常用的 HTTP 请求动作中，除了 GET 和 POST 以外，还有（PUT）和（DELETE）等动作。

3. 操作题

本章诸多操作题中，所用到的学生对象定义如下：

```
class Student{
    private int ID;
    private String name;
    private float score;
}
```

（1）仿照本章 RESTful 范例中的做法创建 StudentDemo 项目，在其中的控制器中，用 RESTful 规范定义针对学生对象的增删改查操作。注意在本项目中，同样可以通过 HashMap 对象来保存学生信息。

（2）仿照本章 RESTful 范例中的做法，在 StudentDemo 项目中定义全局性的异常处理机制，实现如下动作：一旦在项目中出现 Exception 异常，则返回 500 返回码，并输出"Server Erro"字样。

（3）仿照本章 SwaggerDemo 范例中的做法，用 Swagger 规范描述 StudentDemo 项目中的诸多 RESTful 请求，并且需要在该项目对应的 Swagger 界面中可视化这些 RESTful 请求。

第 7 章

Spring Boot 整合日志组件

为了高效地排查问题，在 Spring Boot 项目中一般会引入 logback 日志组件，把程序运行时输出的日志写入文件和控制台，所以本章会讲述 Spring Boot 整合 logback 日志组件的实战技巧。

在一些日志格式相对简单的项目中，还可以直接观察日志文件分析和定位问题，但如果日志中包含的要素比较多，或者量比较多，就需要在项目中引入 ElasticSearch、Logstash 以及 Kibana 组件（ELK 组件），搭建可视化的日志收集和展示平台，从而进一步提升分析日志的效率。

所以本章还会在讲述 logback 日志组件的基础上给出搭建 ELK 日志平台的步骤，并进一步讲述 Spring Boot 项目整合 ELK 日志平台的实践要点。

7.1 Spring Boot 整合 logback 输出日志

在实际项目中，一般会用 logback 等日志组件输出日志，这样当出现问题时，就能通过阅读分析日志来解决问题。和其他同类组件相比，它具有较高的性能，而且在工作时能更有效地利用内存，同时还具有比较充分的支持文档，所以当前很多项目都采用该组件来输出日志。

7.1.1 Spring Boot 整合 logback 的范例项目

这里将在 LogDemo 项目中给出在 Spring Boot 项目中整合 logback 日志组件，并在项目中输出日志的具体做法。在图 7.1 中能够看到该项目的重要文件以及所处的路径。

表 7.1 整理了各重要文件的作用。

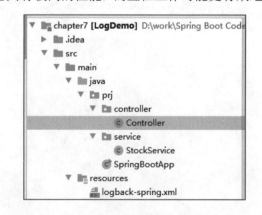

图 7.1 LogDemo 项目的重要文件目录关系示意图

表 7.1　LogDemo 项目重要文件作用一览表

文 件 名	作 用
SpringBootApp.java	本项目的启动类
Controller.java StockService.java	分别是控制器类和业务方法类，在其中模拟了查找库存信息和插入库存信息的动作。这里请大家关注一下用 logback 输出日志的做法
logback-spring.xml	logback 组件的配置文件，在其中配置了日志输出的相关参数

该项目的开发步骤如下：

步骤 **01**　编写 pom.xml 文件，由于在 Spring Boot 相关依赖包中已经包含 logback 日志组件包，因此在这里只需用如下关键代码引入 Spring Boot 依赖包，无须再额外引入 logback 依赖包。

```
01    <dependencies>
02      <dependency>
03        <groupId>org.springframework.boot</groupId>
04        <artifactId>spring-boot-starter-web</artifactId>
05      </dependency>
06    </dependencies>
```

步骤 **02**　编写启动类 SpringBootApp.java，该启动类和之前项目的完全一致，所以不再讲述，大家可以自行阅读相关代码。

步骤 **03**　编写控制器类，在其中通过 logback 组件输出日志，代码如下：

```
01    package prj.controller;
02    import org.slf4j.Logger;
03    import org.slf4j.LoggerFactory;
04    import org.springframework.beans.factory.annotation.Autowired;
05    import org.springframework.web.bind.annotation.*;
06    import prj.service.StockService;
07    @RestController
08    public class Controller {
09        @Autowired
10        StockService stockService;
11        private final Logger logger = LoggerFactory.getLogger(getClass());
12        @RequestMapping("/demoGetStock/{id}")
13        public String demoGetStock(@PathVariable int id){
14          if(id>100){
15              logger.error("demoGetStock param error");
16              return "error";
17          }
18          logger.warn("demo warn.");
19          logger.debug("demoGetStock,id is: " + id );
20          return stockService.demoGetStock(id) ;
21        }
22        @RequestMapping("/demoInsertStock")
```

```
23    public String demoInsertStock(){
24        logger.debug("demoInsertStock");
25        return stockService.demoInsertStock();
26    }
27 }
```

在该控制器类的第 11 行代码中定义了用于输出日志的 Logger 类型的对象 logger，这是 logback 组件用于输出日志的对象。由于该对象的值是 LoggerFactory.getLogger(getClass())，因此在本类输出日志时会带有本类名的前缀。

在第 13 行的 demoGetStock 方法中，当通过第 14 行的 if 语句判断 id 参数大于 100 时，会通过第 15 行的语句用 logger 对象输出 error 级别的日志信息。如果参数正常，那么在通过第 20 行的代码返回结果前，会通过第 18 行和第 19 行的代码输出 warn 和 debug 级别的日志。

在第 23 行的 demoInsertStock 方法中会通过第 24 行输出 debug 级别的日志。从中可以看到，通过 logback 组件中的 Logger 类型的对象，可以在执行业务的过程中输出日志信息。

步骤 04 编写控制器类中用到的业务处理类 StockService.java，具体代码如下，在其中的第 7 行中定义了用于输出日志的 Logger 类型的 logger 对象，并在该类的第 9 行和第 13 行中，用该 logger 对象输出了 info 级别的日志。

```
01 package prj.service;
02 import org.slf4j.Logger;
03 import org.slf4j.LoggerFactory;
04 import org.springframework.stereotype.Service;
05 @Service
06 public class StockService {
07    private final Logger logger = LoggerFactory.getLogger(getClass());
08    public String demoGetStock(int id){
09        logger.info("demoGetStock,id is: " + id );
10        return "demoGetStock";
11    }
12    public String demoInsertStock(){
13        logger.info("demoInsertStock");
14        return "demoInsertStock";
15    }
16 }
```

步骤 05 在本项目的 resource 目录中新增一个名为 logback-spring.xml 的日志配置文件，用以配置 logback 日志组件，具体代码如下：

```
01 <?xml version="1.0" encoding="UTF-8"?>
02 <configuration debug="false">
03    <!-- 定义在控制台输出的日志格式 -->
04    <appender name="STDOUT"
    class="ch.qos.logback.core.ConsoleAppender">
05        <encoder
    class="ch.qos.logback.classic.encoder.PatternLayoutEncoder">
```

```
06              <!-- 定义日志输出的格式:%thread 表示线程名,%d 表示日期,%-5level:
     级别从左显示 5 个字符宽度, %msg: 日志消息, %n 是换行符-->
07              <pattern>[%thread]%d{yyyy-MM-dd
     HH:mm:ss.SSS} %-5level %logger{35} - %msg%n</pattern>
08              <charset>utf-8</charset>
09          </encoder>
10      </appender>
11      <!-- 定义在文件中输出的日志格式 -->
12      <appender name="FILE"
     class="ch.qos.logback.core.rolling.RollingFileAppender">
13          <rollingPolicy
     class="ch.qos.logback.core.rolling.TimeBasedRollingPolicy">
14              <fileNamePattern>log_%d{yyyy-MM-dd
     HH }.log</fileNamePattern>
15          </rollingPolicy>
16          <append>true</append>
17          <encoder>
18              <pattern>[%thread]%d{yyyy-MM-dd
     HH:mm:ss.SSS} %-5level %logger{35} - %msg%n</pattern>
19          </encoder>
20      </appender>
21      <!-- 日志级别顺序为: DEBUG < INFO < WARN < ERROR -->
22      <!-- 日志输出级别 -->
23      <root level="DEBUG">
24          <appender-ref ref="STDOUT" />
25          <appender-ref ref="FILE" />
26      </root>
27  </configuration>
```

在第 4～10 行代码中定义了向 Java 控制台（本书是 IDEA 控制台）输出日志的方式，具体而言，是通过第 7 行代码定义日志的输出格式是"线程名+日期+日志级别+日志消息+换行符"，并通过第 8 行代码定义了输出日志的字符格式是 utf-8。

在第 12～20 行代码中定义了向文件输出日志的方式，具体而言，通过第 14 行代码定义了输出日志的文件名是 log_年月日小时.log，通过第 18 行代码定义了在文件中输出日志的格式。

在 logback 日志输出组件中，输出日志的顺序是 TRACE < DEBUG < INFO < WARN < ERROR，而在第 23～26 行代码中定义了本项目中将向控制台和文件输出 DEBUG 及以上（INFO、WARN 和 ERROR）级别的日志。

完成上述开发工作后，运行 SpringBootApp 类启动本项目。由于在 logback-spring.xml 配置文件中设置了向控制台输出 DEBUG 及以上级别的日志，因此在控制台能看到如图 7.2 所示的日志效果图，在其中能看到 DEBUG 和 INFO 级别的日志。

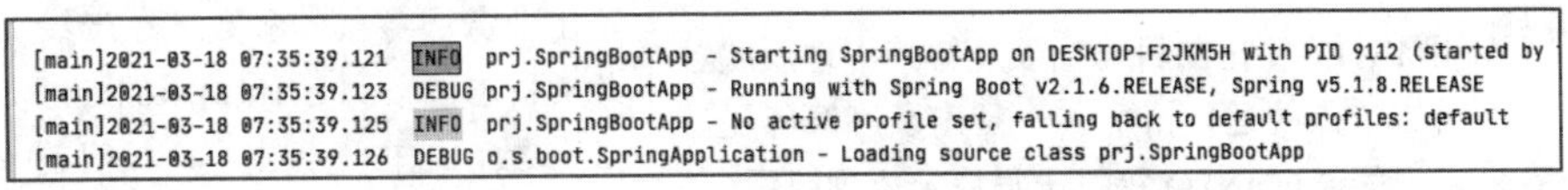

```
[main]2021-03-18 07:35:39.121 INFO  prj.SpringBootApp - Starting SpringBootApp on DESKTOP-F2JKM5H with PID 9112 (started by
[main]2021-03-18 07:35:39.123 DEBUG prj.SpringBootApp - Running with Spring Boot v2.1.6.RELEASE, Spring v5.1.8.RELEASE
[main]2021-03-18 07:35:39.125 INFO  prj.SpringBootApp - No active profile set, falling back to default profiles: default
[main]2021-03-18 07:35:39.126 DEBUG o.s.boot.SpringApplication - Loading source class prj.SpringBootApp
```

图 7.2　在控制台输出日志的效果图

根据在 logback-spring.xml 文件中定义的输出日志的文件名，logback 组件会在本项目的根目录下输出如图7.3所示的日志文件，该日志文件的命名符合 logback-spring.xml 中的定义，并且随着时间的推移，比如过了一个小时，会生成更多的日志文件。

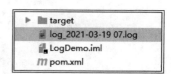

图7.3　日志文件效果图

随后，如果在浏览器中输入 http://localhost:8080/demoGetStock/1，在该请求处理的过程中，会在控制台和日志文件中看到如图 7.4 所示的日志信息。

```
[http-nio-8080-exec-1]2021-03-19 07:15:38.518   WARN   prj.controller.Controller - demo warn.
[http-nio-8080-exec-1]2021-03-19 07:15:38.518   DEBUG  prj.controller.Controller - demoGetStock,id is: 1
[http-nio-8080-exec-1]2021-03-19 07:15:38.518   INFO   prj.service.StockService - demoGetStock,id is: 1
```

图7.4　日志输出效果图

从图中能够看到，不同类文件输出的日志会带有不同的文件名作为前缀，而且每条日志输出的格式是"线程名+日期+日志级别+日志消息+换行符"，符合在配置文件中的定义。

此外，如果大家在浏览器中输入 http://localhost:8080/demoGetStock/105，还能在控制台和日志文件中看到如下 ERROR 级别的日志信息：

```
[http-nio-8080-exec-4]2021-03-19 07:18:59.524  ERROR
prj.controller.Controller - demoGetStock param error
```

如果在浏览器中输入 http://localhost:8080/demoInsertStock，就能在控制台和日志文件中看到如图 7.5 所示的日志输出信息。

```
[http-nio-8080-exec-7]2021-03-19 07:20:33.659  DEBUG prj.controller.Controller - demoInsertStock
[http-nio-8080-exec-7]2021-03-19 07:20:33.659  INFO  prj.service.StockService - demoInsertStock
```

图7.5　日志输出效果图

7.1.2　用不同级别的日志输出不同种类的信息

在本范例的运行结果中，大家能看到输出的 DEBUG 及以上级别的日志，在实际项目中，会用不同级别的日志输出不同的信息，以便分析和排查问题。表 7.2 中给出了不同级别日志的使用规范。

表 7.2　控制器类中相关方法描述一览表

日志级别	说　　明	在本范例中的用法说明
DEBUG	用以输出调试信息，比如各流程点的方法名和参数	输出中控制器层的调用方法和参数，在测试环境中，可以确认该请求是由哪个控制器的方法处理的，在生产环境中，此类信息无须再输出
INFO	用 INFO 输出的日志需要能够清晰地反映各关键节点的运行情况，一旦出了产线问题，需要能通过 INFO 等日志很快定位到问题	输出业务服务层的参数，在产线上，能通过此类日志观察到 URL 请求的处理流程和关键 id 参数，这样一旦出了产线问题，就能知道该问题的位置和对应的参数

（续表）

日志级别	说　　明	在本范例中的用法说明
WARN	在此类日志中可以输出一些不影响整体功能但有疑点的信息	在控制器类 Controller 中，输出过 WARN 级别的日志
ERROR	输出会导致系统运行故障的出错信息	在控制器类的 demoGetStock 方法中，如果 id 参数大于 100，则需要用该级别的日志输出此类错误提示信息

根据表 2.3 的描述，在实际项目中，一般会在 DEBUG 级别的日志中输出调试代码的相关语句，所以在测试环境中，一般会通过 logback 配置文件输出 DEBUG 及以上级别的日志。

但在项目上线后，如果继续在日志中输出调试相关的日志，一方面没必要，另一方面还会输出大量无用的日志信息，这会对排查线上问题带来一定的困扰，所以在上线前一般会把日志级别设置为 INFO，即在产线上运行的项目只输出 INFO 及以上（WARN 和 ERROR）级别的日志。

具体在上述 LogDemo 项目中，可以把 logback-spring.xml 文件中的相关配置代码修改如下，即在控制台和日志文件中输出 INFO 及以上级别的日志。

```
01    <root level="INFO">
02        <appender-ref ref="STDOUT" />
03        <appender-ref ref="FILE" />
04    </root>
```

修改完成后，重新运行 SpringBootApp 类，以重启该 Spring Boot 项目，会发现在控制台和文件输出的日志中只包含 INFO 及以上级别的日志，不再包含 DEBUG 级别的日志信息。

随后在浏览器中输入 http://localhost:8080/demoInsertStock，在对应的日志上下文中仅能看到 INFO 级别的日志，不会再看到 DEBUG 级别的日志，具体效果如图 7.6 所示。

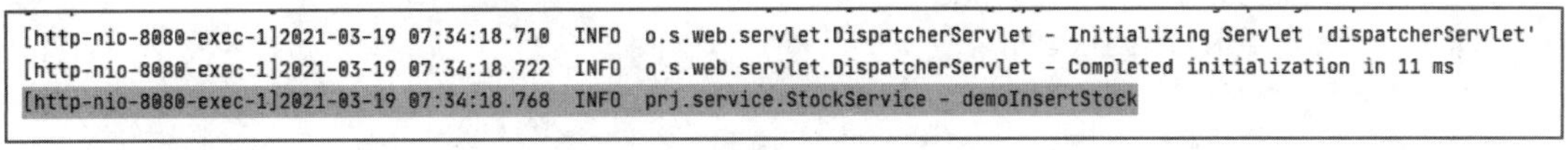

```
[http-nio-8080-exec-1]2021-03-19 07:34:18.710  INFO  o.s.web.servlet.DispatcherServlet - Initializing Servlet 'dispatcherServlet'
[http-nio-8080-exec-1]2021-03-19 07:34:18.722  INFO  o.s.web.servlet.DispatcherServlet - Completed initialization in 11 ms
[http-nio-8080-exec-1]2021-03-19 07:34:18.768  INFO  prj.service.StockService - demoInsertStock
```

图 7.6　仅包含 INFO 级别的日志输出效果图

7.1.3　为每个线程设置唯一标识，方便追踪问题

在生产环境中运行的系统程序一般会经受高并发的挑战，即多个请求可能会同时到达，对此系统程序会启动多个线程来处理。

所以在控制台或文件输出的日志中，往往是多个线程夹杂着输出日志，即有可能第一行是线程 1 的日志，而下一行则是线程 2 的日志。而且，即使是同一个请求，也会被不同的类来处理，比如本范例中，一个请求就同时被控制器层和业务处理层中的类来处理。

那么问题来了，在众多的日志信息中，如何查看并跟踪指定请求的日志信息？在实践中，一般会为每个线程添加一个唯一标识符，在本范例中，这个唯一标识符是线程名。

比如运行 SpringBootApp 类启动本项目后，把日志输出的级别修改成 DEBUG。随后在浏览器中分别输入 http://localhost:8080/demoInsertStock 和 http://localhost:8080/demoGetStock/1 这两个请求，就能在控制台和日志文件中看到如图 7.7 所示的日志效果图。

```
[http-nio-8080-exec-7]2021-03-19 07:52:14.416  DEBUG prj.controller.Controller - demoGetStock,id is: 1
[http-nio-8080-exec-7]2021-03-19 07:52:14.416  INFO  prj.service.StockService - demoGetStock,id is: 1
[http-nio-8080-exec-7]2021-03-19 07:52:14.419  DEBUG o.s.w.s.m.m.a.RequestResponseBodyMethodProcessor - U
[http-nio-8080-exec-7]2021-03-19 07:52:14.419  DEBUG o.s.w.s.m.m.a.RequestResponseBodyMethodProcessor - W
[http-nio-8080-exec-7]2021-03-19 07:52:14.421  DEBUG o.s.web.servlet.DispatcherServlet - Completed 200 OK
[http-nio-8080-exec-8]2021-03-19 07:52:14.464  DEBUG o.s.web.servlet.DispatcherServlet - GET "/favicon.ic
[http-nio-8080-exec-8]2021-03-19 07:52:14.465  DEBUG o.s.w.s.h.SimpleUrlHandlerMapping - Mapped to Resour
[http-nio-8080-exec-8]2021-03-19 07:52:14.473  DEBUG o.s.web.servlet.DispatcherServlet - Completed 200 OK
[http-nio-8080-exec-9]2021-03-19 07:52:16.245  DEBUG o.s.web.servlet.DispatcherServlet - GET "/demoInsert
[http-nio-8080-exec-9]2021-03-19 07:52:16.246  DEBUG o.s.w.s.m.m.a.RequestMappingHandlerMapping - Mapped
[http-nio-8080-exec-9]2021-03-19 07:52:16.247  DEBUG prj.controller.Controller - demoInsertStock
[http-nio-8080-exec-9]2021-03-19 07:52:16.247  INFO  prj.service.StockService - demoInsertStock
```

图 7.7　包含多个线程的日志输出效果图

其中，http://localhost:8080/demoInsertStock 请求所对应的日志以[http-nio-8080-exec-9]作为唯一标识，而 http://localhost:8080/demoGetStock/1 请求所对应的日志以[http-nio-8080-exec-7]作为唯一标识，这样大家就能根据不同的线程号方便地观察到具体请求所对应的所有日志信息，从而能够跟踪乃至分析和排查各种问题。

7.1.4　格式化日志文件名，方便排查问题

在 LogDemo 范例的 logback-spring.xml 配置文件中定义日志文件的相关代码如下：

```
01    <rollingPolicy
      class="ch.qos.logback.core.rolling.TimeBasedRollingPolicy">
02        <fileNamePattern>
03           log_%d{yyyy-MM-dd HH}.log
04        </fileNamePattern>
05    </rollingPolicy>
```

通过第 3 行代码定义日志文件每小时生成一个，同时定义具体的每个文件名。

在实际项目中，为了控制日志文件的数量，一般每天生成一个文件，并且会用每天的日期来标识文件名，对应的定义日志文件的代码如下：

```
log_%d{yyyy-MM-dd}.log
```

这样如果出现产线问题，就能根据日期快速找到对应的文件来排查问题。

7.2　搭建 ELK 组件开发环境

在实际项目中，不同的业务模块往往会部署在不同的服务器中，比如处在同一处理链的订单、风控以及支付模块，有可能会被部署在 3 台不同的服务器中。如果要排查问题，可能就不得不登录不同的服务器逐一查看日志。但这样做的话，排查问题的效率会很低。

对此，可以在 Spring Boot 项目中集成 ElasticSearch、Logstash 和 Kibana 这 3 个开源工具，并用它们搭建集中化的日志收集和展示平台，这样就能很好地提升分析排查问题的效率。

7.2.1　ELK 组件与工作示意图

在 ELK 日志收集和展示平台中，Logstash 组件主要负责收集日志，ElasticSearch（一般简称 ES）组件则是一个数据分析和搜索引擎，而 Kibana 是一个可视化的日志展示平台，这三者整合工作的效果如图 7.8 所示。

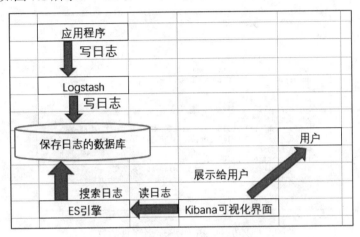

图 7.8　ELK 组件整合工作的效果图

当 Spring Boot 等 Web 应用系统引入 ELK 这 3 个组件后，可以把部署在不同服务器上的业务模块产生的日志信息通过 Logstash 组件存储起来，从而实现日志的统一化管理。而用户可以在 Kibana 可视化界面发起查询日志的请求，发起该查询日志的请求后，Kibana 组件会通过 ES 组件到日志数据库中搜索用户所需要的日志信息，并展示在界面上。

上述流程看上去很复杂，但很多工作是由组件来完成的，用户只需要搭建开发环境并编写适当的配置文件即可。在本部分的后继内容中，将详细给出这 3 个组件的安装和配置步骤。

7.2.2　搭建 ELK 运行环境

这里将给出在 Windows 系统上下载 ELK 组件包并用这 3 个组件搭建日志收集和展示平台的具体步骤。

步骤 **01** 到官网（https://www.elastic.co/cn/）上下载 ElasticSearch、Logstash 和 Kiabana 这 3 个组件的安装包，注意尽量下载同一个版本的组件包，比如本书就统一下载 7.11.2 版本的组件安装包，而且要下载基于 Windows 的安装包。

下载安装包以后，为了方便管理，可以把它们解压在同一个路径中，本书是解压在 d:\elk 路径。

步骤 **02** 由于 Kibana 组件是基于 node 组件的，因此需要再去下载 node 组件，本书采用的是 node15 版本。

步骤 **03** 在 ElasticSearch 组件的 config 目录中找到并打开 elasticsearch.yml 配置文件，在其中加入如下配置参数，指定该组件工作在本机 9200 端口。

```
01    network.host: localhost
02    http.port: 9200
```

随后新创建一个cmd命令窗口，用cd命令进入ElasticSearch组件的bin目录，并通过运行elasticsearch.bat命令启动ElasticSearch服务，启动后到浏览器中输入http://localhost:9200/，如果看到如图7.9所示的界面，则说明ElasticSearch组件成功启动。

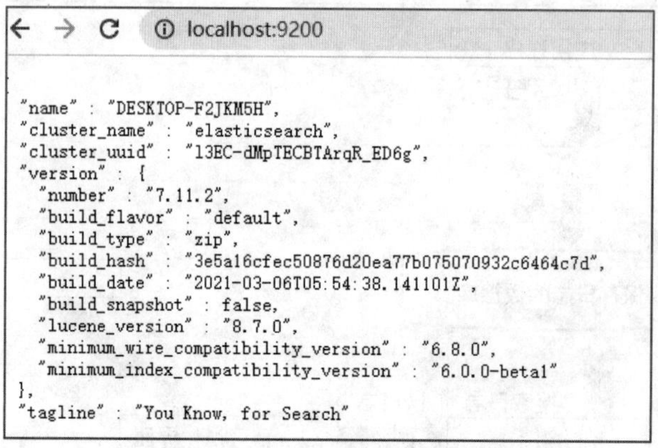

图 7.9　成功启动 ElasticSearch 组件的效果图

步骤 **04** 在Logstash组件的bin目录中新建如下logstash.conf配置文件，并在其中加入如下参数：

```
01   input {
02     tcp{
03       port => 9601
04       mode => "server"
05       tags=> ["tags"]
06       host => "localhost"
07       codec => json_lines
08     }
09   }
10   output {
11    elasticsearch {
12     hosts => ["http://localhost:9200"]
13      index => "elk"
14    }
15    stdout{
16      codec => rubydebug
17    }
18   }
```

第1~9行的input参数指定了该Logstash组件将从9601端口接收JSON格式的输入，而Spring Boot等产生日志的项目可以把日志发送到该端口，这样Logstash组件就能收集到日志。

第 10 ～ 18 行的 output 参数指定了该 Logstash 组件会把接收到的日志输出到 localhost:9200 所在的 ElasticSearch 组件中，同时指定了输出时会创建名为 elk 的索引。如果要在 Kibina 对应地展示日志信息，就需要在 Kibana 中使用该 elk 索引。

再新建一个 cmd 命令窗口，用 cd 命令定位到 LogStash 所在的 bin 目录，在其中输入 logstash.bat -f logstash.conf 命令，在启动 LogStash 组件时加载刚配置的 logstash.conf 文件参数。随后，在浏览器中输入 http://localhost:9600/，启动后如果能看到如图 7.10 所示的界面，则说明 LogStash 组件成功启动。

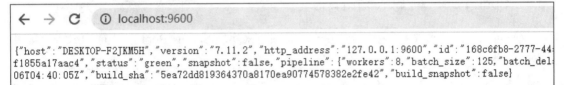

图 7.10　成功启动 LogStash 组件的效果图

步骤 05 在 Kibana 组件的 config 目录中打开 kibana.yml 文件，并加入如下配置参数，指定该 kibana 组件工作在本机 5601 端口，并从 http://localhost:9200 的位置接收 ElasticSearch 组件的输入。

```
01  server.port: 5601
02  server.host: "localhost"
03  elasticsearch.hosts: ["http://localhost:9200/"]
```

最后新建一个 cmd 命令窗口，用 cd 命令定位到 Kibana 组件的 bin 目录，并通过运行 kibana.bat 命令启动该组件。启动后在浏览器中输入 http://localhost:5601/，如果能看到如图 7.11 所示的效果，则说明 Kibana 成功启动。

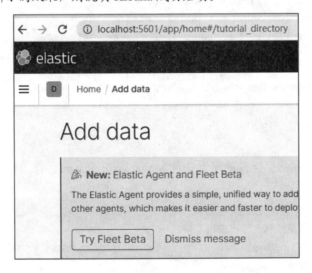

图 7.11　成功启动 Kibana 组件的效果图

7.3　Spring Boot 整合 ELK 平台

在搭建好 ELK 日志管理平台后，Spring Boot 项目中生成的日志就可以输出到 LogStash 中，这些日志经过 ElasticSearch 中转后，就能展示到 Kibana 平台上。这里将给出 Spring Boot 整合 ELK 平台的详细步骤。

7.3.1　Spring Boot 向 ELK 输出日志

这里可以通过修改 7.1 节创建的 LogDemo 项目来实现 Spring Boot 项目向 ELK 平台输出日志的效果。

修改点 1：在 pom.xml 文件中添加如下 logback 相关依赖包，引入后，即可向 ELK 平台输出日志。

```
01   <dependency>
02       <groupId>ch.qos.logback</groupId>
03       <artifactId>logback-core</artifactId>
04       <version>1.2.3</version>
05   </dependency>
06   <dependency>
07       <groupId>ch.qos.logback</groupId>
08       <artifactId>logback-classic</artifactId>
09       <version>1.2.3</version>
10   </dependency>
11   <dependency>
12       <groupId>ch.qos.logback</groupId>
13       <artifactId>logback-access</artifactId>
14       <version>1.2.3</version>
15   </dependency>
16   <dependency>
17       <groupId>net.logstash.logback</groupId>
18       <artifactId>logstash-logback-encoder</artifactId>
19       <version>5.1</version>
20   </dependency>
```

修改点 2：改写 logback 组件的配置文件 logback-spring.xml，修改好的文件如下：

```
01   <?xml version="1.0" encoding="UTF-8"?>
02   <configuration debug="false">
03       <!-- 定义在控制台输出的日志格式 -->
04       <appender name="STDOUT" class="ch.qos.logback.core.ConsoleAppender">
05         <encoder
     class="ch.qos.logback.classic.encoder.PatternLayoutEncoder">
06             <pattern>[%thread]%d{yyyy-MM-dd
     HH:mm:ss.SSS}  %-5level %logger{35} - %msg%n</pattern>
```

```
07              <charset>utf-8</charset>
08          </encoder>
09      </appender>
10      <appender name="FILE"
   class="ch.qos.logback.core.rolling.RollingFileAppender">
11          <rollingPolicy
   class="ch.qos.logback.core.rolling.TimeBasedRollingPolicy">
12              <fileNamePattern>log_%d{yyyy-MM-dd HH}.log</fileNamePattern>
13          </rollingPolicy>
14          <append>true</append>
15          <encoder>
16              <pattern>[%thread]%d{yyyy-MM-dd
   HH:mm:ss.SSS}  %-5level %logger{35} - %msg%n</pattern>
17          </encoder>
18      </appender>
19      <!-- 定义向 LogStash 输出的日志格式 -->
20      <appender name="LOGSTASH"
   class="net.logstash.logback.appender.LogstashTcpSocketAppender">
21          <destination>localhost:9601</destination>
22          <encoder charset="UTF-8"
   class="net.logstash.logback.encoder.LogstashEncoder" >
   <customFields>{"appname":"StockApp"}</customFields>
23          </encoder>
24      </appender>
25      <!-- 日志输出级别 -->
26      <root level="DEBUG">
27          <appender-ref ref="STDOUT" />
28          <appender-ref ref="FILE" />
29          <appender-ref ref="LOGSTASH" />
30      </root>
31  </configuration>
```

其中第 19～24 行代码是新加的，在其中定义了向 Logstash 组件输出日志的格式，这里需要如第 21 行所示，指定向 Logstash 输出日志的 URL 地址，该地址需要和 Logstash 配置文件中 input 配置项的入口地址保持一致。同时，在该文件的第 29 行中指定了将向 Logstash 组件输出 DEBUG 及以上级别的日志。

其他的启动类、控制器类和业务方法类的代码保持不变。

7.3.2　在 Kibana 中观察日志

这里先停止 ElasticSearch、Logstash 以及 Kibana 三个组件，并按 ElasticSearch、Kibana 和 Logstash 的顺序重新启动，在确保启动成功的基础上，再运行启动类启动 LogDemo 项目。

随后在浏览器中输入 http://localhost:5601/，进入 Kibana 的可视化界面，单击如图 7.12 右上方所示的 Manage 菜单，进入管理界面。

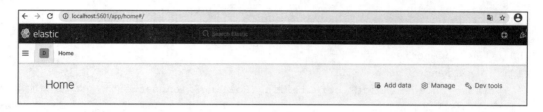

图 7.12 Kibana 可视化界面效果图

在如图 7.13 所示的管理界面，单击左方的 Index Patterns 菜单，创建 Kibana 的索引，单击后进入到如图 7.14 所示的界面。

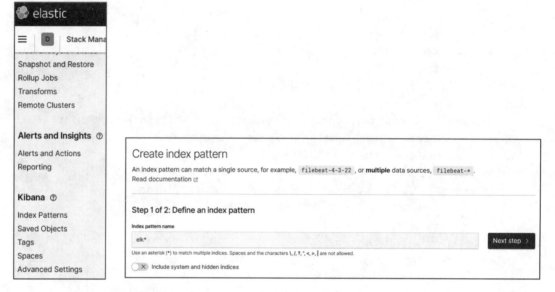

图 7.13 Index Patterns 菜单效果图　　　　图 7.14 在 Kibana 中创建 index pattern 的示意图

在如图 7.14 所示的 Create index pattern 界面能看到在 Logstash 配置文件中 output 项中配置的 index 值"elk"，在输入 elk*之后单击 Next step 按钮，随后按提示步骤：即可在 Kibana 中创建该索引。

创建完名为"elk*"的索引后，回到 Kibana 首页，进入 Discover 界面，随后在该界面添加刚才创建的 elk*，如图 7.15 所示，就能看到该 index pattern 对应的日志信息。

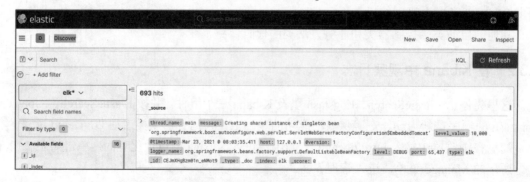

图 7.15 在 Kibana 的 Discover 界面展示日志的效果图

　　此时如果再通过浏览器输入 http://localhost:8080/demoGetStock/1 等请求，在如图 7.15 所示的界面还能看到新生成的日志。

　　总结一下，当 LogDemo 项目同 ELK 平台整合到一起之后，该项目产生的日志经过 LogStash 和 ElasticSearch 组件，最终展示在 Kibana 可视化界面上，其中处理日志的流程如图 7.16 所示。

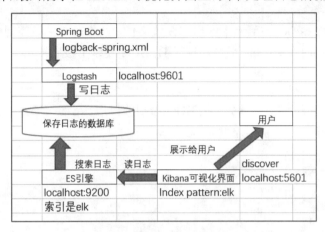

图 7.16　ELK 处理日志的流程图

7.4　思考与练习

1. 选择题

（1）本章用到的日志处理组件是（A）？

　　A. logback　　　　　　　　B. log4j　　　　　　　　C. logger　　　　　　　　D. log4jjer

（2）在本章给出的 LogDemo 项目中，是在如下哪个配置文件中配置日志的输出格式？（C）

　　A. logback-spring.properties　　　　　　　B. logback-spring.prop
　　C. logback-spring.xml　　　　　　　　　　D. logback.xml

（3）在用 ELK 组件搭建日志收集和管理平台时，一般用如下（B）组件来展示日志？

　　A. Logstash　　　　　　　　B. Kibana　　　　　　　　C. ElasticSearch

2. 填空题

（1）在实际项目中，一般会用（Error）级别的日志来提示错误信息。

（2）在用如下语句定义日志输出格式时，[%thread%]表示（线程名），level 表示（日志的级别）。

```
<pattern>[%thread]%d{yyyy-MM-dd HH:mm:ss.SSS}  %-5level %logger{35}
- %msg%n</pattern>
```

（3）在实际项目中经常用到的日志级别有哪 4 种？（DEBUG、INFO、ERROR 和 WARN）

3. 操作题

（1）仿照本章 7.2 节步骤所给出的提示，在 Windows 系统上搭建 ELK 日志收集和管理平台。

（2）改写本章 LogDemo 范例中的日志配置文件，设置在文件和控制台中只展示 INFO 及以上级别的日志，同时在 Kibana 平台上展示 DEBUG 及以上级别的日志。

4. 论述题

举例说明在哪些场景中需要输出 DEBUG 级别的日志，在哪些场景中需要输出 INFO 级别的日志？同时说明这两种级别日志的差异。

第8章

Spring Boot 整合 Junit 单元测试组件

为了提升项目的质量，程序员在开发好每个实现业务功能的类以后，需要尽可能确保其中每个方法的运行结果都符合预期，对此可以在 Spring Boot 项目中引入单元测试组件 Junit，并编写对应的测试案例，以此来保证每个单元（类以及类中的方法）的正确性。

Spring Boot 项目一般是由控制器层、业务方法层和数据访问层组成的，所以在大多数项目中，单元测试案例需要覆盖这3层中的方法，并且需要尽量确保这3层方法的所有分支情况。

8.1　了解单元测试

单元测试（Unit Test）是指对每个业务单元的功能进行验证测试，具体在 Java Spring Boot 的语境中，单元的含义是指一个类，也就是说，在 Spring Boot 项目的单元测试中，需要通过编写测试案例确保每个类中的每个方法都工作正常。

8.1.1　单元测试的目的及难点分析

程序员在进行单元测试时，需要确保所开发的每个业务方法都工作正常。

（1）需要确保在输入正确参数的前提下，类中的每个业务方法的输出都符合预期。

（2）需要根据业务方法中的业务逻辑（尤其是 if 分支语句），用不同的输入参数确保每个分支流程的输出都符合预期。

（3）当程序运行发生异常时，对应的业务方法能正确地抛出异常。

总之，单元测试的目标是项目中的最小单位——业务类和其中的方法，但是在做单元测试时，一般会遇到如下难点：

（1）如果某方法返回的结果比较复杂，比如一个包含很多属性的业务类，如何高效地验证该返回结果是否符合预期？

（2）在方法中，往往会调用其他模块的方法，比如支付模块中的方法会调用风控模块中的方法，由于单元测试往往是每个模块独立进行的，在这种情况下，如何模拟其他模块的返回结果？

对此，可以在 Spring Boot 项目中引入 Junit 组件来进行单元测试。

8.1.2 Junit 组件简介

Junit 是一个面向 Java 语言的单元测试框架组件，它能很好地同 Spring Boot 等 Java 项目整合到一起，以"不侵入业务代码"的方式轻量级地实现单元测试的功能。

在大多数单元测试的场景中，一般会用到 Junit 组件中如下的"断言"和"模拟数据"的方法。

（1）assertEquals 和 assertTrue，这两个方法能用于对比待测试方法的实际返回值和预期值。但 assertEquals 方法在运行失败时还会输出预期值和实际返回值，所以该方法更为常用。

（2）assertNull，通过该方法能验证待测试方法的返回值是否为空。

（3）assertThrows，通过该方法能验证待测试方法是否如预期那样抛出异常。

（4）when(语句).thenReturn(返回值)：可以用来模拟指定语句的返回结果。

（5）when(语句).thenThrow(异常类)：可以用来模拟指定方法抛出指定的异常。

在大多数单元测试场景中，用户可以在不连接其他模块的前提下，通过模拟数据（mock数据）的 when.thenReturn 方法来模拟其他模块的返回值，由此来验证每个单元的行为动作。在此基础上，还可以通过 assertEquals 等的断言方法验证该单元方法的返回结果。

8.1.3 单元测试同其他测试的关系

在软件开发流程中，除了单元测试以外，一般还会引入如下类型的测试：

（1）集成测试，即把每个模块集成到一起联调测试，从而确保系统的准确性。比如某产品的支付链路是由支付模块、会员模块、风控模块和账单模块组成的，在每个模块通过单元测试确保质量后，会把这些模块整合到一起，通过发起请求让它们相互调用，从而来确保该支付链路的准确性。集成测试一般是由开发和测试人员一起进行的，当遇到问题时，能较快地通过观察日志等手段排查并解决问题。

（2）性能测试（也叫压力测试），在通过集成测试确保系统的准确性以后，为了让该系统能在高并发的场景中工作正常，会通过 Jmeter 等工作发起高并发的请求，比如一秒发起 500个请求，从而来观察系统在高并发场景中的工作表现。

（3）自动化测试，自动化测试其实和集成测试很相似，都是验证由多个模块构成的系统的准确性，只不过集成测试一般是由测试人员发起请求，而自动化测试是由工具发起请求。通过引入自动化测试脚本，自动化测试不仅测试效率较高，还能全方位地覆盖系统中的每个功能点，所以是一些项目确保质量的必要手段。

不过，单元测试的目的是确保每个业务方法的准确性，可以说它是针对最小工作单位的测试。也就是说，单元测试是其他测试的基础，用单元测试来确保每个类、每个方法的质量后，其他测试才能更为高效地进行，所以在大多数项目中，单元测试的覆盖率是衡量软件质量的重要指标之一。

8.2　对待测试项目的分析

这里给出的待测试项目是根据之前的 JPADemo 项目改写而成的，其中完整包含控制层、业务逻辑层（Service 层）和数据访问层（Repo 层），而且该项目的方法还包含 "if 分支语句" 和 "异常处理" 等待测试要点。

8.2.1　构建待测试的项目

可以通过如下步骤搭建待测试的 JunitDemo 项目：

步骤 01　在创建 Maven 类的 JunitDemo 项目后，在 pom.xml 中引入 Spring Boot 和 JPA 的依赖包，同时编写该项目的启动文件 SpringBootApp.java，这些代码之前都已经分析过，所以不再讲述，读者可以自行阅读。

步骤 02　编写控制器类 Controller.java，代码如下：

```
01  package prj.controller;
02  import org.springframework.beans.factory.annotation.Autowired;
03  import org.springframework.web.bind.annotation.PathVariable;
04  import org.springframework.web.bind.annotation.RequestMapping;
05  import org.springframework.web.bind.annotation.RestController;
06  import prj.model.Stock;
07  import prj.service.StockService;
08  import java.util.List;
09  @RestController
10  public class Controller {
11      @Autowired
12      StockService stockService;
13      @RequestMapping("/getStockByName/{name}")
14      public List<Stock> getStockByName(@PathVariable String name)
    throws Exception {
15          if ("error".equals(name)) {
16              throw new Exception("Param is error");
17          }
18          List<Stock> stockList = stockService.findByName(name);
19          if (stockList.size() == 0) {
20              throw new Exception("No Stock");
21          }
22          return stockList;
23      }
24  }
```

第 14 行的 getStockByName 方法将处理/getStockByName/{name}格式的请求，在其中将通过第 18 行代码调用 stockService.findByName，根据 name 字段查找对应的库存数据。在该方法的第 15 行和第 19 行中，还通过两句 if 判断语句检查了参数和返回结果，如果参数是 error，或者没有返回结果，那么均会抛出异常。

步骤 03　编写业务实现类 StockService.java，具体代码如下：

```
01  package prj.service;
02  import org.springframework.beans.factory.annotation.Autowired;
03  import org.springframework.stereotype.Service;
04  import prj.model.Stock;
05  import prj.repo.StockRepo;
06  import java.util.List;
07  @Service
08  public class StockService {
09      @Autowired
10      private StockRepo stockRepo;
11      public List<Stock> findByName(String name){
12          return stockRepo.findByName(name);
13      }
14  }
```

该类第 11 行的 findByName 方法中，是在第 12 行通过调用 stockRepo 对象的 findByName 方法从数据库中获取数据并返回。

步骤 04　编写从数据库获取数据的 StockRepo.java 类，具体代码如下：

```
01  package prj.repo;
02  import org.springframework.data.jpa.repository.JpaRepository;
03  import org.springframework.stereotype.Component;
04  import prj.model.Stock;
05  import java.util.List;
06  //用@Conponent 注解放入 Spring 容器中
07  @Component
08  public interface StockRepo extends JpaRepository<Stock, Integer> {
09      //JPA 将根据这个方法自动拼装查询语句
10      public List<Stock> findByName(String name);
11  }
```

该类通过第 8 行代码继承了 JpaRepository 类，同时在第 10 行代码中根据 JPA 的命名规则，通过定义 findByName 方法实现了根据 name 字段查询库存的功能。

步骤 05　编写用来和数据库 Stock 表映射的 Stock.java 类，同时在 resource 目录下编写包含数据库配置信息的 application.yml，这部分代码之前已经分析过，所以不再给出了。

8.2.2　测试要点分析

根据上述描述的业务功能，该 JunitDemo 项目的测试要点归纳如下：

（1）需要测试控制器类、业务处理类（Service 类）和数据库访问类（Repo 类）的方法。

（2）控制器类中的 getStockByName 方法，当输入参数为 error 或返回的库存数量为 0 时会抛出异常，这两个分支条件需要测试。

（3）业务处理类 StockService 中的 getStockByName 方法是通过 Repo 类从数据库中获取数据，当数据库发生异常时，应当能正确地对外抛出异常信息。

后文将根据这些测试要点用 Junit 具体地编写测试案例。

8.3　Spring Boot 整合 Junit

单元测试的实施主体不是测试人员，而是程序员，比如谁开发了上述 JunitDemo 项目，谁就应该针对其中的诸多功能编写测试案例，并且需要确保这些测试案例运行通过。

本节不仅将讲述 Junit 的诸多语法，还将讲述通过 Junit 模拟数据和编写测试案例的具体实践要点。

8.3.1　引入 Junit 依赖包

这里将在 8.2 节创建的 JunitDemo 项目中编写 Junit 测试案例，首先需要在 pom.xml 中引入相关的依赖包，具体代码如下：

```
01    <dependencies>
02        其他依赖包
03        <dependency>
04            <groupId>org.springframework.boot</groupId>
05            <artifactId>spring-boot-starter-test</artifactId>
06            <scope>test</scope>
07        </dependency>
08    </dependencies>
```

这样就能在项目中具体地使用 Junit 的相关方法了。

8.3.2　测试控制器方法

Junit 的测试案例一般放在如图 8.1 所示的 src/test 目录中。

图 8.1　Junit 单元测试案例的存放路径示意图

这里会在其中 testController 包的 TestController.java 代码中编写针对控制器层的测试案例，具体代码如下：

```
01    package testController;
02    import org.junit.Before;
03    import org.junit.Test;
04    import org.junit.runner.RunWith;
05    import org.springframework.beans.factory.annotation.Autowired;
06    import org.springframework.boot.test.autoconfigure.web.servlet.
      AutoConfigureMockMvc;
07    import org.springframework.boot.test.context.SpringBootTest;
08    import org.springframework.test.context.junit4.SpringRunner;
09    import org.springframework.test.web.servlet.MockMvc;
10    import org.springframework.test.web.servlet.request.
      MockMvcRequestBuilders;
11    import org.springframework.test.web.servlet.result.
      MockMvcResultMatchers;
12    import prj.SpringBootApp;
13    import static org.junit.Assert.assertTrue;
14    @SpringBootTest(classes = SpringBootApp.class)
15    @RunWith(value = SpringRunner.class)
16    @AutoConfigureMockMvc
17    public class TestController {
18        @Autowired
19        private MockMvc mvc;
20        @Before
21        public void init(){
22            System.out.println("Before Testing");
23        }
24        @Test
25        public void testControllerOK() throws Exception {
26            System.out.println("Test Controller");
27    mvc.perform(MockMvcRequestBuilders.get("/getStockByName/Computer")).an
      dExpect(MockMvcResultMatchers.status().isOk()).andReturn();
28        }
```

针对 Spring Boot 的单元测试，需要如第 14 行和第 15 行所示加入两个注解，这样在运行本测试案例时就能自动运行 Spring Boot 启动类。由于本类将测试控制器的方法，因此还需要用第 16 行的注解，这样就能用第 19 行的 MockMvc 类型的对象发起基于 MVC 的请求并验证结果。

在基于 Junit 单元测试的案例中，可以用如第 24 行所示的@Test 注解修饰单元测试的方法，也可以用如第 20 行所示的@Before 注解定义执行单元测试前的准备方法。

注意，第 25 行的单元测试方法名 testControllerOK 和第 21 行的包含准备工作的方法名 init 可以改成其他的名字，但 Junit 框架会根据@Before 和@Test 注解先执行准备方法，再依次执行诸多测试案例。

在第 25 行的 testControllerOK 测试方法中使用到了第 27 行的 mvc.perform 方法发起 /getStockByName/Computer 请求，并通过 adnExpect 方法指定了该请求应该返回表示执行正确的 200 返回码。由此用"指定请求应该返回 200"的测试案例验证了控制器 Controller 类，以及其中处理请求的 getStockByName 方法的正确性。

```
29      @Test
30      public void testControllerParamError() throws Exception {
31          System.out.println("Test Controller with Param Error");
32          try {
33  mvc.perform(MockMvcRequestBuilders.get("/getStockByName/error")).andEx
    pect(MockMvcResultMatchers.status().is5xxServerError()).andReturn();
34          }catch (Exception e){
35              assertTrue(e.getMessage().indexOf("Param is error") != -1 );
36          }
37      }
```

由于在控制器类的 getStockByName 方法中还处理"参数出错"的异常情况，因此在单元测试的 testControllerParamError 案例中测试了这个场景。

具体的做法是，还是用第 33 行的 mv.perform 方法发起请求，只不过这里的请求所带的参数是会触发异常的"error"，这里第 33 行的 andExpect 方法的参数是 is5xxServerError，也就是说，预期这个带 error 参数的请求应当返回 500 错误码，由此能验证 getStockByName 方法处理参数出错时的正确性。

```
38      @Test
39      public void testControllerResultError() throws Exception {
40          System.out.println("Test Controller with Result Error");
41          try {
42  mvc.perform(MockMvcRequestBuilders.get("/getStockByName/empty")).andEx
    pect(MockMvcResultMatchers.status().is5xxServerError()).andReturn();
43          }catch (Exception e){
44              assertTrue(e.getMessage().indexOf("No Stock") != -1 );
45          }
46      }
47  }
```

由于在 getStockByName 方法中，针对"返回结果个数为 0"的情况还专门抛出了异常，因此还需要用第 39 行的方法验证这种情况。

通过第 42 行的 mvc.perform 方法发起了 /getStockByName/empty 请求，由于用该参数 empty 无法从数据库中得到数据，会返回空，由此会触发异常，因此这里第 42 行的 andExpect 方法期望返回的还是表示错误的 500 返回码。

由于本测试范例已经包含第 14 行和第 15 行的两个注解，因此本测试范例可以在无须运行 Spring Boot 启动类的前提下直接运行。事实上，本测试范例运行时，在通过 mvc.perform 方法发出请求前会自动启动 JunitDemo 这个 Spring Boot 项目，而在运行结束前会停止运行该项目。

随后可以依次运行每个测试案例，如果看到类似如图 8.2 所示的效果图，则说明本测试案例运行正常，也就是说，本测试案例对应的功能符合预期。

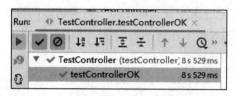

图 8.2 Junit 单元测试运行成功的效果图

8.3.3 测试业务处理方法

这里将在 TestService.java 中编写针对业务层 StockService 类的测试案例，具体代码如下：

```
01  package TestService;
02  import org.junit.Before;
03  import org.junit.Test;
04  import org.junit.runner.RunWith;
05  import org.mockito.Mockito;
06  import org.springframework.beans.factory.annotation.Autowired;
07  import org.springframework.boot.test.context.SpringBootTest;
08  import org.springframework.boot.test.mock.mockito.MockBean;
09  import org.springframework.test.context.junit4.SpringRunner;
10  import prj.SpringBootApp;
11  import prj.model.Stock;
12  import prj.repo.StockRepo;
13  import java.util.ArrayList;
14  import java.util.List;
15  import static org.junit.Assert.assertEquals;
16  import static org.junit.Assert.assertTrue;
17  @SpringBootTest(classes = SpringBootApp.class)
18  @RunWith(value = SpringRunner.class)
19  public class TestService {
20      @Autowired
21      private StockRepo stockService;
22      @MockBean
23      private StockRepo stockRepo;
24      @Before
25      public void mockData(){
26          Stock stock = new Stock();
27          stock.setID(100);
28          stock.setName("MockedData");
29          stock.setNum(100);
30          stock.setDescription("Mocked OK");
31          List<Stock> list = new ArrayList<Stock>();
32          list.add(stock);
33          List<Stock> emptyList = new ArrayList<Stock>();
```

```
34          //模拟 Repo 模块的输出
35  Mockito.when(stockRepo.findByName("MockData")).thenReturn(list);
36  Mockito.when(stockRepo.findByName("empty")).thenReturn(emptyList);
37  Mockito.when(stockRepo.findByName("Exception")).thenThrow(new
    RuntimeException("Data Error"));
38      }
```

在测试 StockService 类的方法时，会调用数据访问层 StockRepo 类的方法去 MySQL 数据库获取数据。为了验证 StockService 方法的正确性，在测试时应当根据"控制变量"的原则确保 StockRepo 类的方法能正确返回值。否则，如果因 StockRepo 方法出错而导致 StockService 方法出错，就无法真正验证 StockService 方法的正确性。

在 Junit 框架中，可以用 Mockito 类的方法来模拟其他类的返回结果，具体在这个场景中，首先需要在第 23 行定义 stockRepo 类之前，用第 22 行的@MockBean 注解说明该 stockRepo 类不会真正地从 MySQL 数据库中获取数据，而是根据后文定义的方法来"模拟"返回数据。

随后在第 25 行的mockData 方法中用第35 行和第36 行的语句定义两个stockRepo.findByName 方法的返回值，具体在第 35 行中定义了 stockRepo.findByName("MockData")方法会返回 list 对象，在第36 行则定义了 stockRepo.findByName("empty")方法会返回包含空值的emptyList 对象。此外，还通过第 37 行语句定义了一旦运行 stockRepo.findByName("Exception")语句，就将返回包含"Data Error"内容的 RuntimeException（运行期异常）。

由于第 25 行的 mockData 方法被第 24 行的@Before 注解所修饰，因此该方法会在用@Test 注解修饰的测试案例方法前运行，由此准备了 3 条模拟数据。

```
39      @Test
40      public void testOK() throws Exception {
41          List<Stock> result = stockService.findByName("MockData");
42          assertEquals (result.size(),1);
43          assertEquals (result.get(0).getDescription(),"Mocked OK");
44          List<Stock> emptyResult = stockService.findByName("empty");
45          assertEquals (emptyResult.size(),0);
46      }
```

在 testOK 测试方法的第 41 行中，先调用了 stockService 对象的 findByName 方法来进行测试动作，注意这里传入的参数是 MockData。根据 StockService 类的定义，该 findByName("MockData")方法最终会调用 stockRepo 对象的 findByName("MockData")方法。

根据上文第 35 行的 Mockito.when 定义，stockRepo.findByName("MockData")方法并不会到 MySQL 数据库中查询数据，而会直接返回 list 对象，所以在 StockService 类工作正常的前提下，第 41 行的 stockService.findByName("MockData")方法的返回结果应当能通过第 42 行和第 43 行的 assertEquals 验证语句，即返回结果的长度是 1，并且其中包含的库存对象的 description 属性的值是 Mocked OK。

随后，通过第 44 行的 stockService.findByName("empty")语句测试了"返回结果为空"的场景。该方法实际上会调用 stockRepo 对象的 findByName("empty")方法，而根据上文第 36 行定义的模拟数据，该 stockService.findByName("empty")语句的返回结果应该是空，所以应该能通过第 45 行的验证动作。

```
47      @Test
48      public void testException() throws Exception {
49        try{
50            stockService.findByName("Exception");
51        }catch(Exception e){
52            assertTrue(e.getMessage().indexOf("Data Error") != -1 );
53        }
54      }
55  }
```

第 48 行的 testException 方法中测试了发生异常时 StockService 类的工作情况。具体的做法是，在第 50 行调用 stockService.findByName("Exception")方法。

根据上文第 37 行模拟的数据，此时应当抛出异常，并且抛出的异常还应当能通过第 52 行的 assertTrue 验证，即其中包含"Data Error"字样。

从本测试范例中能够看到，在 TestService.java 类中包含针对"正常"和"异常"情况的测试案例。事实上，在实际项目的单元测试案例中，也应当像这样从"正常返回""返回空数据"和"抛出异常"等多个维度编写测试案例，从而确保待测试的业务代码的正确性。

8.3.4 测试数据访问方法

在 TestRepo.java 类中给出了针对数据访问层（StockRepo.java）的测试方法，具体代码如下：

```
01  package testRepo;
02  import org.junit.Test;
03  import org.junit.runner.RunWith;
04  import org.springframework.beans.factory.annotation.Autowired;
05  import org.springframework.boot.test.context.SpringBootTest;
06  import org.springframework.test.context.junit4.SpringRunner;
07  import prj.SpringBootApp;
08  import prj.model.Stock;
09  import prj.repo.StockRepo;
10  import java.util.List;
11  import static org.junit.Assert.assertEquals;
12  @SpringBootTest(classes = SpringBootApp.class)
13  @RunWith(value = SpringRunner.class)
14  public class TestRepo {
15      @Autowired
16      private StockRepo stockRepo;
17      @Test
18      public void testOK() throws Exception {
19          //测试了新增、查找和删除这 3 个动作
20          Stock stock = new Stock();
21          stock.setID(50);
22          stock.setName("Test");
23          stock.setNum(100);
```

```
24          stock.setDescription("OK");
25          //新增
26          stockRepo.save(stock);
27          //查询
28          List<Stock> result = stockRepo.findByName("Test");
29          assertEquals (result.size(),1);
30          assertEquals (result.get(0).getDescription(),"OK");
31          //删除
32          stockRepo.deleteById(50);
33          result = stockRepo.findByName("Test");
34          assertEquals (result.size(),0);
35      }
36  }
```

针对数据访问方法的测试案例相对简单，先通过第 24 行的代码调用 stockRepo.save 方法插入了库存数据。随后通过第 28～30 行代码验证 stockRepo.findByName 方法的准确性，这里不仅要验证该方法能正确地获取一条库存数据，还需要验证该库存数据的属性是否正确。最后通过第 32～34 行代码验证了删除库存动作的正确性。

8.4　思考与练习

1. 选择题

（1）本章用到的单元测试案例的组件是（A）？

    A. Junit   B. Redis   C. MySQL   D. JPA

（2）基于 Junit 的单元测试案例方法，一般是用如下的（D）注解来修饰？

    A. @SpringBootTest   B. @Junit   C. @Autowired   D. @Test

（3）在运行本章基于 Spring Boot 的测试案例时，事先要不要通过运行启动类来启动项目？（A）

    A. 不需要   B. 需要

2. 填空题

（1）在实际项目中，除了单元测试以外，一般还包含（集成）测试和（性能）测试。

（2）在 Junit 单元测试中，一般可以通过（Mockito.when.thenReturn）方法来模拟返回数据。

（3）在 Junit 单元测试中，一般可以通过（Mockito.when.thenThrow）方法来模拟抛出异常。

3. 简答题

（1）给出在 pom.xml 文件中引入 Junit 依赖包的代码。

```
<dependency>
    <groupId>org.springframework.boot</groupId>
    <artifactId>spring-boot-starter-test</artifactId>
    <scope>test</scope>
</dependency>
```

（2）说明单元测试和集成测试之间的关系。

答案要点：单元测试是集成测试的基础。

4. 操作题

（1）仿照 8.3.2 小节的案例编写针对 JunitDemo 控制器类的单元测试案例。

（2）仿照 8.3.3 小节的案例编写针对 JunitDemo 业务处理类的单元测试案例，这里需要用 Mockito.when.thenReturn 方法模拟数据访问层的数据结果。

（3）仿照 8.3.4 小节的案例编写针对 JunitDemo 数据访问层的单元测试案例。

注意，需要确保上述单元测试案例均成功运行通过。

第9章

Spring Boot 集成安全管理框架

在实现基于 Spring Boot 的 Web 应用时，一般还需要考虑身份验证和权限管理等方面的安全问题，比如在一些场景中，用户需要在输入用户名和密码通过身份验证后才能请求服务，而且某些服务只能提供给具有指定权限的用户。

为了实现此类安全方面的需求，开发者一般会在 Spring Boot 框架内引入 Spring Security 和 Shiro 等安全管理框架。一方面，这些框架封装了安全管理相关的方法；另一方面，这些框架是基于 Java 或 Spring 开发的，所以能和 Spring Boot 项目无缝整合。

本章将在分析安全管理需求要点的基础上讲述 Spring Boot 整合相关安全框架的做法，由此读者能综合掌握在 Spring Boot 项目中进行安全管理的实战技巧。

9.1 安全管理与 Spring Security 框架

在大多数 Web 项目中，客户方在提出需求时未必会直接给出安全方法的需求，但绝大多数需求一定会隐藏着安全管理的要素，比如大多数页面或服务一定得在用户经过身份验证和权限匹配后才能向用户开放。

所以在开发 Spring Boot 项目之初就应当引入 Spring Security 等安全管理框架，否则等到开发一定业务代码后再考虑，一方面会提升开发工作量，另一方面还可能会给项目带来严重的安全问题。

9.1.1 安全管理需求点分析

安全管理方面的需求一般可以归纳成"身份验证"和"认证授权"两点。身份验证的含义是，只有当系统认证用户的身份后，才能对应地开发页面和服务，一般 Web 系统可以通过"用户登录"等方式来验证用户的身份。而认证授权则是根据用户的登录信息确定用户的角色，以此对应地开发特定的页面和服务。

通过之前章节提到的过滤器和拦截器可以实现一些功能比较简单的安全管理需求，比如拦截指定的用户名或拦截一些未经登录的用户。

但如果 Web 项目对应的安全管理需求比较复杂，比如需要管理的用户比较多，或者还需要根据用户不同的权限开发不同的服务，就有必要引入 Spring Security 等安全管理框架。

9.1.2　Spring Security 框架介绍

Spring Security 是基于 Spring 安全管理的框架，它能向 Web 项目的开发者提供面向"身份验证"和"认证授权"的安全方面的解决方案，具体可以在 Web 请求和方法调用的层面上验证调用者的身份，并认证调用者的权限，由此开放特定的服务。

从底层实现角度来看，该框架用到了 Spring 的依赖注入（IoC）和面向切面（AOP）的技术，所以开发者可以在 Spring Boot 等 Web 项目中以注解和配置文件的方式较为方便地引入该框架，从而实现安全管理方面的需求。

在实际项目中，当在 Spring Boot 项目中引入 Spring Secuirty 框架后，就可以用如下方式来进行安全方面的管理。

（1）身份验证，即用户只有在通过身份验证后才能调用 Spring Boot 的服务。

（2）获取当前用户的授权信息，并对应地开放指定的 Spring Boot 服务。

（3）通过数据库以持久化的方式保存用户的用户名、密码和权限等信息，并以增删改查数据库的方式动态地管理身份及授权信息。

（4）实现基于角色（role）的授权管理方式。

本章之后的内容将详细给出上述基于 Spring Secuirty 框架的安全管理实践要点。

9.2　Spring Boot 整合 Spring Security

这里将在 SecuritySimpleDemo 的 Maven 项目中给出 Spring Boot 整合 Spring Security 从而实现安全管理的诸多做法。读者不仅要掌握相关语法，还要掌握通过 Spring Security 框架实现身份验证和权限管理的相关实践要点。

9.2.1　引入依赖包，编写启动类和控制类

由于在这个项目中，不仅要在控制器类中提供 Web 服务，还要整合 Spring Security 框架实现安全管理，因此在 pom.xml 中需要用如下关键代码引入这两者的依赖包。

```
01  <dependencies>
02    <dependency>
03      <groupId>org.springframework.boot</groupId>
04      <artifactId>spring-boot-starter-web</artifactId>
05    </dependency>
06    <dependency>
07      <groupId>org.springframework.boot</groupId>
```

```
08          <artifactId>spring-boot-starter-security</artifactId>
09      </dependency>
10  </dependencies>
```

其中通过第 2 行和第 5 行代码引入了 Spring Boot 依赖包，通过第 6~9 行代码引入了 Spring Security 依赖包。

本项目的启动类和之前项目的完全相同，所以不再重复给出，而在控制器类 Controller.java 中通过如下代码定义了若干服务方法：

```
01  package prj.controller;
02  import org.springframework.web.bind.annotation.RequestMapping;
03  import org.springframework.web.bind.annotation.RestController;
04  RestController
05  public class Controller {
06  @RequestMapping("/welcome")
07      public String welcome(){
08          return "welcome";
09      }
10      @RequestMapping("/getCompanyNum")
11      public String getCompanyNum(){
12          return "getCompanyNum";
13      }
14      @RequestMapping("/updateCompanyNum")
15      public String updateCompanyNum(){
16          return "updateCompanyNum";
17      }
18      @RequestMapping("/getUserNum")
19      public String getUserNum(){
20          return "getUserNum";
21      }
22      @RequestMapping("/updateUserNum")
23      public String updateUserNum(){
24          return "updateUserNum";
25      }
26  }
```

从中可以看到，在该控制器类中除了定义了 4 个以 get 或 update 开头的方法之外，还定义了 welcome 方法，这些方法将在后文演示身份验证和认证授权时用到。

9.2.2　观察身份验证效果

在 Spring Boot 项目中通过 pom.xml 引入 Spring Security 安全框架后，该项目就会自动启用默认的身份验证效果。

此时运行启动类，启动该 SecuritySimpleDemo 项目时，就能在控制台中看到如图 9.1 所示的 Spring Security 组件生成的密码信息。注意，每次启动时登录密码是不同的。

```
2021-04-04 17:59:43.055  INFO 1296 --- [           main] o.s.s.concurrent.ThreadPoolTaskExecutor  :
2021-04-04 17:59:43.486  INFO 1296 --- [           main] .s.s.UserDetailsServiceAutoConfiguration :

Using generated security password: b99526ef-ec3c-4411-948c-a2ddaeaff9dc

2021-04-04 17:59:43.702  INFO 1296 --- [           main] o.s.s.web.DefaultSecurityFilterChain     :
2021-04-04 17:59:43.878  INFO 1296 --- [           main] o.s.b.w.embedded.tomcat.TomcatWebServer  :
```

图 9.1　Spring Security 组件生成的密码信息效果图

随后，在浏览器中通过 http://localhost:8080/getCompanyNum 请求调用该项目的服务时，会弹出如图 9.2 所示的登录页面。

图 9.2　基于 Spring Security 框架的
登录效果图

输入默认的用户名 user（注意全都是小写）和图 9.1 中给出的密码：b99526ef-ec3c-4411- 948c-a2ddaeaff9dc，再单击 Sign in 按钮，才能够访问该请求，并得到对应的返回结果 getCompanyNum。

相反，如果故意输错用户名和密码，就无法访问该项目的服务，由此读者能感受到基于 Spring Security 安全框架的"身份验证"效果。

9.2.3　在配置文件中管理登录信息

如果使用 Spring Security 默认的身份验证效果，那么在每次启动 Spring Boot 项目时都需要重新更换密码，这有些不方便，所以还可以在 resources 目录下的 application.properties 文件中通过如下代码配置用于登录的用户名、密码和用户角色信息。

```
01  spring.security.user.name=spring
02  spring.security.user.password=security
03  spring.security.user.roles=admin
```

配置完成后，重新启动本项目，随后输入 http://localhost:8080/getCompanyNum 等请求时，就可以用上文定义的用户名和密码登录。

9.2.4　以配置类的方式管理登录信息

程序员除了可以在配置文件中定义用户的登录信息以外，还可以通过编写 Spring Boot 的配置信息类来管理用户登录信息，具体做法如下：

首先，去掉 9.2.3 小节在 application.properties 中定义的用户登录信息，随后在和 Spring Boot 启动类 SpringBootApp.java 同级的目录中编写 WebSecurityConfig.java 配置类，代码如下：

```
01  package prj;
02  import org.springframework.context.annotation.Bean;
03  import org.springframework.context.annotation.Configuration;
04  import org.springframework.security.config.annotation.
    authentication.builders.AuthenticationManagerBuilder;
```

```
05    import org.springframework.security.config.annotation.web.
      configuration.WebSecurityConfigurerAdapter;
06    import org.springframework.security.crypto.bcrypt.
      BCryptPasswordEncoder;
07    import org.springframework.security.crypto.password.PasswordEncoder;
08    @Configuration
09    public class WebSecurityConfig extends WebSecurityConfigurerAdapter {
10        //用 Bcrypt 算法加密密码
11        @Bean
12        public PasswordEncoder passwordEncoder(){
13            return new BCryptPasswordEncoder();
14        }
15        //配置用户登录信息
16        @Override
17        public void configure(AuthenticationManagerBuilder auth) throws
      Exception {
18            auth.inMemoryAuthentication()
19                    .withUser("spring").password(new BCryptPasswordEncoder().
      encode("security")).roles("admin")
20                    .and()
21                    .withUser("reader").password(new BCryptPasswordEncoder().
      encode("reader")).roles("reader");
22        }
23    }
```

由于这里通过配置文件设置用户的登录信息，因此需要在第 8 行为 WebSecurityConfig 类加上 @Configuration 注解，同时需要如第 9 行所示，让本类继承 WebSecurityConfigurerAdapter 类。

为了进一步加强密码的安全，所以在本类的第 11～14 行设置了用 Bcrypt 算法加密密码，随后在第 16～22 行的 configure 方法中配置了登录所用的用户信息。

这里第 18～21 行其实是一行代码，只不过为了提升代码的可读性，就把这行代码拆分成了多行。在这行代码中，通过 auth.inMemoryAuthentication() 语句设置了用户登录信息，具体是通过 withUser 语句设置登录名，用 roles 语句设置用户的角色，用 password 语句设置登录密码，由于这里密码需要通过 Bcrypt 算法加密，因此在设置密码时还需要用 new BCryptPasswordEncoder().encode 语句加密密码。

这里还可以看到，通过 auth.inMemoryAuthentication() 语句可以设置多组登录信息，在设置不同的登录信息时，需要像第 20 行那样用 and 语句进行分隔。

完成开发以后，再重启该 Spring Boot 项目，随后输入 http://localhost:8080/getCompanyNum 等请求时，就可以用 WebSecurityConfig 类中定义的两组用户名和密码登录。

9.2.5　基于角色的权限管理

Spring Boot 整合 Spring Security 框架后，不仅能像上文一样实现身份验证的效果，还能实现基于角色的权限管理效果。

在实际应用中，一般会给每个用户赋予一个或多个角色，不同角色拥有的权限是不同的，即一些特定的服务只能向特定角色的用户开放。比如 9.2.4 小节在创建用户 spring 时，给它赋予了 admin 角色，而在创建用户 reader 时，给它赋予了 reader 角色。

这里将针对 9.2.1 小节定义的控制器类中的 5 个方法定义"特定的服务方法向特定角色用户开放"的权限管理效果，具体的角色和对应开放的服务方法之间的关系如表 9.1 所示。

表 9.1　角色和服务方法的权限管理关系表

服务方法	能访问该服务方法的角色	拥有该角色的用户名
/welcome	向所有用户开放，且所有用户无须登录，即可访问该方法	
/getCompanyNum /getUserNum	admin 和 reader	用户 spring 拥有 admin 角色 用户 reader 拥有 reader 角色
/updateCompanyNum /updateUserNum	admin	用户 spring 拥有 admin 角色

具体的做法是，在 9.2.4 小节创建的 WebSecurityConfig.java 类中添加 configure 方法，代码如下：

```
01  @Override
02  protected void configure(HttpSecurity http) throws Exception {
03     http
04        .authorizeRequests()
05        .antMatchers("/welcome*").permitAll()
06        .antMatchers("/get*").access("hasAnyRole('admin','reader')")
07        .antMatchers("/update*").access("hasRole('admin')")
08           .anyRequest().authenticated()
09           .and()
10           .formLogin()
11           .loginProcessingUrl("/login")
12           .permitAll();
13     }
```

通过第 5 行的 permitAll 方法指定了任何用户都可以访问/welcome 请求，且访问前不需要登录，通过第 6 行代码指定了登录后拥有 admin 或 reader 角色的用户可以访问/get*格式的请求，通过第 7 行代码指定了登录后拥有 admin 角色的用户可以访问/update*格式的请求。

随后，通过第 8 行代码指定了访问其他请求时都需要通过身份验证，通过第 10～12 行代码指定了身份验证将用 Spring Security 默认的/login 页面，即如图 9.2 所示的页面，且该登录页面在访问时无须身份验证。

添加上述方法后，可以通过如下步骤验证以角色的方式进行权限管理的步骤。

（1）重启该项目，并在浏览器中输入 http://localhost:8080/welcome，即可直接看到运行结果，这说明任何用户都可以在不进行身份验证的前提下调用该请求。

（2）清空登录信息，或者重启该项目，随后在浏览器中输入 http://localhost:8080/updateCompanyNum 或 http://localhost:8080/updateUserNum，此时会进入登录页面，如果用用

户名 reader 登录，就会进入错误页面，并得到提示 403 的返回码，这说明该服务不对 reader
角色的用户开放。

（3）清空登录信息或重启项目后，重复第 2 步的做法，此时用 spring 用户登录，能看到
对应的运行结果，说明这两个/update*格式的服务对具有 admin 角色的用户开放。

（4）清空登录信息或重启项目后，在浏览器中输入 http://localhost:8080/getCompanyNum
或 http://localhost:8080/getUserNum，在登录页面中，不论是以 admin 还是 reader 角色的用户登
录，均可以看到运行结果，说明这两个/get*格式的服务对具有admin或reader角色的用户开放。

9.3　基于数据库的安全管理框架

上文是在配置文件和 Java 代码中配置了身份验证和认证授权相关信息，这种做法如果要
新增、删除或更新相关信息，就需要更新代码并重新发布项目，这样就非常不方便。

在实际项目中会把用户注册时输入的用户名和密码等信息存入数据表，而 Spring Security
框架则是从数据库中获取用户信息并进行相应的安全验证。这里将在 SecurityWithDB 的项目
中演示这种基于数据库的安全管理做法。

9.3.1　准备数据

首先在本地 MySQL 中创建一个名为 userinfo 的数据库（schema），在其中创建两张数据
表，在表 9.2 中给出描述用户登录信息 users 表的说明。

表 9.2　描述用户登录信息的 users 表

字 段 名	类 型	说 明
username	varchar(45)	用户登录名
pwd	varchar(60)	经 BCrypt 算法加密过的用户登录密码
active	int	1 表示该用户可用，0 表示该用户不可用

注意，Spring Security 从该表中读取用户登录信息时，会从前 3 个字段中读取用户的登录
名、密码和是否可用这 3 个信息，所以该表至少得有 3 个字段。而且，用户的密码存储在数据
表中时，最好别直接存明文，所以这里存储经 BCrypt 加密过的密码。

描述用户角色的 userrole 表如表 9.3 所示，其中描述用户角色的 role 字段的值需要以
ROLE_开头。

表 9.3　描述用户角色信息的 userrole 表

字 段 名	类 型	说 明
Username	varchar(45)	用户登录名
Role	varchar(45)	该用户的角色，具体的值需要用 ROLE_开头

在实际项目中，用户的用户名、密码和角色信息一般是由注册页面生成的，在本范例中，
将用如下的 MockRegister.java 程序来模拟生成两个用户的身份信息。

```
01  import
    org.springframework.security.crypto.bcrypt.BCryptPasswordEncoder;
02  import java.sql.Connection;
03  import java.sql.DriverManager;
04  import java.sql.PreparedStatement;
05  import java.sql.SQLException;
06  public class MockRegister {
07      public static String encodePwd(String pwd) {
08          return new BCryptPasswordEncoder().encode(pwd);
09      }
10      public static void main(String[] args) {
11          String url = "jdbc:mysql://localhost:3306/userinfo?
    serverTimezone=GMT";
12          String userName = "root";
13          String pwd = "123456";
14          Connection connection = null;
15          try {
16              // 加载驱动
17              Class.forName("com.mysql.jdbc.Driver");
18              // 创建数据库连接
19              connection = DriverManager.getConnection(url, userName, pwd);
20          } catch (Exception e) {
21              e.printStackTrace();
22          }
23          PreparedStatement ps = null;
24          try {
25              ps = connection.prepareStatement("INSERT INTO users(username,
    pwd,active) VALUES (?,?,1)");
26              ps.setString(1,"spring");
27              ps.setString(2,encodePwd("security"));
28              ps.addBatch();
29              ps.setString(1,"reader");
30              ps.setString(2,encodePwd("reader"));
31              ps.addBatch();
32              ps.executeBatch();
33              ps = connection.prepareStatement("INSERT INTO userrole(username,
    role) VALUES (?,?)");
34              ps.setString(1,"spring");
35              ps.setString(2,"ROLE_admin");
36              ps.addBatch();
37              ps.setString(1,"reader");
38              ps.setString(2,"ROLE_reader");
39              ps.addBatch();
40              ps.executeBatch();
41          } catch (SQLException e) {
42              e.printStackTrace();
43          }finally{
```

```
44              //省略关闭连接的代码
45          }
46      }
47  }
```

运行本范例后，能在 users 和 userrole 表中分别插入两条数据，这两个用户的身份信息如表 9.4 所示，其中能看到，这两个用户的密码需要经 BCrypt 算法加密后才能存到数据表中，而它们的角色均是以 ROLE_开头的，但是当 Spring Security 从该表中读取角色数据时，只会截取 Role_之后的信息，即 spring 用户的角色依然是 admin，reader 用户的角色依然是 reader。

表 9.4　用户登录信息一览表

用 户 名	密 码	角 色
spring	security 用 BCrypt 算法加密后的字符串	ROLE_admin
reader	reader 用 BCrypt 算法加密后的字符串	ROLE_reader

9.3.2　创建项目，编写 pom.xml

由于本项目不仅需要引入 Spring Security 安全管理框架，还需要整合数据库，因此在该 SecurityWIthDB 的 Maven 项目中，需要在 pom.xml 中通过如下代码引入数据库、JPA 和安全管理相关的依赖包。

```
01  <dependencies>
02     <dependency>
03        <groupId>org.springframework.boot</groupId>
04        <artifactId>spring-boot-starter-web</artifactId>
05     </dependency>
06     <dependency>
07     <groupId>mysql</groupId>
08        <artifactId>mysql-connector-java</artifactId>
09        <scope>runtime</scope>
10     </dependency>
11     <dependency>
12        <groupId>org.springframework.boot</groupId>
           <artifactId>spring-boot-starter-data-jpa</artifactId>
13     </dependency>
14     <dependency>
15        <groupId>org.springframework.boot</groupId>
           <artifactId>spring-boot-starter-security</artifactId>
16     </dependency>
17  </dependencies>
```

其中通过第 2～5 行代码引入了 Spring Boot 相关依赖包，通过第 7～13 行代码引入了数据库和 JPA 的相关依赖包，通过第 14～16 行代码引入了 Spring Secuirty 相关的依赖包。

9.3.3 编写数据库配置文件

由于本项目需要从数据库中读取用户身份相关的信息，因此需要在 resources 目录下的 application.yml 文件中编写如下数据库配置信息：

```
01  spring:
02    datasource:
03      url: jdbc:mysql://localhost:3306/userinfo?serverTimezone=GMT
04      username: root
05      password: 123456
06      driver-class-name: com.mysql.jdbc.Driver
```

其中在第 3 行中定义了连接数据库所需的 url，在第 4 行和第 5 行中定义了连接所需的用户名和密码，在第 6 行中定义了连接所需的驱动程序。

9.3.4 从数据库中获取安全信息

在和 Spring Boot 启动类 SpringBootApp.java 同级的目录中编写如下的 WebSecurityConfig.java 配置类，该类是从数据库中获取安全管理相关信息，并进行身份验证和认证授权，代码如下：

```java
01  package prj;
02  import org.springframework.beans.factory.annotation.Autowired;
03  import org.springframework.context.annotation.Configuration;
04  import org.springframework.security.config.annotation.
    authentication.builders.AuthenticationManagerBuilder;
05  import org.springframework.security.config.annotation.web.
    builders.HttpSecurity;
06  import org.springframework.security.config.annotation.web.
    configuration.WebSecurityConfigurerAdapter;
07  import org.springframework.security.crypto.bcrypt.
    BCryptPasswordEncoder;
08  import javax.sql.DataSource;
09  @Configuration
10  public class WebSecurityConfig extends WebSecurityConfigurerAdapter {
11      @Autowired
12      private DataSource dataSource;
13      //从数据库中获取身份验证和认证授权信息
14      @Override
15      protected void configure(AuthenticationManagerBuilder auth) throws
    Exception {
16          auth.jdbcAuthentication()
17                  .dataSource(dataSource)
18                  .usersByUsernameQuery("select username,pwd,active from
    users WHERE username=?")
19                  .authoritiesByUsernameQuery("select username,role from
    userrole where username=?")
```

```
20                    .passwordEncoder(new BCryptPasswordEncoder());
21        }
```

在第 15 行的 configure 方法中用到了第 12 行定义的 dataSource 对象连接数据，其中通过第 18 行代码从数据库中查询用户名、密码和该用户是否有效的信息，通过第 19 行代码查询得到了用户角色信息，并且通过第 20 行代码把得到的用户密码以 BCrypt 的方式解码。

这样就相当于把在 userinfo 数据库（schema）中保存的安全相关的信息存入 Spring Security 框架中和身份验证相关的 auth 对象中。

```
22        //根据角色配置权限
23        @Override
24        protected void configure(HttpSecurity http) throws Exception {
25            http
26                    .authorizeRequests()
27                    .antMatchers("/welcome*").permitAll()
28                    .antMatchers("/get*").access("hasAnyRole('admin',
    'reader')")
29                    .antMatchers("/update*").access("hasRole('admin')")
30                    .anyRequest().authenticated()
31                    .and()
32                    .formLogin()
33                    .loginProcessingUrl("/login")
34                    .permitAll();
35        }
36    }
```

在第 24 行的 configure 方法中配置了角色和可访问服务的对应关系，具体来说，通过第 27 行代码定义了/welcome 服务在无须认证的情况下即可访问，通过第 28 行代码定义了/get* 格式的服务只对 admin 或 reader 角色的用户开放，而通过第 29 行代码定义了/update*格式的服务只对 admin 角色的用户开放。

完成本项目的开发后，可通过 9.2.5 小节的步骤验证相关结果，这里就不再重复讲述了。

9.4　Spring Boot 整合 Shiro 框架

和Spring Security框架一样，Shiro是一个基于Java的安全框架，在其中也提供了身份验证和认证管理，所以在Spring Boot项目中也能通过整合该框架高效地实现安全管理方面的需求。

9.4.1　Shiro 框架概述

Shiro 框架主要由 Subject、SecurityManager 和 Realms 这 3 个核心组件组成。

- Subject 组件表示"当前操作的用户"，但这里的用户不仅可以是操作的人，还可以是其他应用程序或设备。在 Shiro 框架中，可以通过该组件获取当前用户的登录名和密码等信息。注意通过 Subject 组件得到的信息是从用户端输入的。

- SecurityManager 组件是 Shiro 安全框架的核心，在其中封装了安全管理的相关操作。
- Realm 组件可以用来在服务端储存用户的授权信息，比如张三用户拥有查询的权限。在基于 Shiro 的安全操作中，SecurityManager 组件会通过该组件查询登录用户的权限和角色等信息，并进一步匹配该用户是否有相关的操作权限。

在实际的项目中，Shiro 框架一般会按如下流程进行安全管理的相关操作：

（1）创建实现安全管理的 SecurityManager 对象。

（2）Subject 组件在封装好用户的登录信息后，向 SecurityManager 对象提交安全验证的请求。

（3）在确认用户的登录名和密码后，SecurityManager 从 Realm 中获取该用户的授权信息，并以此判断该用户能否有权限进行当前的操作，如果有则开放后继服务，否则抛出"安全验证"相关的异常，并终止用户的后继操作。

9.4.2　Spring Boot 整合 Shiro 框架的范例说明

在如下的 ShiroDemo 项目中将演示在 Spring Boot 项目中整合 Shiro 框架的做法，具体将通过 Shiro 框架实现如下安全方面的需求：

（1）该项目将以/hello 的形式对外提供服务，在使用该服务前，用户需要通过登录完成身份验证，并且该用户还需要有 reader 的权限。

（2）用户在访问该/hello 服务时，如果还没有完成身份验证，将会被重定向到登录页面。

（3）Shiro 框架发现访问/hello 服务的用户如果没有 reader 权限，将会把该访问请求重定向到提示"未授权"的页面。

对此，本项目不仅会引入 Spring Boot 和 Shiro 相关的依赖包，还会引入用于开发前端的 thymeleaf 依赖包，以全栈调用的方式演示 Spring Boot 整合 Shiro 框架的效果。

9.4.3　编写 pom.xml 文件和启动类

该 ShiroDemo 项目的 pom.xml 关键代码如下，其中通过第 2～5 行代码引入了 Spring Boot 的依赖包，通过了第 6～15 行代码引入了 Shiro 的依赖包，通过第 16～18 行代码引入了 Thymeleaf 依赖包。

```
01  <dependencies>
02      <dependency>
03          <groupId>org.springframework.boot</groupId>
04          <artifactId>spring-boot-starter-web</artifactId>
05      </dependency>
06      <dependency>
07          <groupId>org.apache.shiro</groupId>
08          <artifactId>shiro-web</artifactId>
09          <version>1.4.0</version>
10      </dependency>
```

```
11        <dependency>
12            <groupId>org.apache.shiro</groupId>
13            <artifactId>shiro-spring</artifactId>
14            <version>1.4.0</version>
15        </dependency>
16        <dependency>
17            <groupId>org.springframework.boot</groupId>
              <artifactId>spring-boot-starter-thymeleaf</artifactId>
18        </dependency>
19    </dependencies>
```

而本项目的 Spring Boot 启动类和之前的完全一致，所以代码就不再额外给出了，读者可以自行阅读相关代码。

9.4.4　编写控制器类

在 Controller.java 控制器类中不仅定义了服务方法，还定义了跳转到登录页面和未授权页面的方法，具体代码如下：

```
01  package prj.controller;
02  import org.apache.shiro.SecurityUtils;
03  import org.apache.shiro.authc.UnknownAccountException;
04  import org.apache.shiro.authc.UsernamePasswordToken;
05  import org.apache.shiro.subject.Subject;
06  import org.springframework.web.bind.annotation.*;
07  import org.springframework.web.servlet.ModelAndView;
08  @RestController
09  public class Controller {
10      @RequestMapping("/hello")
11      public String hello() {
12          return "Mock Service Action";
13      }
```

在第 10～13 行代码中封装了以/hello 格式对外提供服务的方法，在该方法中将通过第 12 行输出语句模拟对外提供服务的动作。

```
14      @GetMapping("/login")
15      public ModelAndView login() {
16          ModelAndView mv = new ModelAndView("login");
17          return mv;
18      }
19      @PostMapping("/loginAction")
20      public ModelAndView doLogin(String username, String password) {
21          //获得 Subject
22          Subject subject = SecurityUtils.getSubject();
23          //封装用户数据
24          UsernamePasswordToken token = new UsernamePasswordToken
    (username,password);
```

```
25          ModelAndView mv = null;
26          try{
27              subject.login(token);
28              mv = new ModelAndView("success");
29          }catch (UnknownAccountException e){
30              mv = new ModelAndView("login");
31          }
32          return mv;
33      }
34      @GetMapping("/success")
35      public ModelAndView success() {
36          ModelAndView mv = new ModelAndView("success");
37          return mv;
38      }
39      @GetMapping("/unAuth")          //无权限时调用
40      public ModelAndView unAuth() {
41          return new ModelAndView("unAuth");
42      }
43  }
```

在第 15 行定义的 login 方法中定义了一旦接收到/login 请求，就将跳转到 login.html 页面，
而当 login.html 页面提交登录请求后，该请求会被第 20 行的 doLogin 方法处理。在该方法的
第 22 行中，用 Subject 对象接收用户登录信息，并通过第 27 行代码把用户登录信息提交给 Shiro
框架验证，如果通过验证，则通过第 28 行代码把请求定位到 success.html 页面，如果没有通
过验证，则通过第 30 行代码把请求再次定位到 login.html 登录页面。

在第 34～38 行代码中定义了一旦接收到/success 请求，就会把该请求定向到 success.html
页面，在第 39～42 行代码中定义了一旦接收到/unAuth 请求，就会把该请求定位到提示未授
权的 unAuth.html 页面。

9.4.5　编写 Shiro 相关类

在本项目中，通过 ShiroConfiguration 拦截器类和定义 Realm 组件的 MyShiroRealm 类实
现安全相关的代码。其中 ShiroConfiguration.java 类的代码如下：

```
01  package prj;
02  import org.apache.shiro.spring.web.ShiroFilterFactoryBean;
03  import org.apache.shiro.web.mgt.DefaultWebSecurityManager;
04  import org.springframework.context.annotation.Bean;
05  import org.springframework.context.annotation.Configuration;
06  import java.util.HashMap;
07  import java.util.Map;
08  @Configuration
09  public class ShiroConfiguration {
10      @Bean
11      public ShiroFilterFactoryBean shiroFilter() {
```

```
12          ShiroFilterFactoryBean shiroFilterFactoryBean = new
    ShiroFilterFactoryBean();
13          //必须要引入安全管理组件 SecurityManager
14      shiroFilterFactoryBean.setSecurityManager(securityManager());
15          //设置登录页面
16          shiroFilterFactoryBean.setLoginUrl("/login");
17          //设置登录成功后跳转的页面
18          shiroFilterFactoryBean.setSuccessUrl("/success");
19          //设置未授权的页面
20          shiroFilterFactoryBean.setUnauthorizedUrl("/unAuth");
21          Map<String, String> filterChainDefinitionMap = new HashMap<String,
    String>();
22          //定义/loginAction 请求无须访问权限
23          filterChainDefinitionMap.put("/loginAction", "anon");
24          //定义访问/hello 服务时需要 reader 权限
25          filterChainDefinitionMap.put("/hello","perms[read]");
26          //定期其他格式的请求需要身份认证
27          filterChainDefinitionMap.put("/**", "authc");
28      shiroFilterFactoryBean.setFilterChainDefinitionMap(filterChainDefiniti
    onMap);
29          return shiroFilterFactoryBean;
30      }
```

　　该类通过第 8 行的@Configuration 注解说明本类在 Spring Boot 项目中起到了“配置类”的作用，同时在第 11 行中定义了名为 shiroFilter 的过滤器，该过滤器会在接收到用户的请求后，通过封装在其中的 Shiro 方法进行身份验证和认证授权的操作。

　　具体来说，在 **shiroFilter** 过滤器方法的第 14 行中引入了 Shiro 安全框架中用于安全管理的 **SecurityManager** 组件，随后通过第 15～20 行代码在 Shiro 框架中设置了用于登录、登录后跳转和展示未授权信息的页面，并通过第 22～27 行代码设置了访问/loginAction 请求无须身份验证，访问/hello 请求需要 read 权限，访问其他请求需要身份验证。

```
31      //以 Bean 的形式引入安全管理组件
32      @Bean
33      DefaultWebSecurityManager securityManager() {
34          DefaultWebSecurityManager manager = new
    DefaultWebSecurityManager();
35          manager.setRealm(myShiroRealm());
36          return manager;
37      }
38      //引入重新定义过的 Realm 组件
39      @Bean
40      public MyShiroRealm myShiroRealm() {
41          return new MyShiroRealm();
42      }
43  }
```

随后，在 ShiroConfiguration 类的第 32～37 行中以 Bean 的形式引入 SecurityManager 组件，在第 39～42 行中引入了封装授权信息的 MyShiroRealm 类。注意这两个类都是通过 IoC 的方式引入的，也就是说，这两个类会在 Spring Boot 项目启动时自动注入。

MyShiroRealm 类的代码如下：

```
44  package prj;
45  import org.apache.shiro.authc.*;
46  import org.apache.shiro.authz.AuthorizationInfo;
47  import org.apache.shiro.authz.SimpleAuthorizationInfo;
48  import org.apache.shiro.realm.AuthorizingRealm;
49  import org.apache.shiro.subject.PrincipalCollection;
50  public class MyShiroRealm extends AuthorizingRealm {
51      @Override
52      protected AuthorizationInfo doGetAuthorizationInfo
    (PrincipalCollection arg) {
53          SimpleAuthorizationInfo simpleAuthorInfo = new
    SimpleAuthorizationInfo();
54          simpleAuthorInfo.addStringPermission("read");    //授权
55          return simpleAuthorInfo;
56      }
57      @Override
58      protected AuthenticationInfo doGetAuthenticationInfo(
59          AuthenticationToken token) throws AuthenticationException {
60          String username=((UsernamePasswordToken) token).getUsername();
61          String password= String.valueOf(((UsernamePasswordToken)
    token).getPassword());
62          if (!"spring".equals(username) || !"Shiro".equals(password) ) {
63              throw new UnknownAccountException("UserName error");
64          }
65          return new SimpleAuthenticationInfo(username, "Shiro", getName());
66      }
67  }
```

当用户提交登录信息后，SecurityManager 组件会调用第 15 行的 doGetAuthenticationInfo 方法，在其中通过第 17 行和第 18 行的代码得到用户的登录名和密码后，通过第 19 行的 if 语句来验证该用户，事实上在实际项目中，可以在这里通过访问数据库来进行身份验证。

当用户通过身份验证后，SecurityManager 组件会继续调用第 9 行的 doGetAuthorizationInfo 方法来设置该用户的权限。在本类中，通过第 11 行的代码直接设置了该用户具有 reader 权限，事实上，在实际项目中，这里也可以从数据库中获取该用户的权限。

从上述 ShiroConfiguration 和 MyShiroRealm 类中大家能体会到，在使用 Shiro 安全框架时，可以通过 SecuirutyManager 组件设置"哪些页面需要认证"等信息，可以通过 Realm 组件来验证用户的身份，并获取该用户的权限信息。

9.4.6　编写登录等前端代码

在本项目中，首先需要在 application.properties 配置文件中添加如下代码，从而指定本项目的 html 前端文件是存放在 resources/templates 目录中的。

```
spring.thymeleaf.prefix=classpath:/templates/
```

随后，需要在该 resources/templates 目录中编写相关前端文件，其中登录页面 login.html 的代码如下：

```
01  <html>
02  <body>
03    <form name="form"  action="/loginAction" method="post">
04       <label>用户名：</label>
05       <input type="text" id="username" name="username" />
06       </br>
07       <label>密  码：</label>
08       <input type="password" id="password" name="password"/>
09       <div >
10           <input type="submit" value="登录"/>
11       </div>
12    </form>
13  </body>
14  </html>
```

在该文件第 3~12 行的 form 中，定义了用于接收 username 和 passoword 的文本框，而且当用户单击如第 10 行所定义的"登录"按钮后，该 form 会把 username 和 password 信息以 POST 的方式发送到/loginAction 上。

登录成功后跳转到的 success.html 代码相对简单，在其中的第 4 行中定义指向/hello 请求的<a>超链。

```
01  <html>
02  <html>
03  <body>
04     <a href="/hello">hello</a>
05  </body>
06  </html>
```

展示未授权信息的 unAuth.html 代码如下，在其中通过第 6 行语句展示"权限不够"的信息。

```
01  <html>
02  <head>
03     <meta charset="UTF-8">
04  </head>
05  <body>
```

```
06      权限不够
07    </body>
08    </html>
```

9.4.7 观察基于 Shiro 的安全验证流程

在完成编码后，可以通过如下步骤观察基于 Shiro 的安全验证流程。

步骤01 运行启动类，启动该 Spring Boot 项目，随后在浏览器中输入 localhost:8080/hello，访问该服务。由于在 ShiroConfiguration 类的第 25 行中指定了访问该服务必须要有 reader 权限，同时在该类的第 16 行中指定了任何未得到身份验证的请求都将跳转到/login，因此会根据在 Controller 控制器类中的定义跳转到如图 9.3 所示的 login.html 登录页面。

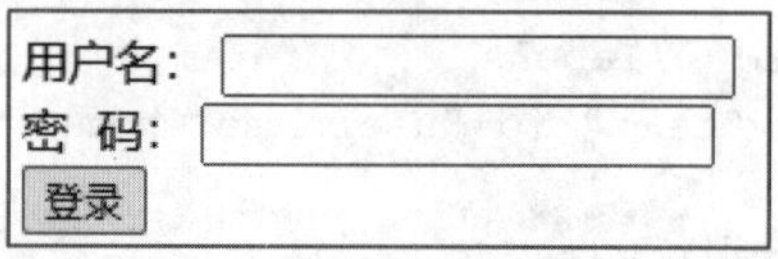

图 9.3　登录页面效果图

步骤02 在该登录页面中故意输错，比如用户名和密码均输成 error，并单击"登录"按钮，此时会封装错误的用户名和密码，以 POST 的形式发送到/loginAction 请求上。根据 Controller.java 中 doLogin 方法的定义，会通过第 24 行代码封装用户名和密码，随后会通过第 27 行代码用 subject.login(token);的形式向 Shiro 框架提交身份验证请求。

由于此时用户名和密码输入错误，因此不会通过验证，随后根据 Controller 类中 doLogin 方法的定义跳转回 login.html 页面。

步骤03 在图 9.3 中输入正确的用户名 spring 和正确的密码 Shiro，再单击"登录"按钮，此时依然会调用 Controller 类的 doLogin 方法，在该方法中依然会通过调用 subject.login(token) 方法进行身份验证。

此时 Shiro 框架会调用 MyShiroRealm 类的 doGetAuthenticationInfo 方法进行身份验证，当通过身份验证后，又会调用 MyShiroRealm 类的 doGetAuthorizationInfo 方法查询并返回该 spring 用户的权限为 reader。由于该用户通过了身份验证，因此会跳转到 success.html 页面。

单击 success.html 页面中的 hello 超链调用/hello 请求，由于一方面 spring 用户拥有了 reader 权限，另一方面/hello 请求可以向拥有 reader 权限的用户开放，因此此时能调通 /hello 请求，并能看到如下输出：

```
Mock Service Action
```

步骤04 通过如下方式修改 MyShiroRealm 类中第 9 行的 doGetAuthorizationInfo 方法，把赋予 spring 用户的权限从 reader 修改成 other。

```
01    @Override
02    protected AuthorizationInfo doGetAuthorizationInfo
      (PrincipalCollection arg) {
```

```
03          SimpleAuthorizationInfo simpleAuthorInfo = new
    SimpleAuthorizationInfo();
04          //修改前的代码
05          //simpleAuthorInfo.addStringPermission("read");
06          //修改后的代码
07          simpleAuthorInfo.addStringPermission("other");
08          return simpleAuthorInfo;
09      }
```

随后重启该 Spring Boot 服务，重新在浏览器中发起 localhost:8080/hello 请求，并在随后弹出的登录页面中也输入正确的用户名 spring 和密码 Shiro。此时依然会进入 success.html 页面。

随后单击 success.html 的超链发起/hello 请求，此时由于该 spring 用户拥有的是 other 权限，而不是/hello 服务所需要的 reader 权限，因此会跳转到 unAuth.html 页面，展示"权限不够"的文字。

9.5　思考与练习

1. 选择题

（1）本章用到的两个安全管理框架组件分别是（A）和（C）？

A. Spring Security　　B. Junit　　　　C. Shiro　　　　D. JPA

（2）在实际项目中，把密码存储到数据库前必须要加密，本章是通过（D）算法加密用户密码的？

A. Hash 算法　　　B. Base64　　　C. MD5　　　D. BCrypt

（3）在 Shiro 框架中，一般是用（A）组件来存储用户输入的身份验证信息的。

A. Subject　　　B. User　　　C. UserModel　　　D. SecurityManager

2. 填空题

（1）在实际项目中，一般包含（身份验证）和（认证授权）这两点安全需求。
（2）在 Spring Security 框架中，可以通过（loginProcessingUrl）方法来指定登录页面。
（3）在 Shiro 框架中，可以通过（setSuccessUrl）方法来设置登录成功后的跳转页面。

3. 简答题

（1）说明 Shiro 框架的重要组件，以及各组件的作用。
（2）说明 Shiro 框架进行安全管理的一般流程。

4. 操作题

（1）仿照 9.3 节的案例用 Spring Security 框架实现基于数据库的安全验证功能，具体需求如下：

- 在控制器类中定义/UpdateUserInfo 格式的服务，该服务方法输出"Update OK"的内容。
- 该/UpdateUserInfo 服务只对具有 update 角色的用户开放，当访问该服务的用户没有通过身份验证时，将跳转到登录页面。
- 用户名和密码为 admin/admin 的用户拥有 update 角色，该用户登录后，可以访问/UpdateUserInfo 服务。

（2）仿照 9.4 节的案例，用 Shiro 框架实现如下安全方面的需求：

- 在控制器中定义/printInfo 格式的服务，该服务输出"printInfo"的内容。访问该/printInfo 服务的用户需要拥有 admin 的权限。
- 用户名和密码为 admin/admin 的用户拥有 admin 的权限，该用户通过 login.html 页面登录后可以访问/printInfo 服务。
- 用户名和密码为 update/update 的用户拥有 update 的权限，该用户登录后，在访问/printInfo 服务时会跳转到提示"权限不够"的 unAuthor.html 页面。

第 10 章

Spring Boot 整合 MongoDB 数据库

MongoDB 是一种基于文档的数据库系统，在一些项目中通常会用它来存储和读取数据，因为和传统的 MySQL 等关系型数据库相比，它在大数据量读写的场景中具有很大的性能优势。

本章将会在介绍 MongoDB 数据库的基础上给出搭建 MongoDB 数据库的步骤，并在此基础上讲述在 Spring Boot 项目中整合 MongoDB 的详细步骤。

10.1　了解 MongoDB

MongoDB 是一种基于分布式文件存储的数据库，在其中可以用键值对的形式存储各种业务数据。基于 MongoDB 的数据读写语法相对简单，操作起来也相对容易，而且在 Java 等开发语言中也能用相对简单的语句在 MongoDB 数据库中针对各种业务数据进行增删改查操作。

10.1.1　MongoDB 概述

MongoDB 是一种基于文档的数据库，而且随着数据量的增大，还可以通过增加文档节点的方式来提升数据读写的性能。在每个文档中，MongoDB 都是以增强版 JSON（BSON）的方式存储数据的，如下给出 MongoDB 以 BSON 格式存储数据的范例。

```
01  {
02      id: "1",
03      name: "Tom",
04      age: "18",
05      scores: {
06          java: "85",
07          python: "80"
08      }
09  }
```

MongoDB 支持各种查询表达式，所以在常规业务场景中可以通过这些查询表达式很方便地检索到所需的数据。而且 MongoDB 还可以像分布式数据库一样，以 Map 和 Reduce 的方式处理大型数据集，所以在各种大数据的场景中，可以用 MongoDB 来缓存各种业务数据，从而提升数据读写的性能。

10.1.2 MongoDB 的优缺点

和传统的 MySQL 关系型数据库相比，MongoDB 具有如下优点：

（1）以文档的方式存储数据，所以获取数据的语法较为简单。
（2）支持分布式文档存储，具有较高的扩展性。
（3）在大数据场景中，读写数据的性能比较高。

但与之相对，MongoDB 具有如下缺点：

（1）不支持事务，所以较难应用在多并发的场景中。
（2）会占用比较大的磁盘空间。
（3）缺乏比较成熟的维护工具。

所以在大多数项目中，一般会用 MongoDB 来管理海量的业务数据，或者干脆用它来搭建缓存服务设置，这样能最大限度地扬长避短，尽可能发挥 MongoDB 数据库的优势。

10.1.3 安装 MongoDB 数据库

可以到 MongoDB 的官网（https://www.mongodb.com/try/download/community）下载安装包，建议下载 MSI 格式的安装包，本书下载了基于 Windows 的 4.4.5 版本。

下载完成后，可通过单击安装包，根据随后弹出的对话框的提示完成安装工作。完成后就可以在本地看到 MongoDB 可视化的管理工具 MongoDB Compass，打开后，如果能看到如图 10.1 所示的效果，就说明在本地成功安装了 MongoDB。

图 10.1 在本地成功安装 MongoDB 后的效果图

10.2　使用 MongoDB

这里将给出在 MongoDB 中创建数据库和数据表的操作步骤，并在此基础上演示在 MongoDB 数据表中对数据进行增删改查操作的做法。

10.2.1　创建数据库和数据表

在 MongoDB 的可视化管理工具 MongoDB Compass 中，可以通过如下步骤创建数据库和数据表：

步骤 01 在数据库管理栏单击 CREATE DATABASE 按钮，如图 10.2 所示。

步骤 02 在随后弹出的对话框中输入 Database Name 为 Student、Collection Name 为 Student，如图 10.3 所示，随后可以单击 CREATE DATABASE 按钮完成创建动作。

Collection 也叫数据集，在 MongoDB 中，它其实起到了"数据表"的作用，也就是说，在 MongoDB 中，存储数据的层次结构是"数据库"到"Collection 数据表"，在数据表中可以用 BSON 格式存储数据。

图 10.2　创建 MongoDB 数据库　　　图 10.3　输入 Database Name 和 Collection Name

随后能在数据库管理栏看到创建好的 Student 数据库和 Student 数据表，如图 10.4 所示。

图 10.4　创建好数据库和数据表以后的效果图

同时，在图 10.4 中可以通过单击右上方的 Create collection 按钮在 Student 数据库中继续创建其他的数据表。

10.2.2 操作数据表的数据

完成创建数据库和数据表以后，可以在选中数据表的基础上，通过单击 ADD DATA 按钮在其中添加数据，具体效果如图 10.5 所示。

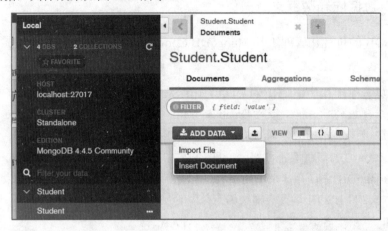

图 10.5 单击 ADD DATA 在数据表中添加数据

随后，可以在弹出的窗口中依次输入各字段的值，完成后可通过单击右下方的 INSERT 按钮完成添加该条数据的操作，具体效果如图 10.6 所示，添加完成后，就能看到如图 10.7 所示的效果。

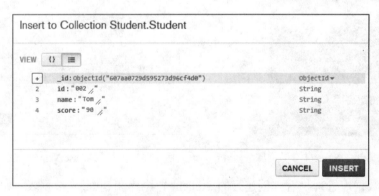

图 10.6 添加单条数据

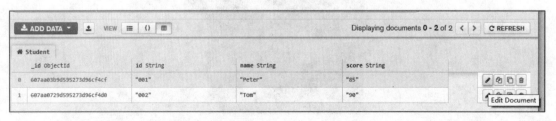

图 10.7 成功添加数据

　　此外，在图 10.7 中还可以单击每条数据之后的按钮修改或删除该条数据。不过在实际应用中，也可以通过如图 10.8 所示的 Import File 按钮以导入文件的方式向 MongoDB 的数据表批量插入数据。

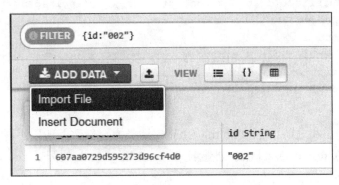

图 10.8　向 MongoDB 中批量插入数据

10.3　Spring Boot 整合 MongoDB

　　在 Spring Boot 项目中，可以通过 MongoTemplate 或 JPA 这两种方式来操作 MongoDB 中的数据，这里将给出具体的操作步骤。

10.3.1　项目和数据库的说明

　　这里将创建名为 MongoDBDemo 的 Maven 项目来演示 Spring Boot 整合 MongoDB 数据库的做法，在该项目中，将操作 10.2 节创建的 Student 数据库中的 Student 表，该表的字段如表 10.1 所示。

表 10.1　Student 表字段一览表

字　段　名	类　　型	说　　明
id	字符串	学生 id
name	字符串	学生姓名
score	字符串	学生成绩

　　由于在实际项目中，MongoDB 一般会当成缓存数据库来使用，因此一般仅会读取其中的数据，而不会删除其中的数据。

　　所以在本范例中，会给出用 MongoTemplate 对象读取、插入和更新 MongoDB 数据的操作步骤，而在讲述用 JPA 操作 MongoDB 时，仅会给出读取和插入 MongoDB 数据的操作步骤。

10.3.2　编写 pom 文件、启动类和配置文件

　　在本项目的 pom.xml 中，会通过如下代码引入 Spring Boot 和 MongoDB 相关的依赖包。注意这里无须再引入 JPA 的依赖包。

```
01  <dependencies>
02    <dependency>
03       <groupId>org.springframework.boot</groupId>
04       <artifactId>spring-boot-starter-web</artifactId>
05    </dependency>
06    <dependency>
07       <groupId>org.springframework.boot</groupId>
08  <artifactId>spring-boot-starter-data-mongodb</artifactId>
09    </dependency>
10  </dependencies>
```

本项目的启动类和之前给出的 Spirng Boot 启动类完全一致，所以不再重复给出。此外，还需要在本项目的 resources 目录中创建名为 application.yml 的配置文件，在其中编写如下 MongoDB 配置信息：

```
01  spring:
02    data:
03      mongodb:
04        uri: mongodb://localhost:27017/Student
```

其中在第 4 行指定了 MongoDB 的连接 uri，具体是连接到本地 27017 端口所在的 Student 数据库。

10.3.3 编写业务模型类

在本项目中，需要编写如下的 Student.java 业务模型类，通过它来映射 MongoDB 中 Student 表中的诸多字段，具体代码如下：

```
01  package prj.model;
02  import org.springframework.data.mongodb.core.mapping.Document;
03  import org.springframework.data.mongodb.core.mapping.Field;
04  @Document(collection = "Student")
05  public class Student {
06      @Field("id")
07      private String id;
08      @Field("name")
09      private String name;
10      @Field("score")
11      private String score;
12      //省略针对诸多属性的 get 和 set 方法
13  }
```

其中需要用第 4 行的@Document 注解来指定本类是和 Student 数据表映射的，同时需要在第 6 行、第 8 行和第 10 行中通过@Field 注解指定本类中的属性是和 Student 数据表中的哪个字段映射的。这样从 MongoDB 中获取到的 Student 数据会被转换成该 Java 类，以此来实现数据表和 Java 类之间的 ORM 映射效果。

10.3.4　通过 MongoTemplate 操作 MongoDB

首先创建如下的控制器类 ControllerForTemplate.java，在其中编写如下代码：

```java
01  package prj.controller;
02  import org.springframework.beans.factory.annotation.Autowired;
03  import org.springframework.web.bind.annotation.PathVariable;
04  import org.springframework.web.bind.annotation.RequestMapping;
05  import org.springframework.web.bind.annotation.RestController;
06  import prj.model.Student;
07  import prj.service.TemplateService;
08  @RestController
09  public class ControllerForTemplate {
10      @Autowired
11      TemplateService templateService;
12      @RequestMapping("/saveByTemplate")
13      public void saveByTemplate(){
14          Student newStudent = new Student();
15          newStudent.setId("010");
16          newStudent.setName("Mary");
17          newStudent.setScore("70");
18          templateService.save(newStudent);
19      }
20      @RequestMapping("/findByTemplate/{id}")
21      public Student findByTemplate(@PathVariable String id){
22          return templateService.findById(id);
23      }
24      @RequestMapping("/deleteByTemplate/{id}")
25      public void deleteByTemplate(@PathVariable String id){
26          templateService.deleteByID(id);
27      }
28  }
```

在该控制器类的第 10 行和第 11 行中定义了名为 templateService 的业务处理类，而在之后的诸多方法中通过调用该业务处理类来实现针对 MongoDB 的插入、查询和删除的功能。

具体在第 13 行的 saveByTemplate 方法中实现了"向 Student 表中插入数据"的功能，在第 21 行的 findByTemplate 方法中实现了根据 id 查找学生对象的功能，而在第 25 行的 deleteByTemplate 方法中实现了删除指定 id 学生对象的功能。

ControllerForTemplate 控制器类中用到的 TemplateService 业务处理类的代码如下：

```java
01  package prj.service;
02  import org.springframework.beans.factory.annotation.Autowired;
03  import org.springframework.stereotype.Service;
04  import prj.model.Student;
05  import prj.repo.TemplateDao;
06  @Service
```

```
07  public class TemplateService {
08      @Autowired
09      private TemplateDao templateDao;
10      public void save(Student student){
11          templateDao.save(student);
12      }
13      public void deleteByID(String id){
14          templateDao.deleteByID(id);
15      }
16      public Student findById(String id){
17          return templateDao.findById(id) ;
18      }
19  }
```

从中能够看到，该类其实起到的是承上启下的作用，在该类的诸多方法中，用到了第 8
行和第 9 行 templateDao 对象来操作 MongoDB 数据库。

对应地，用以访问数据库的 TemplateDao.java 代码如下：

```
01  package prj.repo;
02  import org.springframework.data.mongodb.core.MongoTemplate;
03  import org.springframework.data.mongodb.core.query.Criteria;
04  import org.springframework.data.mongodb.core.query.Query;
05  import org.springframework.stereotype.Component;
06  import prj.model.Student;
07  import javax.annotation.Resource;
08  @Component
09  public class TemplateDao {
10      @Resource
11      private MongoTemplate mongoTemplate;
12      public void save(Student student) {
13          mongoTemplate.save(student);
14      }
15      public void deleteByID(String id)  {
16  mongoTemplate.findAndRemove(Query.query(Criteria.where("id").is(id)),
    Student.class);;
17      }
18      public Student findById(String id) {
19          Query query = new Query(Criteria.where("id").is(id));
20          return mongoTemplate.findOne(query, Student.class);
21      }
22  }
```

在该类中，用到了第 10 行和第 11 行创建的 mongoTemplate 对象来操作 MongoDB，具体
而言，在第 12 行的 save 方法中，是通过第 13 行的 mongoTemplate.save 方法来插入或更新
Student 表 中 的 数 据 的 ， 在 第 15 行 的 deleteByID 方 法 中 ， 先 通 过
Query.query(Criteria.where("id").is(id)) 语句根据 id 找到待删除的 Student 对象，再通过

mongoTemplate.findAndRemove 方法删除这个对象。而在第 18 行的 findById 方法中，先通过第 19 行的代码定义了用于查询的 query 对象，再通过第 20 行的 mongoTemplate.findOne 语句找到指定 id 的 Student 对象。

这样一来，控制器类 ControllerForTemplate 就能通过调用业务逻辑类 TemplateService 中的方法，最终用到了 TemplateDao 类中的 mongoTemplate 对象访问和操作 MongoDB 数据库。

10.3.5　通过 JPA 操作 MongoDB

为了演示通过 JPA 操作 MongoDB 数据库的效果，首先需要编写如下的 ControllerForJPA 控制器类的代码：

```
01  package prj.controller;
02  import org.springframework.beans.factory.annotation.Autowired;
03  import org.springframework.web.bind.annotation.PathVariable;
04  import org.springframework.web.bind.annotation.RequestMapping;
05  import org.springframework.web.bind.annotation.RestController;
06  import prj.model.Student;
07  import prj.service.JpaService;
08  @RestController
09  public class ControllerForJPA {
10      @Autowired
11      JpaService jpaService;
12      @RequestMapping("/saveByJPA")
13      public void saveByJPA(){
14          Student newStudent = new Student();
15          newStudent.setId("020");
16          newStudent.setName("John");
17          newStudent.setScore("75");
18          jpaService.save(newStudent);
19      }
20      @RequestMapping("/findByJPA/{id}")
21      public Student findByJPA(@PathVariable String id){
22          return jpaService.findById(id);
23      }
24  }
```

在本类的诸多方法中，用到了第 10 行和第 11 行定义的 jpaService 对象，实现了通过 JPA 操作 MongoDB 的功能。具体在第 13 行的 saveByJPA 方法中调用了第 18 行的代码，实现了向 MongoDB 数据表中插入 Student 对象的功能，在第 21 行的 findByJPA 方法中调用了第 22 行的代码，实现了根据 id 查询 Student 对象的功能。

ControllerForJPA 控制器类中用到的业务逻辑类 JpaService 代码如下，在其中通过第 8 行和第 9 行定义的 jpaDao 对象操作 MongoDB 数据库。

```
01  package prj.service;
02  import org.springframework.beans.factory.annotation.Autowired;
```

```
03    import org.springframework.stereotype.Service;
04    import prj.model.Student;
05    import prj.repo.JpaDao;
06    @Service
07    public class JpaService {
08        @Autowired
09        private JpaDao jpaDao;
10        public void save(Student student){
11            jpaDao.save(student);
12        }
13        public Student findById(String id){
14            return jpaDao.findStudentById(id) ;
15        }
16    }
```

具体包含操作 MongoDB 数据库动作的 JpaDao 类代码如下：

```
01    package prj.repo;
02    import org.springframework.data.mongodb.repository.MongoRepository;
03    import org.springframework.stereotype.Repository;
04    import prj.model.Student;
05    @Repository
06    public interface JpaDao extends MongoRepository<Student,String> {
07        Student findStudentById(String id);
08    }
```

该类继承了 MongoRepository 类，并通过泛型的形式指定了该类将操作 Student 对象。在该类的第 7 行中定义了名为 findStudentById 的方法，根据 JPA 的命名规范，该类会实现根据 id 属性查询 Student 的功能。

10.3.6　观察运行结果

完成上述开发工作以后，可以通过如下步骤观察以 MongoTemplate 对象操作 MongoDB 数据库的效果。

步骤01 运行启动类，启动本项目，随后在浏览器中输入 http://localhost:8080/saveByTemplate，此时能实现通过 MongoTemplate 对象向 MongoDB 中的 Student 表插入数据的功能。

步骤02 在浏览器中输入 http://localhost:8080/findByTemplate/010，能看到如下的输出结果：

{"id":"010","name":"Mary","score":"70"}

由此能在 Student 表中看到第一步插入的 id 为 010 的数据。

步骤03 在浏览器中输入 http://localhost:8080/deleteByTemplate/010，此时能实现通过 MongoTemplate 对象删除 id 是 010 的 Student 数据的功能。

步骤04 删除完成后，如果再输入 http://localhost:8080/findByTemplate/010 请求查询 id 是 010 的 Student 数据，就会发现返回值为空，这说明该条数据已经成功地被删除。

此外，还可以通过如下步骤观察以 JPA 的方式操作 MongoDB 数据库的效果。

步骤 01 在启动本项目的前提下，在浏览器中输入 http://localhost:8080/saveByJPA，就能向 Student 表中插入 id 为 020 的 Student 数据。

步骤 02 在浏览器中输入 http://localhost:8080/findByJPA/020，此时能通过 JPA 对象查询并返回 id 为 020 的 Student 对象，所以能看到如下的输出结果：

```
{"id":"020","name":"John","score":"75"}
```

10.4　思考与练习

1. 简答题

（1）对比 MySQL 等关系型数据，说明 MongoDB 数据库的优缺点和适用场景。

参考答案：参见 10.1 节给出的描述。

（2）在 Spring Boot 项目中，可以通过哪两种方法访问并操作 MongoDB 数据库？

参考答案：MongoDBTemplate 和 JPA 这两种方式。

（3）在 MongoDB 数据库中，存储数据的层次结构是什么？

参考答案：数据库到数据表再到数据。

（4）在 MongoDB 的数据表中，每条数据所包含的数据格式可以不同，比如第一条数据可以包含学号、姓名和性别，第二条数据可以包含学号、姓名、性别和成绩等。但是向具体的数据表中存储数据时，应尽量保证每条数据的格式是相同的，请说明理由。

参考答案：在每个数据表中，应当尽量以同一种方式来管理数据。

2. 操作题

（1）仿照本章 10.1.3 小节所述的步骤在本地安装 MongoDB 数据库环境。

（2）仿照本章 10.2 节给出的步骤在 MongoDB 中创建名为 Stock 的数据库，在其中创建名为 Stock 的 Collection（数据表），并在其中插入一条数据，内容为（id:"010"，name:"book"）。

（3）仿照本章 10.3 节给出的步骤创建 Spring Boot 项目，并在其中以 MongoDBTemplate 和 JPA 的方式读取并返回第（2）题所创建的 Stock 数据表中的 id 为 010 的数据。

第11章

Spring Boot 整合 Redis 缓存

Redis 是一种用键值对格式存储数据的 NoSQL 数据库，由于 Redis 数据库是在内存中存储数据的，因此它的读写性能很高，所以在大多数项目中都会用它来作为数据缓存组件。

本章将会在介绍 Redis 数据库的基础上给出在 Windows 操作系统上搭建 Redis 数据库的步骤，随后会讲述 Redis 的常用命令和基本数据结构，并在此基础上讲述 Spring Boot 项目整合 Redis 缓存的详细步骤。

11.1　了解 Redis

Redis 不是传统的关系型数据库，它是基于键值（Key-Value）存储的 NoSQL 数据库。由于 Redis 数据库中的数据不仅可以存储在硬盘上，还可以存储在内存中，因此数据读写方面的性能很有优势。

11.1.1　Redis 概述

平时开发项目经常用到的 MySQL、Oracle 以及 SQL Server 等数据库是以"数据表"的形式来存储数据的，而且每张数据表都有固定的字段，而每个字段都具有固定的数据类型，在大多数情况下，数据表中的数据是保存在硬盘上的。

和此类传统的关系型数据库相对应的是 NoSQL 数据库，比较常见的 NoSQL 数据库有前面章节提到的 MongoDB 和本章提到的 Redis。NoSQL 数据库可以用较为简单的数据格式来保存数据，比如 Redis 是用键值对，而且属于 NoSQL 数据库的 Redis 可以把键值对类型的数据保存在内容中，从而提升数据读写的性能。

在项目开发中，传统数据库和 Redis 数据库可以应用在不同的场景中，具体而言，传统的关系型数据库可以用来存储大规模的业务数据，而 Redis 则可以用在"缓存数据"的场景中。

同时，在一些有高并发需求的项目中，一般也会整合性地使用关系型数据库和 NoSQL 数据库，比如让 MySQL 整合 Redis，所以本章除了会讲述 Spring Boot 整合 Redis 的实践要点之外，还会在 Spring Boot 项目中整合性地引入 MySQL 和 Redis，从中读者可以了解到 Redis 在高并发场景中的用法。

11.1.2　Redis 的优缺点

综合来看，Redis 主要具有如下优点：

（1）由于 Redis 中的数据可以保存在内存中，因此读写数据的性能较高。

（2）可以支持较多的数据类型，比较常用的字符串、列表和 hash 表等数据类型都支持。

（3）可以支持数据持久化，即能把内存中的数据存入硬盘，从而提升 Redis 数据库的数据安全性。

与之相对的，Redis 同时也有如下缺点：

（1）Redis较难支持扩容操作，即当存储容量达到内存或硬盘上限后，扩容操作会很困难。

（2）由于 Redis 是在内存中保存数据的，因此如果在短时间内存入过多的数据，就有可能造成内存问题。

（3）由于 Redis 是基于单线程操作的，因此持久化等操作会阻塞工作线程，这可能会在高并发的场景中造成性能问题。

11.1.3　搭建 Redis 数据库环境

本书是在 Windows 操作系统上搭建 Redis 数据库环境的，读者可以去下载基于 Windows 的 Redis 安装包，下载完成后解压到本地，比如本书就解压到 D:\Redis-x64-3.2.100 目录中。

解压后，能在该目录中看到 redis-server.exe 和 redis-cli.exe 这两个可执行文件，其中前者能用来启动 Redis 服务器，后者能启动 Redis 客户端。

在本机运行 redis-server.exe 以后，如果能看到如图 11.1 所示的界面，就说明成功地启动了 Redis 服务器，该 Redis 服务器工作在本地 6379 端口。

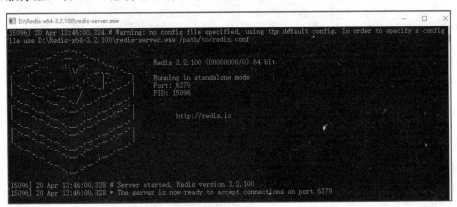

图 11.1　在本地成功启动 Redis 服务器

成功启动后，不要关闭该窗口，然后可以继续运行 redis-cli.exe 来启动 Redis 客户端。在默认情况下，该 Redis 客户端会连接由 redis-server.exe 命令启动的 Redis 服务器，如果看到如

图 11.2 所示的效果，就说明该 Redis 客户端成功地连接到 Redis 服务器上。连接上服务器以后，就可以运行诸如 set 和 get 等 Redis 命令。

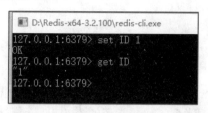

图 11.2　Redis 客户端成功连上服务器

11.1.4　Redis 服务器和客户端

上文提到了 Redis 服务器和客户端，其中 Redis 中的数据是存储在 Redis 服务器中的，而一个 Redis 服务器可以接受并处理多个客户端的连接。比如在上文中，是通过 redis-cli 命令创建一个连到 Redis 服务器的客户端。

事实上，在实际项目中，Redis 服务器一般部署在一台主机上，其他主机上的应用程序可以通过 redis-cli 命令等方式以客户端的形式向服务器发送命令请求，而服务器在收到命令请求后能向客户端返回结果。比如在上文中，客户端向服务器发送了 set 和 get 命令，服务器在完成处理这些请求后，对应地向客户端返回了执行结果。

在 Redis 服务器中，在数据没有以持久化的形式保存到硬盘前，数据其实是保存在内存中的，也就是说，如果重启或关闭 Redis 服务器，一方面，Redis 客户端无法连接到这台服务器上，另一方面，即使该 Redis 恢复工作，之前保存在其中的数据也会消失。所以读者在使用 Redis 时，应当充分考虑此项风险，尽可能通过持久化的方式把重要数据保存到硬盘中。

11.2　Redis 常用命令

在实际项目中，Redis 一般被用来缓存数据，从而降低对数据库的压力。所以本节将围绕"缓存"需求详细给出 Redis 常用命令的用法介绍。

11.2.1　set 和 get 命令

通过 set 命令可以以键值对的形式缓存数据，该命令的格式如下：

```
set key value [EX seconds] [PX milliseconds] [NX|XX]
```

其中 key 和 value 表示待缓存数据的键和值。通过 EX 和 PX 参数可以指定该变量的生存时间，这里 EX 参数的单位是秒，而 PX 参数的单位是毫秒。在大多数场景中，应合理设置缓存数据的生存时间，否则可能会导致内存溢出的问题。NX 参数表示当 key 不存在时才进行设值操作，如果 key 存在，该命令不执行，而 XX 则表示当 key 存在时才进行操作。

通过 set 命令设置好键值对以后，可以通过 get key 的方式读取对应 key 的字符串类型变量。

在如下代码段中将演示 set 和 get 命令的用法。

```
01  127.0.0.1:6379> set Student_001 Peter EX 3600
02  OK
03  127.0.0.1:6379> get Student_001
04  "Peter"
05  127.0.0.1:6379> get Student_002
06  (nil)
```

在第 1 行中，通过 set 命令设置了键为 Student_001 对应的数据为 Peter，同时还通过 set 命令的 EX 参数指定了该键值对数据的生存时间是 3600 秒，即一个小时。

如果在一个小时之内运行第 3 行的 get 命令获取 Student_001 键所对应的数据，就能看到第 4 行所示的效果，但在一个小时之后，该键值对数据就会消失。如果像第 5 行那样，通过 get 命令去读取一个不存在的键值对，就会得到如第 6 行所示的(nil)值。

11.2.2　del 命令

通过 set 等命令创建的键值对数据可以通过 del 命令来删除，该命令的格式如下。在该命令中，可以一次性传入多个 key 的值，以此来同时删除多个键值对数据。

```
del key [key ...]
```

通过如下范例，读者能看到 del 命令的实际用法。

```
01  127.0.0.1:6379> get Student_001
02  "Peter"
03  127.0.0.1:6379> del Student_001
04  (integer) 1
05  127.0.0.1:6379> get Student_001
06  (nil)
```

其中，通过前两行代码能看到 Student_001 这个键所对应的值是 Peter，在此基础上通过第 3 行的 del 命令删除该键以后，再通过第 5 行的 get 命令获取 Student_001 所对应值的时候，就只能看到如第 6 行所示的(nil)效果。

11.2.3　exists 命令

通过 exists 命令能判断指定的键是否存在，该命令的格式如下：

```
exists key
```

下面给出该命令的使用范例。

```
01  127.0.0.1:6379> set Student_001 Peter
02  OK
03  127.0.0.1:6379> exists Student_001
04  (integer) 1
05  127.0.0.1:6379> exists Student_002
06  (integer) 0
```

首先通过第 1 行的 set 命令设置键为 Student_001、值为 Peter 的数据，在此基础上，如果通过第 3 行的 exits 命令判断 Student_001 键是否存在，则会返回如第 4 行所示的数字 1，表示该键存在。但在第 5 行的 exists 命令中，对应的键 Student_002 不存在，因此返回如第 6 行所示的数字 0，表示该键不存在。

11.3　Redis 基本数据类型

Redis 支持 5 种数据类型，即字符串（String）类型、哈希（Hash）类型、列表（List）类型、集合（Set）类型和有序集合（Sorted Set 或 Zset）类型。这里将针对每种数据类型给出对应的用法说明。

11.3.1　字符串类型

从上文的范例中，大家也体会到了 Redis 数据库以"键值对"保存数据的做法。而这里提到的"字符串"类型是指在"键值对"的"值"中以"字符串"的格式保存数据。

上文已经给出了通过 set 和 get 命令设置和读取字符串类型数值的做法，此外，还可以用 mset 和 mget 命令同时设置和读取多个字符串类型的数据。

其中 mset 命令的格式如下：

```
mset key value [key value…]
```

而 mget 命令的格式如下：

```
mget key [key…]
```

注意这两个命令不包含 NX、XX 等参数，也无法通过 EX 和 PX 等参数设置数据的超时时间，下面给出这两个命令的使用范例。

```
01  127.0.0.1:6379> mset Student_001 Peter Student_002 Mary
02  OK
03  127.0.0.1:6379> mget Student_001 Student_002 Student_003
04  1) "Peter"
05  2) "Mary"
06  3) (nil)
```

通过第 1 行的 mset 命令批量设置了两对字符串类型的键值对数据，而在第 3 行中通过 mget 命令同时获取了 Student_001、Student_002 和 Student_003 这 3 个键的值。其中由于不存在 Student_003 这个键，因此针对该键的 mget 操作会返回(nil)，如第 6 行所示。

11.3.2　Hash 类型

在实际应用中，可以在 Redis 中通过 Hash 类型的变量来缓存对象数据。其中可以通过 hset 命令来设置该类数据，通过 hget 命令来读取数据。

hset 命令格式如下:

```
hset key field value
```

其中 key 是待缓存对象的键，而 field value 则以 Hash 的形式定义对象数据。针对同一个键，可以对应多个 Hash 数据对。在实际应用中，field 可以是对象的属性名，而 value 则可以是对象的属性值。

hget 命令格式如下，其中 key 是待读取 Hash 类型对象的键，如果存在该键所对应的数据，则返回该数据，否则返回 nil 值。

```
hget key field
```

读者可以通过如下范例理解通过 hset 和 hget 命令读写 Hash 类型数据的做法。

```
01  127.0.0.1:6379> hset Student_001 name Peter
02  (integer) 1
03  127.0.0.1:6379> hset Student_001 age 18
04  (integer) 1
05  127.0.0.1:6379> hset Student_001 score 90
06  (integer) 1
07  127.0.0.1:6379> hget Student_001 name
08  "Peter"
09  127.0.0.1:6379> hget Student_001 age
10  "18"
11  127.0.0.1:6379> hget Student_001 score
12  "90"
```

在第 1 行、第 3 行和第 5 行的代码中，通过 hset 命令向 Student_001 键插入了 3 对 Hash 数据，分别是 name:Peter、age:18 和 score:90。在插入这些数据后，就可以用第 7 行、第 9 行和第 11 行的 hget 命令看到具体对应的值。

11.3.3 列表类型

在 Redis 中，可以用列表的形式在一个键中存储一个或多个数据。具体可以通过 lpush 命令把一个和多个值依次插入列表的头部，该命令的格式如下:

```
lpush key element [element ...]
```

从中能够看到，通过 key 能指定待插入的列表，而 element 则表示插入列表的值。

通过 lindex 命令则可以读取列表格式的值，该命令格式如下。其中通过 key 参数能指定待读取的列表，通过 index 能指定待读取列表值的索引号，这里索引号是从 0 开始的。

```
lindex key index
```

下面给出通过 lpush 和 lindex 命令操作 Redis 列表类型数据的做法。

```
01  127.0.0.1:6379> lpush emp_001 22 15000 devTeam
02  (integer) 3
03  127.0.0.1:6379> lindex emp_001 0
```

```
04   "devTeam"
05   127.0.0.1:6379> lindex emp_001 1
06   "15000"
07   127.0.0.1:6379> lindex emp_001 2
08   "22"
```

在第 1 行通过 lpush 命令向 emp_001 这个键中插入了包含 3 个值的列表数据，由于在插入数据时是在尾部插入的，因此其中 devTeam 的索引号是 0，15000 的索引号是 1，22 的索引号是 2，通过第 3 行、第 5 行和第 7 行的 3 条 lindex 命令能确认这点。

11.3.4 集合类型

和列表类型的数据很相似，在集合类型的数据中，也可以在同一个键下存储一个或多个数据，但集合中存储的数据不能重复。

可以通过如下格式的 sadd 命令向指定键的集合添加一个元素或多个元素：

```
sadd key member [member ...]
```

而通过 smembers key 命令能读取 key 所对应集合中的所有数据。由于在集合中无法保存重复数据，因此往往用集合来实现去重的功能，通过如下范例，读者能掌握用 sadd 和 smembers 命令读写集合的做法。

```
01   127.0.0.1:6379> sadd accountIDs 001 002 003 001
02   (integer) 3
03   127.0.0.1:6379> smembers accountIDs
04   1) "002"
05   2) "003"
06   3) "001"
```

在第 1 行的代码中通过 sadd 命令向 accountIDs 键插入了 4 个集合类型的数据，但其中有重复数据，所以根据第 2 行的输出结果，其实只向该集合中添加了 3 个数据。

随后通过第 3 行的 smembers 命令能看到该集合中的所有数据，从中能进一步确认集合的"去重"功能。

11.3.5 有序集合类型

有序集合与集合一样，在其中都不能出现重复数据，不过在有序集合中，每个元素都会对应一个 score 参数，以此来描述该数据在有序集合中的分数，并且该分数是有序集合中排序的基础。

可以用 zadd 命令向有序集合中添加元素，该命令的格式如下：

```
zadd key [NX|XX] [CH] [INCR] score member [score member ...]
```

其中 key 表示有序集合的键，而 score 和 member 分别表示元素的分数以及元素本身，同时 NX 参数表示只有当 key 对应的有序集合不存在时才能添加元素，而 XX 参数表示当有序集合存在时才能添加元素。

通过 zrange 命令能读取指定 key 中指定 score 区间范围内的数据，其中 start 和 stop 表示最低和最高的 score，如果带 WITHSCORES 参数，则会同时显示元素所对应的 score 值。

```
zrange key start stop [WITHSCORES]
```

通过如下范例，读者能掌握用 zadd 和 zrange 命令读写有序集合类型数据的做法。

```
01  127.0.0.1:6379> zadd student 5.0 Peter 3.0 Mary 1.0 Alex
02  (integer) 3
03  127.0.0.1:6379> zrange student 0 5
04  1) "Alex"
05  2) "Mary"
06  3) "Peter"
```

通过第 1 行的 zadd 方法能向键为 student 的有序集合中插入若干数据，插入的数据中包括分数和名字。随后通过第 3 行的 zrange 命令返回了 student 有序集合中分数区间从 0 到 5 的数据，通过第 4~6 行的数据读者能看到 zrange 命令的运行结果。

11.4　Spring Boot 整合 Redis

前文给出了通过 Redis 命令操作 Redis 各种数据结构的做法，不过在实际项目中，一般会把 Redis 整合到 Spring Boot 等 Web 项目中，所以本节将讲述在 Spring Boot 项目中整合 Redis 的实践要点。

11.4.1　项目说明

这里将创建 Maven 类型的 RedisDemo 项目，在其中演示 Spring Boot 整合 Redis 的具体做法。

在本范例中，Redis 的服务器工作在 localhost 的 6379 端口上，而且，将用列表类型的数据结构缓存如表 11.1 所示的学生数据。

表 11.1　缓存在 Redis 中的学生数据

字　段　名	类　　型	说　　明
id	字符串	学生 id
name	字符串	学生姓名
score	字符串	学生成绩

同时，在表 11.2 中列出了本范例项目中重要的文件以及相关说明。

表 11.2　RedisDemo 项目重要文件一览表

文　件　名	说　　明
pom.xml	在其中定义了 Spring Boot 和 Redis 的依赖包
SpringBootApp.java	启动类

（续表）

文 件 名	说 明
Controller.java	控制器类
StudentService.java	业务逻辑类
StudentDao.java	在其中定义了和 Redis 交互的动作
Student.java	业务模型类，用来把 Redis 中的数据映射成 Java 文件
application.yml	该文件存放在 resources 路径下，在该文件中配置了 Redis 的连接信息

11.4.2　引入依赖包

在本项目的 pom.xml 中，将通过如下关键代码引入 Spring Boot 和 Redis 的依赖包：

```
01 <dependencies>
02    <dependency>
03        <groupId>org.springframework.boot</groupId>
04        <artifactId>spring-boot-starter-web</artifactId>
05    </dependency>
06    <dependency>
07        <groupId>org.springframework.boot</groupId>
08 <artifactId>spring-boot-starter-data-redis</artifactId>
09    </dependency>
10    <dependency>
11        <groupId>com.google.code.gson</groupId>
12        <artifactId>gson</artifactId>
13        <version>2.8.0</version>
14    </dependency>
15 </dependencies>
```

这里通过第 2~5 行代码引入了 Spring Boot 的依赖包，通过第 6~9 行代码引入了 Redis 的依赖包。由于 Redis 数据与 Java 类交互时需要转换成 GSON 格式的数据，因此还需要通过第 10~14 行代码引入 GSON 的依赖包。

11.4.3　编写配置文件和启动类

本项目在 resources 目录下的 application.yml 文件中配置了与 Redis 数据库的连接，具体代码如下：

```
01 spring:
02   redis:
03     host: localhost
04     port: 6379
```

从中能够看到，本项目所交互的 Redis 工作在 localhost 的 6379 端口。

而且，Spring Boot 在连接 Redis 时，不需要像连接 MySQL 数据库那样指定驱动类，所以本项目的启动类需要如第 5 行所示，在@SpringBootApplication 注解中通过 exclude 参数排除数据库的驱动程序，否则在运行启动类启动本项目时会看到错误提示，同时无法启动本项目。

```
01  package prj;
02  import org.springframework.boot.SpringApplication;
03  import org.springframework.boot.autoconfigure.SpringBootApplication;
04  import org.springframework.boot.autoconfigure.jdbc.
    DataSourceAutoConfiguration;
05  @SpringBootApplication(exclude= {DataSourceAutoConfiguration.class})
06  public class SpringBootApp {
07      public static void main(String[] args) {
08          SpringApplication.run(SpringBootApp.class, args);
09      }
10  }
```

11.4.4 编写控制器类和业务模型类

在如下的 Controller.java 控制器类中编写对外提供服务的诸多方法，这些方法最终会调用
ServiceDao.java 类中的方法与 Redis 数据库交互。

```
01  package prj.controller;
02  import org.springframework.beans.factory.annotation.Autowired;
03  import org.springframework.web.bind.annotation.PathVariable;
04  import org.springframework.web.bind.annotation.RequestMapping;
05  import org.springframework.web.bind.annotation.RestController;
06  import prj.model.Student;
07  import prj.service.StudentService;
08  @RestController
09  public class Controller {
10      @Autowired
11      StudentService studentService;
12      @RequestMapping("/saveStudent")
13      public void saveStudent(){
14          Student newStudent = new Student();
15          newStudent.setId("Student_001");
16          newStudent.setName("Tim");
17          newStudent.setScore("100");
18          studentService.saveStudent(newStudent);
19      }
20      @RequestMapping("/findByID/{id}")
21      public Student findByID(@PathVariable String id){
22          return studentService.findByID(id);
23      }
24      @RequestMapping("/deleteByID/{id}")
25      public void deleteByID(@PathVariable String id){
26          studentService.deleteByID(id);
27      }
28  }
```

在该控制器类中，首先通过第 10 行和第 11 行代码使用@Autowired 注解以依赖注入的方式引入了业务方法类 StudentService，随后在诸多方法中通过调用该业务方法类中的方法实现了保存、查询和删除学生对象的动作。

具体在第 13 行的 savaStudent 方法中，通过第 18 行的代码实现了保存学生的动作，在第 21 行的 findByID 方法中，通过第 22 行的代码实现了根据 id 查找学生的动作，在第 25 行的 deleteByID 方法中，通过第 26 行的代码实现了删除指定 id 的学生的动作。

而本控制器类中用到的 Student.java 业务模型类如下：

```
01  package prj.model;
02  public class Student {
03      private String id;
04      private String name;
05      private String score;
06      //省略针对诸多属性的 get 和 set 方法
07  }
```

在该业务模型类中定义了 id、name 和 score 这 3 个属性，这些属性用来映射 Redis 数据库中的学生对象属性，而且由于本项目不是以 JPA 的方式实现 Java 代码和 Redis 数据库的映射的，因此在该类中无须引入@Table 等 JPA 相关注解。

11.4.5　编写业务逻辑类

上文 Controller 控制器类中用到的业务逻辑类 StudentService 的代码如下：

```
01  package prj.service;
02  import org.springframework.beans.factory.annotation.Autowired;
03  import org.springframework.stereotype.Service;
04  import prj.model.Student;
05  import prj.repo.StudentDao;
06  @Service
07  public class StudentService {
08      @Autowired
09      private StudentDao studentDao;
10      public void saveStudent(Student student){
11          studentDao.saveStudent(student.getId(),3600,student);
12      }
13      public Student findByID(String id){
14          return studentDao.findByID(id) ;
15      }
16      public void deleteByID(Stringid){
17          studentDao.deleteByID(id);
18      }
19  }
```

在该类的第 8 行和第 9 行中通过@Autowired 注解引入了 studdentDao 对象，而该类中的诸多方法则调用该对象实现了保存、查询和删除学生对象的功能。

11.4.6　编写与 Redis 交互的类

在 StudentDao 类中通过 RedisTemplate 对象实现了和 Redis 交互的功能，具体代码如下：

```
01   package prj.repo;
02   import com.google.gson.Gson;
03   import org.springframework.beans.factory.annotation.Autowired;
04   import org.springframework.data.redis.core.RedisTemplate;
05   import org.springframework.stereotype.Repository;
06   import prj.model.Student;
07   import java.util.concurrent.TimeUnit;
08   @Repository
09   public class StudentDao {
10       @Autowired
11       private RedisTemplate<String, String> redisTemplate;
12       //向 Redis 缓存中保存 Student 数据
13       public void saveStudent(String id, int expireTime, Student student){
14           Gson gson = new Gson();
15           redisTemplate.opsForValue().set(id, gson.toJson(student),
     expireTime, TimeUnit.SECONDS);
16       }
17       //从 Redis 缓存中根据 id 查找 Student 数据
18       public Student findByID(String id){
19           Gson gson = new Gson();
20           Student student = null;
21           String studentJson = redisTemplate.opsForValue().get(id);
22           if(studentJson != null && !studentJson.equals("")){
23               student = gson.fromJson(studentJson, Student.class);
24           }
25           return student;
26       }
27       //从 Redis 中删除指定 id 的 Student 数据
28       public void deleteByID(String id){
29         redisTemplate.opsForValue().getOperations().delete(id);
30       }
31   }
```

在本类中，将通过第 11 行创建的 redisTemplate 对象来和 Redis 数据库交互。

在第 13 行的 saveStudent 方法中，通过第 15 行的代码先把待保存的 student 对象转换成 GSON 格式的字符串，随后通过 redisTemplate 调用 Redis 的 set 命令向 Redis 中保存数据。其中该数据的键是学生的 id，值是转换成 GSON 格式的 student 对象，在保存时为了不让该数据永久存在于 Redis 中从而导致内存问题，所以还设置了由 expireTime 值所指定的超时时间。

在第 18 行的 findByID 方法中，先用第 21 行的代码通过 redisTemplate 对象调用 Redis 的 get 命令，根据学生 id 到 Redis 中查询对应的学生信息。如果通过第 22 行的 if 语句判断出对

应 id 的学生对象存在，那么通过第 23 行的代码把保存学生信息的 GSON 格式的数据转换成
Student 对象，再通过第 25 行的代码返回。

再第 28 行的 deleteByID 方法中，通过第 29 行的代码使用 redisTemplate 对象调用 Redis
的 delete 方法删除，到 Redis 中删除指定学生的数据。

11.4.7 观察和 Redis 整合的效果

完成编写上述代码后，在确保本地 Redis 服务器启动的情况下，通过运行 SpringBootApp
启动类启动本项目，随后可以在浏览器中输入 http://localhost:8080/saveStudent，实现在 Redis
中保存学生对象的功能。保存以后，可以在 Redis 的客户端中通过 get Student_001 命令观察到
保存好的 GSON 格式的学生数据，具体代码如下：

```
01  127.0.0.1:6379> get Student_001
02  "{\"id\":\"Student_001\",\"name\":\"Tim\",\"score\":\"100\"}"
```

随后，可以在浏览器中输入 http://localhost:8080/findByID/Student_001，查找指定 id 的学
生信息，此时可以在浏览器中看到如下效果：

```
{"id":"Student_001","name":"Tim","score":"100"}
```

如果要在 Redis 中删除该学生的信息，则可以输入 http://localhost:8080/deleteByID/
Student_001，随后到 Redis 中运行 get Student_001 命令，就无法再看到该条学生数据。

11.5 Spring Boot 整合数据库与 Redis 缓存

在很多整合 Redis 的 Spring Boot 项目中，Redis 不会被单独使用，而会被当成缓存使用，
即 Spring Boot 会用 MySQL 等传统关系型数据库来保存数据，在此基础上为了提高性能，再
引入 Redis 来缓存数据。

本节将给出 Spring Boot 框架整合 MySQL 和 Redis 的做法，在整合的同时还会给出防缓存
穿透和防内存溢出问题的实践要点。

11.5.1 数据库整合缓存的说明

在数据库整合 Redis 缓存时，读取数据的流程一般是如图 11.3 所示。其中，应用程序会
先从 Redis 服务器中读取数据，如果读到则直接使用，从而不再访问数据库。如果读不到，再
访问数据库，同时把从数据库中读到的数据放入缓存。

在删除数据时，会在删除数据库中数据的同时删除缓存中的数据，而在更新数据时，首
先会删除缓存数据，以免从缓存中读到旧数据，再更新数据库中的数据。

在本范例中，首先需要在本地 MySQL 中创建名为 student 的数据库（schema），随后到
其中创建名为 student 的数据表，该表中需要有 id、name 和 score 这 3 个字段，具体描述如表
11.1 所示。在运行本范例时，同时也要在本地启动 Redis 服务器，使之运行在 6379 端口，因
为本范例会在 Redis 中缓存学生数据。

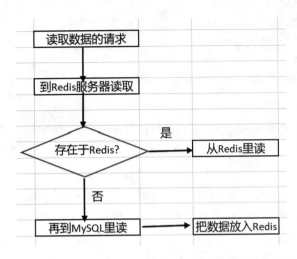

图 11.3 数据库整合 Redis 缓存时，读取数据的流程图

11.5.2 防缓存穿透的设计

从上文能看到，如果引入 Redis 缓存，那么在数据存在于缓存的场景中就能直接从 Redis 中读取数据，这样能够有效降低对数据库的访问压力。不过，在一些场景中，应用程序如果频繁地请求不存在于数据库的数据，就会导致缓存穿透现象。

因为数据不存在于数据库，就更无法缓存到 Redis 中，这样每次查询 Redis 都找不到数据，所以会继续向数据库发送查询请求。如果在高并发的场景中，大量的查询请求就会"穿透 Redis 缓存"，都集中到数据库上，这样就会给数据库造成很大的压力，如果并发量超出了数据库的负载，数据库就会无法继续接受请求，从而造成严重的产线问题。

防止穿透常用的做法是，缓存 null 值和数据库不存在的键。具体在本项目中，会在 Redis 中缓存不存在的学生信息，这样虽然对应的请求依然无法得到学生对象，但这些请求能被 Redis 缓存挡住，就不会再到数据库中查询一遍。

11.5.3 防内存溢出的设计

正是因为 Redis 把数据缓存在内存中，所以从 Redis 中读数据的效率要远高于 MySQL 等数据库。但是如果在缓存数据时不设置超时时间，那么每次设置的缓存数据就会一直保存在内存中，这样时间长了，就会导致内存溢出问题。

对此，可以在缓存数据时为每个数据设置一个合理的超时时间，在之前的范例中也是这样做的。不过在之前的范例中，超时时间是一个整数值，这种做法虽然可以避免内存问题，但依然有可能导致缓存穿透现象。比如应用程序在某一时间点批量加入几十万个缓存数据，这些数据的超时时间都是 1 小时，那么在 1 小时之后，这一批数据会同时失效，所以对这批数据的请求都会被发送到数据库，这样数据库依然有可能崩溃。

本范例对此的解决方法是，在设置超时时间时采用整数加随机数的方式，比如超时时间是 24 小时加 100 以内的随机数。这样这批数据就会在 100 秒的区间内逐步失效，所以会把对数据库的请求分散到这 100 秒以内，从而在避免内存溢出的同时，也能避免缓存穿透问题。

11.5.4　整合数据库和缓存的项目

根据上文描述的整合要点，这里将在 RedisMySQLDemo 项目中给出整合使用 MySQL 和 Redis 的开发步骤。

步骤 01 在 pom.xml 中引入 Spring Boot、MySQL、JPA 和 Redis 的依赖包，由于相关的包之前都解释过，因此这里就不再给出详细代码，读者可以到本书附带的项目中自行阅读相关代码。

步骤 02 编写启动类，这里无须像 11.4 节的范例一样，在@SpringBootApplication 注解中通过 exclude 参数排除驱动程序，因为本范例会使用 MySQL 的驱动程序，具体代码如下：

```
01  package prj;
02  import org.springframework.boot.SpringApplication;
03  import org.springframework.boot.autoconfigure.
    SpringBootApplication;
04  @SpringBootApplication
05  public class SpringBootApp {
06      public static void main(String[] args) {
07          SpringApplication.run(SpringBootApp.class, args);
08      }
09  }
```

步骤 03 编写 application.yml 配置文件，在其中定义与 MySQL 数据库和 Redis 缓存的连接信息，具体代码如下：

```
01  spring:
02    datasource:
03      url: jdbc:mysql://localhost:3306/student?characterEncoding=
    UTF-8&useSSL=false&serverTimezone=UTC
04      username: root
05      password: 123456
06      driver-class-name: com.mysql.jdbc.Driver
07    jpa:
08      database: MYSQL
09      show-sql: true
10      hibernate:
11        ddl-auto: validate
12      properties:
13        hibernate:
14          dialect: org.hibernate.dialect.MySQL5Dialect
15    redis:
16      host: localhost
17      port: 6379
```

其中，通过第 1～6 行代码定义了与 MySQL 的连接信息，包括连接 URL，连接用户名、密码和连接所用到的驱动程序。由于在本 Spring Boot 范例中是通过 JPA 连接 MySQL 数据库的，因此还通过第 7～14 行代码指定了 JPA 的配置。同时通过第 15～17 行代码指定了 Redis 的连接信息。

步骤 04　编写业务模型类 Student.java，该类用于映射 MySQL 数据表和 Redis 缓存中的对象。

```
01  package prj.model;
02  import javax.persistence.Column;
03  import javax.persistence.Entity;
04  import javax.persistence.Id;
05  import javax.persistence.Table;
06  import java.io.Serializable;
07  @Entity
08  @Table(name="student")
09  public class Student implements Serializable {
10      @Id
11      @Column(name = "id")
12      private String id;
13      @Column(name = "name")
14      private String name;
15      @Column(name = "score")
16      private String score;
17      //省略针对各属性的 get 和 set 方法
18  }
```

从中能够看到，第 12 行、第 14 行和第 16 行定义的 3 个属性分别通过@Column 注解映射到了 MySQL 中 student 表的 3 个字段，而且这 3 个字段的数据结构与缓存在 Redis 中的数据结构完全一致。

步骤 05　编写控制器类，该 Controller 控制器类的代码如下，其中以/saveStudent 格式的请求对外提供保存学生的服务，以/findByID/{id}格式的请求提供查询学生的服务，只不过这里会用 Redis 或 MySQL 中查询的数据，以/deleteByID/{id}格式的请求提供删除学生的服务。

```
01  package prj.controller;
02  import org.springframework.beans.factory.annotation.Autowired;
03  import org.springframework.web.bind.annotation.PathVariable;
04  import org.springframework.web.bind.annotation.RequestMapping;
05  import org.springframework.web.bind.annotation.RestController;
06  import prj.model.Student;
07  import prj.service.StudentService;
08  @RestController
09  public class Controller {
10      @Autowired
11      StudentService studentService;
12      @RequestMapping("/saveStudent")
13      public void saveStudent(){
14          Student newStudent = new Student();
```

```
15          newStudent.setId("Student_001");
16          newStudent.setName("Tim");
17          newStudent.setScore("100");
18          studentService.saveStudent(newStudent);
19      }
20      @RequestMapping("/findByID/{id}")
21      public Student findByID(@PathVariable String id){
22          return studentService.findByID(id);
23      }
24      @RequestMapping("/deleteByID/{id}")
25      public void deleteByID(@PathVariable String id){
26          studentService.deleteByID(id);
27      }
28  }
```

步骤 06 编写业务实现类 StudentService.java，这个类在控制器类中被调用，具体代码如下：

```
01  package prj.service;
02  import org.springframework.beans.factory.annotation.Autowired;
03  import org.springframework.stereotype.Service;
04  import prj.model.Student;
05  import prj.repo.StudentMySQLRepo;
06  import prj.repo.StudentRedisDao;
07  import java.util.Random;
08  @Service
09  public class StudentService {
10      @Autowired
11      private StudentRedisDao studentRedisDao;
12      @Autowired
13      private StudentMySQLRepo studentMySQLRepo;
14      public void saveStudent(Student student){
15          //在插入和更新前，删除缓存中的数据
16          studentRedisDao.deleteByID(student.getId());
17          //更新后暂时不放入缓存，待读取时再放入
18          studentMySQLRepo.save(student);
19      }
```

在第 11 行和第 13 行中通过@Autowired 关键字以依赖注入的方式引入了两个对象。其中 studentRedisDao 用来访问 Redis 数据，而 studentMySQLRepo 对象用来访问 MySQL 数据库。

第 14 行的 saveStduent 方法将用来实现保存学生对象的功能，在保存前，为了避免缓存中存在旧数据从而导致读写错误，所以需要通过第 16 行代码根据学生 id 删除缓存中的数据，随后通过第 18 行代码向 MySQL 数据库中存入学生数据。注意在存入学生数据时无须把该数据放入缓存，可以在读取时再进行放入缓存的动作。

```
20      public Student findByID(String id){
21          //该对象用来缓存空数据
22          Student empStudent = new Student();
```

```
23            empStudent.setId("emptyID");
24            Random rand = new Random();
25            Student student = studentRedisDao.findByID(id);
26            if(student != null) {
27                System.out.println("Get Student From Redis");
28                //如果 Redis 有真实数据则返回
29                if( !student.getId().equals("emptyID")){
30                    return student;
31                }
32                else{
33                    return null;
34                }
35            }else {
36                System.out.println("Get Student From MySQL");
37                student = studentMySQLRepo.findStudentById(id);
38                int randNum = rand.nextInt(100);
39                //如果数据库存在，则加入缓存
40                if(student !=null) {
41                    studentRedisDao.saveStudent(id, 24 * 60 * 60 + randNum,
    student);
42                    return student;
43                }
44                //否则缓存空数据，防穿透
45                else{
46                    studentRedisDao.saveStudent(id, 24 * 60 * 60 + randNum,
    empStudent);
47                    return student;
48                }
49            }
50    }
```

在第 20 行的 findByID 方法中，首先通过第 25 行代码根据学生 id 到 Redis 中查看是否有数据，在随后第 26～35 行代码中判断从 Redis 中获取的数据是否是因防穿透而缓存的空数据。

如果确实能从 Redis 缓存中读到数据，并且还不是空数据，就直接通过第 30 行代码返回该学生对象。如果虽然能从 Redis 中读到数据，但却是因为防穿透而缓存的空数据，就通过第 33 行代码返回 null 值。

如果无法在 Redis 中找到数据，就会走第 35～48 行的 else 流程。在其中，首先通过第 37 行代码在 MySQL 中根据学生 id 查找数据，如果找到了，则会通过第 41 行代码缓存到 Redis 中。缓存时为了避免内存问题，会给该对象设置一个 24 小时加 100 秒内随机数的值，在缓存到 Redis 后，再通过第 42 行代码返回学生对象。

但如果还是无法从 MySQL 中找到该学生对象，则会通过第 46 行代码到 Redis 中缓存该 id，这样做的目的是防止缓存穿透，随后通过第 47 行代码返回空的学生对象。

```
51    public void deleteByID(String id){
52        studentRedisDao.deleteByID(id);
```

```
53              studentMySQLRepo.deleteById(id);
54      }
55  }
```

在第 54 行的 deleteByID 方法中实现了根据学生 id 删除数据的动作，其中首先通过第 52 行代码删除 Redis 中的数据，随后通过第 53 行代码删除 MySQL 中的数据。

步骤 07 编写与 MySQL 和 Redis 交互的类。其中在 StudentRedisDao 类中实现了与 Redis 的交互，代码如下：

```
01  package prj.repo;
02  import com.google.gson.Gson;
03  import org.springframework.beans.factory.annotation.Autowired;
04  import org.springframework.data.redis.core.RedisTemplate;
05  import org.springframework.stereotype.Repository;
06  import prj.model.Student;
07  import java.util.concurrent.TimeUnit;
08  @Repository
09  public class StudentRedisDao {
10      @Autowired
11      private RedisTemplate<String, String> redisTemplate;
12      //向 Redis 缓存中保存 Student 数据
13      public void saveStudent(String id, int expireTime, Student
    student){
14          Gson gson = new Gson();
15          redisTemplate.opsForValue().set(id, gson.toJson(student),
    expireTime, TimeUnit.SECONDS);
16      }
17      //从 Redis 缓存中根据 id 查找 Student 数据
18      public Student findByID(String id){
19          Gson gson = new Gson();
20          Student student = null;
21          String studentJson = redisTemplate.opsForValue().get(id);
22          if(studentJson != null && !studentJson.equals("")){
23              student = gson.fromJson(studentJson, Student.class);
24          }
25          return student;
26      }
27      //从 Redis 中删除指定 id 的 Student 数据
28      public void deleteByID(String id){
29        redisTemplate.opsForValue().getOperations().delete(id);
30      }
31  }
```

在第 13 行的 saveStudent 方法中实现了向 Redis 中缓存学生数据的功能，在第 18 行的 findByID 方法中实现了根据 id 到 Redis 中查询学生数据的功能，而在第 28 行的 deleteByID 方法中实现了删除 Redis 数据的功能。

StudentMySQLRepo 类继承了 JpaRepository 类，该类以 JPA 的方式封装了操作 MySQL 数据表的方法，具体代码如下：

```
01    package prj.repo;
02    import org.springframework.data.jpa.repository.JpaRepository;
03    import org.springframework.stereotype.Repository;
04    import prj.model.Student;
05    @Repository
06    public interface StudentMySQLRepo extends JpaRepository<Student, String>
      {
07        public Student findStudentById(String id);
08    }
```

虽然在该类中只包含 findStudentById 方法，但业务方法类中用到的 save 和 deleteById 方法是封装在 JpaRepository 类中的。

11.5.5　观察 MySQL 和 Redis 的整合效果

通过上述步骤完成开发 RedisMySQLDemo 项目后，可以通过如下步骤观察 Spring Boot 整合 MySQL 和 Redis 的效果。

首先在确保 MySQL 和 Redis 服务器处于启动状态的前提下，运行 SpringBootApp.java 代码启动该 Spring Boot 项目，随后可以在浏览器中输入 http://localhost:8080/findByID/Student_001，故意查询一个不存在的学生信息。

第一次在浏览器中输入查询不存在的学生请求时，在浏览器中看不到任何结果，同时能在控制台看到如下输出，这说明该请求会到 MySQL 中查询数据：

```
Get Student From MySQL
```

随后在浏览器中再次输入 http://localhost:8080/findByID/Student_001，此时同样在浏览器中看不到任何结果，但会在控制台中看到如下输出。这说明为了防止缓存穿透，Redis 会缓存不存在的数据，这样此后查询类似不存在学生的请求就会被 Redis 缓存挡掉，而不会再发送到 MySQL 数据库中，从而加重数据库的负担。

```
Get Student From Redis
```

然后在浏览器中输入 http://localhost:8080/saveStudent，就会在 MySQL 中保存该条数据，随后再输入 http://localhost:8080/findByID/Student_001，就会在浏览器中看到如下输出结果：

```
{"id":"Student_001","name":"Tim","score":"100"}
```

同时会在控制台看到如下输出，这说明本次请求是从 MySQL 中得到的数据。

```
Get Student From MySQL
```

如果再到浏览器中输入 http://localhost:8080/findByID/Student_001，同样会在浏览器中看到相同的结果，不过此时在控制台就会看到如下不同的输出：

```
Get Student From Redis
```

这说明在第一次从MySQL获取ID为Student_001的学生信息后，会把该条数据缓存到Redis中，这样之后的同类请求就会从Redis中获取数据，这样也能减轻对MySQL的负载压力。

如果在浏览器中输入 http://localhost:8080/deleteByID/Student_001，就会在 Redis 和 MySQL 中删除该条学生信息。在这种情况下，再运行 http://localhost:8080/findByID/Student_001 请求查找该条学生数据，在浏览器中就不会再看到该条信息。

11.6　思考与练习

1. 简答题

（1）在理解的基础上，叙述 Redis 的优缺点。

参考答案：参考 11.1.2 小节的描述。

（2）叙述 Redis 的 5 种数据结构类型，并说明它们的应用场景。

参考答案：参见 11.3 节给出的描述。

（3）在 Redis 中缓存数据时，为什么还要设置超时时间？

参考答案：为了避免缓存数据永不失效而导致的内存问题。

（4）什么是缓存穿透？如何避免？缓存穿透会造成什么样的后果？

参考答案：参考 11.5.2 小节给出的描述。

（5）在 Redis 缓存数据时，为什么在设置超时时间时还需要额外加上一个随机数字？

参考答案：为了避免在同一时刻大批量数据同时失效而导致的缓存穿透问题。

（6）本章提到的 Redis 的常用命令有哪些，并说明这些命令的作用。

参考答案：get：获取数据，set：设置缓存，del：从缓存中删除数据，exists：判断缓存中是否有该数据。

2. 操作题

（1）仿照本章 11.1.3 小节所述的步骤，在本地搭建 Redis 环境。

（2）安装好 Redis 环境后，启动 Redis 服务端和客户端，并通过客户端用 set 命令缓存键为 001、值为 Peter 的数据，再通过 get 命令获取该键的数据，随后通过 del 命令删除该条数据。

（3）在 MySQL 数据库中创建名为 emp 的数据库（schema），在该数据库中创建如表 11.3 所示的 emp 表。同时仿照 11.5 节给出的 RedisMySQLDemo 项目开发新的 Maven 项目以实现如下功能点。

表 11.3　emp 数据结构一览表

字　段　名	类　　型	说　　明
id	字符串	员工 id
name	字符串	员工姓名
salary	字符串	员工的工资

- 在控制器中提供保存员工信息、根据 id 查找员工信息和根据 id 删除员工信息的接口方法。
- 在保存员工信息的实现方法中，先从 Redis 中删除该条员工信息，再到 MySQL 的 emp 表中保存该条员工信息。
- 在删除员工信息的实现方法中，从 Redis 和 MySQL 数据表中删除该 id 的员工信息。
- 在根据 id 查找员工信息的实现方法中，先从 Redis 中查找，如果 Redis 中找不到，再到 MySQL 数据库中查找。
- 在根据 id 查找员工信息的实现方法中，需要缓存不存在的员工 id，以避免缓存穿透现象，通知在缓存员工信息时需要设置 2 小时+100 秒内随机数的超时时间，以免出现内存溢出问题。

第 12 章

Spring Boot 整合 MyCAT 分库组件

在用 Spring Boot 开发高并发场景的项目时，为了有效降低对数据库的负载，从而提升数据库的工作性能，除了会使用前文给出的 Redis 组件缓存数据外，还会用到 MyCAT 分库组件。

通过引入 MyCAT 分库组件，在实际项目中，能根据指定的规则把规模巨大的数据表拆分成若干个子表，这样针对大数据表的访问请求就会被分散到若干小表中，从而有效提升数据库的服务性能。

本章将会在介绍 MyCAT 组件的基础上给出在 Windows 操作系统上搭建 MyCAT 的步骤，并讲述 Spring Boot 项目整合 MyCAT 组件的详细步骤。

12.1　MyCAT 分库组件概述

MyCAT 是一个开源的实现分库功能的数据库组件，该组件可以很好地提升对数据表，尤其是大数据库表的访问性能。

12.1.1　分库需求与 MyCAT 组件

假设在某电商系统中有一张主键为 id 的订单流水表，如果该系统业务量很大，这张流水表的规模会很大，甚至有可能达到"亿"级规模。这样如果要从该表中查询流水数据，哪怕再引入索引等优化的措施，但由于数据表规模太大，依然会成为性能上的瓶颈。

解决此类问题的思路是"分库"，具体的做法如下：

（1）在 10 个不同的数据库中，用相同的表结构同时创建这 10 张订单流水表。

（2）同时合理地制定数据的读写规则，比如在 1 号数据库中只存放 id%10 等于 1 的流水记录，在 2 号库中只存放 id%10 等于 2 的流水记录，以此类推。

这样就能把这张大的订单流水表拆分成 10 个子表，而本章将要重点讲述的 MyCAT 组件就能有效地实现这种分库的功能。具体效果如图 12.1 所示。

（1）当向大表插入数据时，MyCAT 组件能根据分库规则把这条数据插入对应的子表中。

（2）当向大表发起读数据请求时，MyCAT 组件能根据分库规则到对应的子表中读取数据。

（3）当向大表发起删除和更新数据请求时，MyCAT 组件能根据分库规则到对应的子表中进行删除和更新数据的操作。

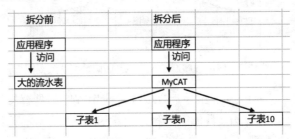

图 12.1　通过 MyCAT 实现分库操作的效果图

在实际项目中，可以根据表的规模来合理设置子表的个数，这样由于把大表的数据分散到若干子表中，因此每次请求数据所对应的数据总量可以有效降低，由此能提升对数据库的访问性能。

而且在实际项目中，一般会把子表尽量分散到不同主机的数据库上，而不是单纯地在同一台主机上创建多个子表，具体效果如图 12.2 所示。

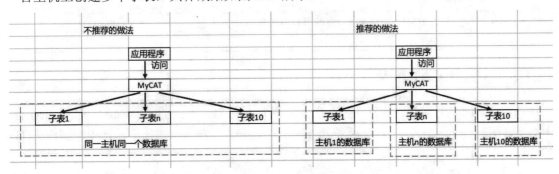

图 12.2　尽量把子表分散到不同数据库的效果图

由于单台数据库会有性能上的瓶颈，比如每秒最多能处理 300 个请求，因此如果把这些子表放在同一台主机上，那么还是无法突破单台数据库的性能瓶颈。但如果把这些子表分散到不同主机上，就相当于用不同的主机来分摊对数据库的请求，这样就能成倍地提升数据库的性能。

考虑到成本，在实施分库时，可能没有办法为每个子表都分配一台主机，不过可以退而求其次，可以尽可能地把子表分散到不同的主机上，比如某项目最多能申请到 3 台主机，就可以把多张分表分散部署到这 3 台主机上。

12.1.2　MyCAT 组件的重要配置文件

事实上，MyCAT 组件能解析 SQL 语句，并根据预先设置好的分库字段和分库规则把该 SQL 发送到对应的子表上执行，再把执行好的结果再返回给应用程序。该组件默认的工作端口是 8066，它和应用程序以及数据库之间的关系如图 12.3 所示。

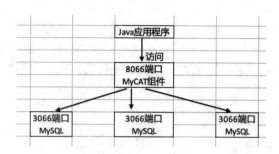

图 12.3　应用程序通过 MyCAT 访问数据的效果图

从中可以看到，在引入 MyCAT 组件后，Java 等应用程序不是直接和 MySQL 等数据库互连，而是直接和 MyCAT 组件交互。具体应用程序会把 SQL 请求先发送到 MyCAT，而 MyCAT 会根据配置好的分库分表规则把请求发送到对应的数据库上，得到请求再返回给应用程序。

在实际应用中，为了通过 MyCAT 组件实现分库的效果，一般需要配置该组件的 3 个配置文件，这些配置文件的描述如表 12.1 所示。

表 12.1　MyCAT 配置文件作用一览表

配置文件名	作　用
server.xml	在其中可以配置 MyCAT 对外提供服务的信息，比如工作端口，连接到 MyCAT 所用的用户名、密码等
schema.xml	在其中可以定义 MyCAT 组件以及各分库的连接信息
rule.xml	在其中可以定义各种分库规则

12.1.3　下载 MyCAT 组件

在使用 MyCAT 组件进行分库操作之前，需要先到 MyCAT 官网等下载 MyCAT 的组件，本书下载的是基于 Windows 操作系统的 1.6 版，大家可以在本章的代码目录中看到该组件的压缩包。

下载到本地解压后，能看到如图 12.4 所示的目录效果，其中 MyCAT 组件的运行命令包含在 bin 目录中，而表 12.1 所列的 3 个配置文件存在于 conf 目录中。

名称 ^	修改日期	类型	大小
bin	2021/4/25 17:46	文件夹	
catlet	2011/11/1 7:09	文件夹	
conf	2021/4/25 17:46	文件夹	
lib	2021/4/25 17:46	文件夹	
logs	2021/4/25 20:08	文件夹	
version.txt	2016/10/28 20:47	文本文档	1 KB

图 12.4　解压后的 MyCAT 目录效果图

12.2　MyCAT 整合 MySQL 实现分库效果

本节将通过改写 MyCAT 配置文件实现针对 orderdetail 表的分库效果。为了方便演示，这里用到的 3 个 MySQL 数据库都部署在 localhost 的 3306 端口上，只不过是用不同的数据库名来区分的。

12.2.1　分库效果框架图

这里将要实现分库效果的 orderdetail 表（订单流水表）的字段相对简单，如表 12.2 所示。

表 12.2　实现分库效果的 orderdetail 表字段说明

字　段　名	类　　型	说　　明
id	int	订单 id
name	字符串	订单名

而具体要实现的分库效果如图 12.5 所示。从中能看到，orderdetail 表将会被分散到 3 个子表上，这 3 个子表的结构完全相同。

其中，db1 数据库中的 orderdetail 子表的 id 值对 3 取模运算后，返回值均是 0，以此类推，db2 数据库中的 orderdetail 子表的 id 值对 3 取模运算后，返回值均是 1，而 db2 数据库中的 orderdetail 子表的 id 值对 3 取模运算后，返回值均是 2。

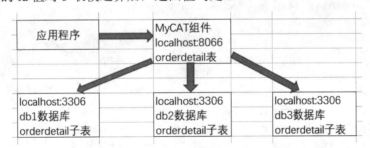

图 12.5　分库效果图

这样就相当于用 3 个数据库服务器来分散对 orderdetail 表的访问请求。这种分库效果对应用程序来说是透明的，即应用程序发出的对 orderdetail 表的增删改查访问请求会被 MyCAT 组件根据事先设置的分库规则到对应的子表上操作，而在对应子表上的操作结果也会被 MyCAT 组件返回给应用程序。也就是说，在引入 MyCAT 组件实施分库操作后，在提升数据库访问性能的同时，不会给使用数据库的应用程序带来任何维护上的负担。

12.2.2　用 MyCAT 实现分库效果

可以通过如下步骤实现如图 12.5 所示的分库效果。

步骤 **01**　在 localhost:3306 所在的 MySQL 数据库中创建 3 个名为 db1、db2 和 db3 的数据库（schema），在其中各创建如表 12.2 所示的 orderdetail 表。

步骤 **02**　找到 MyCAT 目录中的 server.xml，在其中编写如下代码：

```
01  <?xml version="1.0" encoding="UTF-8"?>
02  <!DOCTYPE mycat:server SYSTEM "server.dtd">
03  <mycat:server xmlns:mycat="http://io.mycat/">
```

```
04      <system>
05         <property name="serverPort">8066</property>
06         <property name="managerPort">9066</property>
07      </system>
08      <user name="root">
09         <property name="password">123456</property>
10         <property name="schemas">TESTDB</property>
11      </user>
12  </mycat:server>
```

其中通过第 5 行和第 6 行代码设置了 MtyCAT 的工作端口是 8066，管理端口是 9066，通过第 8～11 行代码设置了可以用 root 用户名和 123456 密码登录 MyCAT，而且登录后可以访问 TESTDB 数据库。

步骤 03 找到 MyCAT 目录中的 rule.xml，在其中通过如下代码定义分库规则：

```
01  <?xml version="1.0" encoding="UTF-8"?>
02  <!DOCTYPE mycat:rule SYSTEM "rule.dtd">
03  <mycat:rule xmlns:mycat="http://io.mycat/">
04      <tableRule name="mod-long">
05         <rule>
06            <columns>id</columns>
07            <algorithm>mod-long</algorithm>
08         </rule>
09      </tableRule>
10      <function name="mod-long"
    class="io.mycat.route.function.PartitionByMod">
11         <property name="count">3</property>
12      </function>
13  </mycat:rule>
```

通过第 4～9 行代码定义了针对表的分库规则，该分库规则的名字如第 4 行所示，为 mod-long。

第 5～8 行代码则定义了该分库规则将按 mod-long 算法对 id 进行取模操作，再结合第 10～12 行代码能看到 mod-long 算法将对 id 值进行 mod 3 操作（取 3 的摸），并根据结果进行分库操作。这里请注意，取模的数值 3 需要和数据库主机的数量相同。

步骤 04 编写 schema.xml，代码如下：

```
01  <?xml version="1.0"?>
02  <!DOCTYPE mycat:schema SYSTEM "schema.dtd">
03  <mycat:schema xmlns:mycat="http://io.mycat/">
04      <schema name="TESTDB" checkSQLschema="true" >
05         <table name="orderdetail" dataNode="dn1,dn2,dn3"
    rule="mod-long" />
06      </schema>
07      <dataNode name="dn1" dataHost="localhost1" database="db1" />
08      <dataNode name="dn2" dataHost="localhost1" database="db2" />
```

```
09          <dataNode name="dn3" dataHost="localhost1" database="db3" />
10          <dataHost name="localhost1" maxCon="1000" minCon="10" balance="0"
   writeType="0" dbType="mysql" dbDriver="native" switchType="1"
   slaveThreshold="100">
11              <heartbeat>select user()</heartbeat>
12              <writeHost host="hostM1" url="localhost:3306" user="root"
   password="123456">
13              </writeHost>
14          </dataHost>
15      </mycat:schema>
```

通过第 4～6 行代码定义了 rule.xml 配置文件中定义的 mod-long 分库规则，将作用在 dn1、dn2 和 dn3 这 3 个数据节点的 orderdetail 数据表上。随后通过第 7～9 行代码定义了 dn1、dn2 和 dn3 这 3 个数据节点都指向 localhost1 这个真实的数据库。事实上，在实际应用中，一般会让不同的数据节点指向不同的数据库。

在第 10～13 行代码中给出了针对 localhost1host1 数据库的定义，具体而言，先在第 10 行通过 dbType 参数定义了 localhost1host1 是 mysql 类型的数据库，随后通过 maxCon 和 minCon 参数指定了该 host 数据库的最大和最小连接数。然后通过 balance 和 writeType 参数指定了向 localhost1host1 读写的请求，其实发送到第 12 行定义的 url 是 localhost:3306 的 mysql 数据库，同时在第 12 行还指定了连到 localhost:3306 的 mysql 数据库的用户名和密码。

在第 11 行定义的 heartbeat 参数则指定了 MyCAT 组件用 select user() 语句来判断数据库能否处于"连接"状态。

综合观察上述 3 个配置文件，这里通过 MyCAT 定义了如下分库动作：

（1）应用程序如果要使用 MyCAT，需要用用户名 root 和密码 123456 连接到 MyCAT 组件。

（2）如果插入 id 为 1 的数据，根据在 schema.xml 中的定义，会先根据 mod-long 规则对 id 进行模 3 处理，结果是 1，所以会插入 localhost2 所定义的数据库的 orderdetail 表中，如果要进行读取、删除和更新操作，也会先对 id 模 3，再把该请求发送到对应的数据库中。

通过图 12.6，读者能更清晰地看到上文定义的分库关系。

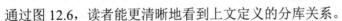
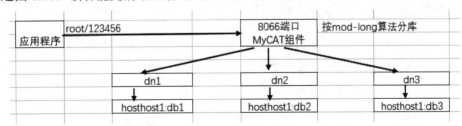

图 12.6　针对 orderdetail 表的分库关系图

需要说明的是，上文是用取模算法把 orderdetail 表分散到 3 个数据库中，事实上，通过编写 rule.xml 配置文件还可以引入其他分库算法，通过编写 shema.xml 配置文件还可以通过 MyCAT 组件把数据表分散到更多的子表中。

12.2.3　观察分库效果

完成上述配置后，打开命令行窗口，并进入 MyCAT 组件的 bin 目录，在其中运行如下所示的 startup_nowrap.bat 命令，启动 MyCAT 组件。

```
D:\Mycat-server-1.6-RELEASE-20161028204710-win\mycat\bin>startup_nowrap.bat
```

成功启动后，通过 MyCAT 的客户端（本书用到的是 MySQL WorkBench）创建一个指向 localhost:8066 的连接，同时指定用户名和密码分别是 root 和 123456，这里的参数需要和前文 rule.xml 中的配置保持一致。

随后，在 TESTDB 数据库的 orderdetail 表中通过如下 SQL 语句插入 3 条数据：

```
01  insert into TESTDB.orderdetail (id,name) values (1,'orderA')
02  insert into TESTDB.orderdetail (id,name) values (2,'orderB')
03  insert into TESTDB.orderdetail (id,name) values (3,'orderC')
```

随后进入 localhost:3306 的 MySQL 数据库，在其中的 db1 数据库的 orderdetail 表中发现只存入了 id 为 3 的 orderdetail 数据，在 db2 数据库中只存入了 id 为 1 的数据，而在 db3 数据库中只存入了 id 为 2 的数据，也就是说，这里通过 MyCAT 组件已经成功地把数据分散到了 3 张不同的子表上了。

事实上，MyCAT 组件会把针对 orderdetail 表的增删改查操作分散到 3 个子表上，有效地减轻针对单个数据库的压力，从而有效提升数据库的可用性和性能。

12.3　Spring Boot 整合 MyCAT 组件

这里将在 MyCATDemo 项目中演示 Spring Boot 整合 MyCAT 组件的效果。

从代码角度来看，Spring Boot 整合 MyCAT 组件的做法和整合 MySQL 数据库的做法差别不大，只需向 MyCAT 所在的工作端口（这里用到的是 localhost:8066）发出增删改查请求即可，而 MyCAT 组件自动地根据分库规则把这些请求发送到对应的数据库上，从而实现分库效果。

12.3.1　通过 pom.xml 文件引入依赖包

在本项目的 pom.xml 中，将用如下代码引入 Spring Boot、MySQL 和 JPA 的依赖包。由于在本项目中，MyCAT 只是实现分库的组件，通过该组件最终连接的还是 MySQL，因此本项目无须再引入 MyCAT 依赖包，引入 MySQL 组件即可。

```
01  <dependencies>
02      <dependency>
03          <groupId>org.springframework.boot</groupId>
04          <artifactId>spring-boot-starter-web</artifactId>
05      </dependency>
06      <dependency>
07       <groupId>mysql</groupId>
```

```
08            <artifactId>mysql-connector-java</artifactId>
09            <version>5.1.4</version>
10            <scope>runtime</scope>
11        </dependency>
12        <dependency>
13            <groupId>org.springframework.boot</groupId>
14          <artifactId>spring-boot-starter-data-jpa</artifactId>
15        </dependency>
16    </dependencies>
```

其中通过第 2～5 行代码引入了 Spring Boot 的依赖包，通过第 6～11 行代码引入了 MySQL
的依赖包，通过第 12～15 行代码引入了 JPA 的依赖包。

12.3.2　编写配置文件

在本项目的 resources 目录中，需要创建 application.yml 配置文件，在其中引入 MyCAT
和 JPA 的配置信息，代码如下：

```
01  spring:
02    datasource:
03      url: jdbc:mysql://localhost:8066/TESTDB?useSSL=false
04      username: root
05      password: 123456
06      driver-class-name: com.mysql.jdbc.Driver
07    jpa:
08      database: MYSQL
09      show-sql: true
10      hibernate:
11        ddl-auto: validate
12      properties:
13        hibernate:
14          dialect: org.hibernate.dialect.MySQL5Dialect
```

这里通过第 3 行代码用 spring.datasource.url 参数设置了本项目将连向工作在 localhost:8066
端口的 MyCAT 组件，这样本项目就能用该组件实现分库效果。

12.3.3　实现整合效果

本项目的启动类和之前项目的完全一致，所以这里就不再重复给出了。
在如下的 Controller.java 控制器类中定义了对外服务的方法，具体代码如下：

```
01  package prj.controller;
02  import org.springframework.beans.factory.annotation.Autowired;
03  import org.springframework.web.bind.annotation.PathVariable;
04  import org.springframework.web.bind.annotation.RequestMapping;
05  import org.springframework.web.bind.annotation.RestController;
06  import prj.model.OrderDetail;
```

```
07  import prj.service.OrderDetailService;
08  @RestController
09  public class Controller {
10      @Autowired
11      OrderDetailService orderDetailService;
12      @RequestMapping("/save")
13      public void save(){
14          OrderDetail orderDetail = new OrderDetail();
15          orderDetail.setId(10);
16          orderDetail.setName("MyCAT");
17          orderDetailService.save(orderDetail);
18      }
19      @RequestMapping("/findByID/{id}")
20      public OrderDetail findByID(@PathVariable int id){
21          return orderDetailService.findByID(id);
22      }
23      @RequestMapping("/deleteByID/{id}")
24      public void deleteByID(@PathVariable int id){
25          orderDetailService.deleteByID(id);
26      }
27  }
```

在该控制器类中,通过第 13~18 行代码实现了保存 OrderDetail 对象的功能,通过第 20~22 行代码实现了根据 id 查找 OrderDetail 对象的功能,通过第 24~26 行代码实现了删除指定 id 的 OrderDetail 对象的功能。

控制器类中用到的业务逻辑类 OrderDetailService 的代码如下:

```
01  package prj.service;
02  import org.springframework.beans.factory.annotation.Autowired;
03  import org.springframework.stereotype.Service;
04  import prj.model.OrderDetail;
05  import prj.repo.OrderDetailRepo;
06  @Service
07  public class OrderDetailService {
08      @Autowired
09      private OrderDetailRepo orderDetailRepo;
10      public void save(OrderDetail orderDetail){
11          orderDetailRepo.save(orderDetail);
12      }
13      public OrderDetail findByID(int id){
14          return orderDetailRepo.findOrderdetailById(id);
15      }
16      public void deleteByID(int id){
17          orderDetailRepo.deleteById(id);
18      }
19  }
```

在这个类的 3 个方法中，通过第 9 行定义的 OrderDetailRepo 对象实现了以 JPA 的方式操作数据库的功能。

OrderDetailRepo 类的代码如下，该类通过第 6 行代码以继承 JpaRepository 类的方式实现了 JPA 的效果，并在第 7 行代码中实现了根据 id 查找 OrderDetail 对象的功能。

```
01  package prj.repo;
02  import org.springframework.data.jpa.repository.JpaRepository;
03  import org.springframework.stereotype.Repository;
04  import prj.model.OrderDetail;
05  @Repository
06  public interface OrderDetailRepo extends JpaRepository<OrderDetail,
    Integer> {
07      public OrderDetail findOrderdetailById(int id);
08  }
```

而在 Controller 类、OrderDetailService 类和 OrderDetailRepo 类中用到的业务模型类 OrderDetail 的代码如下：

在该类中，通过第 7 行和第 8 行的注解代码指定了该类和数据库中的 orderdetail 表映射，同时用第 11 行和第 13 行的@Column 注解指定了该类的 id 和 name 属性和 orderdetail 表中的同名字段相关联。

```
01  package prj.model;
02  import javax.persistence.Column;
03  import javax.persistence.Entity;
04  import javax.persistence.Id;
05  import javax.persistence.Table;
06  import java.io.Serializable;
07  @Entity
08  @Table(name="orderdetail")
09  public class OrderDetail implements Serializable {
10      @Id
11      @Column(name = "id")
12      private int id;
13      @Column(name = "name")
14      private String name;
15      //省略针对属性的 get 和 set 方法
16  }
```

12.3.4　观察分库效果

通过上述代码，读者能发现在 Spring Boot 中整合 MyCAT 组件的方式和之前给出的整合 MySQL 的方式很相似，只需要在 application.yml 中通过 localhost:8066 代码指向 MyCAT 即可，其他代码无须修改。

为了观察分库效果，需要在保证 MyCAT 和 MySQL 都启动的前提下，再通过运行本项目的启动类启动本项目，随后在浏览器中输入 http://localhost:8080/save，以实现添加数据的效果。

根据 12.2.2 小节的定义，MyCAT 组件根据 orderdetail 的 id 字段实现了分库效果，这里插入的 id 是 10，10 模 3 的结果是 1，所以该条数据会插入在 dn2 节点，即 db2 数据库中。打开该数据库的 orderdetail 表，就能看到这条 id 为 10 的数据。

添加完成后，可以通过 http://localhost:8080/findByID/10 请求观察到这条数据，该请求的运行结果如下，事实上，MyCAT 组件会根据 id 到 dn2 节点找到这条数据并返回。

```
{"id":10,"name":"MyCAT"}
```

随后，可以通过 http://localhost:8080/deleteByID/10 请求删除 id 为 10 的数据，删除后，通过 http://localhost:8080/findByID/10 请求就无法再看到这条数据了。事实上，由于引入了分库效果，MyCAT 组件会根据 id 到 dn2 节点删除这条数据。

12.4 Spring Boot 整合 Redis 与 MyCAT 组件

在实际项目中，MyCAT 分库组件一般会和 Redis 组件整合使用，这样就能从"降低大表数据规模"和"缓存数据"这两个维度提升对数据的访问性能，接下来将在 MyCATRedisDemo 项目中演示 Spring Boot 整合两种数据库相关组件的做法。

12.4.1 整合后的数据服务架构

本项目用到的数据服务架构如图 12.7 所示。

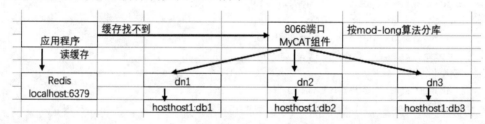

图 12.7 数据库框架图

其中数据表依然是如表 12.2 所示的 orderdetail 表，该表分散在 localhost:3306 的 db1、db2 和 db3 这 3 个数据库中，并由 MyCAT 组件进行了分库管理。在该应用项目中，会先从 Redis 缓存中读取数据，如果读不到，再通过 MyCAT 分库组件到对应的数据表读取数据。

为了着重突出 Spring Boot 整合 Redis 和 MyCAT 组件的效果，在该 MyCATRedisDemo 项目中向 Redis 缓存数据时，不考虑缓存穿透的因素，而在缓存数据时，缓存时间也将设置成整数，不设置成整数加随机数的值。

12.4.2 实现整合效果

在 MyCATRedisDemo 项目中，将通过如下步骤实现 Spring Boot 与两个数据库组件的整合效果。

步骤 01 在pom.xml中，通过如下关键代码引入Spring Boot、MySQL、Redis、GSON和JPA组件。

```
01  <dependencies>
02      <dependency>
03          <groupId>org.springframework.boot</groupId>
04          <artifactId>spring-boot-starter-web</artifactId>
05      </dependency>
06      <dependency>
07       <groupId>mysql</groupId>
08          <artifactId>mysql-connector-java</artifactId>
09          <version>5.1.4</version>
10          <scope>runtime</scope>
11      </dependency>
12      <dependency>
13          <groupId>org.springframework.boot</groupId>
14  <artifactId>spring-boot-starter-data-jpa</artifactId>
15      </dependency>
16      <dependency>
17          <groupId>org.springframework.boot</groupId>
18  <artifactId>spring-boot-starter-data-redis</artifactId>
19      </dependency>
20      <dependency>
21          <groupId>com.google.code.gson</groupId>
22          <artifactId>gson</artifactId>
23          <version>2.8.0</version>
24      </dependency>
25  </dependencies>
```

步骤 02 在 resources/application.yml 文件中配置 MyCAT、JPA 和 Redis 信息，代码如下：

```
01  spring:
02    datasource:
03      url: jdbc:mysql://localhost:8066/TESTDB?useSSL=false
04      username: root
05      password: 123456
06      driver-class-name: com.mysql.jdbc.Driver
07    jpa:
08      database: MYSQL
09      show-sql: true
10      hibernate:
11        ddl-auto: validate
12      properties:
13        hibernate:
14          dialect: org.hibernate.dialect.MySQL5Dialect
15    redis:
16      host: localhost
17      port: 6379
```

在本配置文件中，用第 3 行代码指定了本项目将通过工作在本地 8066 端口的 MyCAT 组件以分库的方式与 MySQL 数据库交互。此外，还通过第 15～17 行代码指定了本项目将在工作在本地 6379 端口的 Redis 中缓存数据。

步骤 03　编写本项目的启动类和 Controller 控制器类，由于这两个类和 12.3 节给出的 MyCATDemo 项目中的完全一致，因此这里不再说明，读者可以自行阅读相关代码。

步骤 04　编写业务控制类 OrderDetailService，代码如下：

```
01   package prj.service;
02   import org.springframework.beans.factory.annotation.Autowired;
03   import org.springframework.stereotype.Service;
04   import prj.model.OrderDetail;
05   import prj.repo.OrderDetailRepo;
06   import prj.repo.RedisRepo;
07   @Service
08   public class OrderDetailService {
09       @Autowired
10       private OrderDetailRepo orderDetailRepo;
11       @Autowired
12       RedisRepo redisRepo;
13       public void save(OrderDetail orderDetail){
14           redisRepo.deleteByID(orderDetail.getId());
15           orderDetailRepo.save(orderDetail);
16       }
```

在本类的第 10 行和第 12 行的代码中，通过@Autowired 注解以 IoC 的方式引入了 redisRepo 和 orderDetailRepo 两个对象，其中前者用来与 Redis 交互，后者用来与 MyCAT 以及 MySQL 交互。

而在第 13 行定义的 save 方法中，先用第 14 行的代码从 Redis 中删除对应的缓存数据，随后再用第 15 行代码通过 MyCAT 根据分库规则向对应的 MySQL 数据库中插入数据。

```
17       public OrderDetail findByID(int id){
18           OrderDetail orderDetail = redisRepo.findByID(id);
19           if(orderDetail != null) {
20               System.out.println("Get From Redis");
21               return orderDetail;
22           }else {
23               System.out.println("Get From MySQL");
24               orderDetail = orderDetailRepo.findOrderdetailById(id);
25               //如果从数据库中找到，则把该 Stock 对象存入 Redis
26               if(orderDetail !=null) {
27                   redisRepo.save(id, 24 * 60 * 60, orderDetail);
28                   return orderDetail;
29               }
30           }
31       return orderDetail;
```

```
32        }
33        public void deleteByID(int id){
34            redisRepo.deleteByID(id);
35            orderDetailRepo.deleteById(id);
36        }
37    }
```

在第 17 行的 findByID 方法中定义了根据 id 查找 OrderDetail 对象的方法，其中先通过第 18 行代码从 Redis 缓存中查找，如果找到则直接通过第 21 行代码返回。如果没找到，则通过第 24 行代码使用 MyCAT 根据分库规则从对应的 MySQL 数据库中查找，找到后先通过第 27 行代码把该数据缓存到 Redis 中，再通过第 28 行代码返回该数据。

第 33 行的 deletaByID 方法实现了根据 id 删除 OrderDetail 对象的做法，具体先通过第 34 行代码删除 Redis 缓存中的数据，再通过第 35 行代码使用 MyCAT 根据分库规则从对应的 MySQL 数据库中删除数据。

步骤 05 编写用于连接 Redis 和 MyCAT 的数据服务类，其中与 Redis 交互的 RedisRepo 类代码如下：

```
01    package prj.repo;
02    import com.google.gson.Gson;
03    import org.springframework.beans.factory.annotation.Autowired;
04    import org.springframework.data.redis.core.RedisTemplate;
05    import org.springframework.stereotype.Repository;
06    import prj.model.OrderDetail;
07    import java.util.concurrent.TimeUnit;
08    @Repository
09    public class RedisRepo {
10        @Autowired
11        private RedisTemplate<String, String> redisTemplate;
12        //向 Redis 缓存中保存数据
13        public void save(int id, int expireTime, OrderDetail orderDetail){
14            Gson gson = new Gson();
    redisTemplate.opsForValue().set(Integer.valueOf(id).toString(),
    gson.toJson(orderDetail), expireTime, TimeUnit.SECONDS);
15        }
16        //从 Redis 缓存中根据 id 查找数据
17        public OrderDetail findByID(int id){
18            Gson gson = new Gson();
19            OrderDetail orderDetail = null;
20            String json = redisTemplate.opsForValue().get(Integer.
    valueOf(id).toString());
21            if(json != null && !json.equals("")){
22                orderDetail = gson.fromJson(json, OrderDetail.class);
23            }
24            return orderDetail;
25        }
```

```
26          //从 Redis 中删除指定 id 的数据
27          public void deleteByID(int id){
28              redisTemplate.opsForValue().getOperations(). delete(Integer.
     valueOf(id).toString());
29          }
30      }
```

在这段代码中，通过第 11 行的 redisTemplate 对象和 Redis 交互，具体在第 13 行的 save 方法中，通过 redisTemplate 对象实现了向 Redis 缓存 OrderDetail 对象数据的功能，通过第 17 行的 findByID 方法实现了从 Redis 中查询 OrderDetail 的功能，通过第 27 行的 deleteByID 方法实现了删除 Redis 中指定 OrderDetail 对象的功能。

注意，在本类的上述 3 个方法中操作 Redis 时，id 属性均要转换成 String 类型，因为 Redis 支持的键需要是 String 类型。

与 MySQL 交互的 OrderDetailRepo 类的代码如下：

```
01  package prj.repo;
02  import org.springframework.data.jpa.repository.JpaRepository;
03  import org.springframework.stereotype.Repository;
04  import prj.model.OrderDetail;
05  @Repository
06  public interface OrderDetailRepo extends JpaRepository<OrderDetail,
    Integer> {
07      public OrderDetail findOrderdetailById(int id);
08  }
```

该类通过继承 JpaRepository 类实现了 JPA 的功能，同时在其中封装了 findOrderdetailById 方法，而在 OrderDetailService 类中用到的 save 和 deleteById 方法则封装在 JpaRepository 中。

同时，本项目用到的 OrderDetail 业务模型类代码和之前讲述的 MyCATDemo 项目中的完全一致，其中包含 id 和 name 这两个属性，并且和 MySQL 表中的 Ordertail 表相映射，读者可以自行阅读相关代码，这里不再重复讲述。

12.4.3 观察整合效果

为了观察 Spring Boot 整合 MyCAT 和 Redis 的效果，需要在保证 MyCAT 和 MySQL 都启动的前提下，再通过运行本项目的启动类启动本项目，随后在浏览器中输入 http://localhost:8080/save，以添加数据。

根据之前定义的分库规则，该条 id 为 10 的 orderdetail 数据会插入 localhost 中 db2 的数据库中。随后再输入 http://localhost:8080/findByID/10，会在浏览器中看到如下输出结果：

```
{"id":10,"name":"MyCAT"}
```

同时，能在 Java 控制台看到 "Get From MySQL" 字样，这说明在第一次查找时在 Redis 缓存中没找到，所以就会通过 MyCAT 分库组件到对应的 MySQL 表中去找。

如果再到浏览器中输入 http://localhost:8080/findByID/10，除了能在浏览器中看到相同的输出之外，还能看到"Get From Redis"字样，这说明第一找到 OrderDetail 数据后，会插入 Redis 缓存中，所以第二次查找时就会直接从 Redis 缓存中返回。

　　此外，还可以通过输入 http://localhost:8080/deleteByID/10 实现删除数据的动作，删除后，在 MySQL 和 Redis 中就不会再看到该条数据，如果再输入 http://localhost:8080/findByID/10，也不会看到有返回结果。

12.5　思考与练习

1. 简答题

（1）说明 MyCAT 组件 3 个配置文件的作用。
参考答案：参见 12.1.2 小节的描述。

（2）说明 MYCAT 组件是如何提升数据库访问性能的？
参考答案：参见 12.1.1 小节给出的描述。

（3）如何整合 Redis 和 MyCAT 组件，从而提升数据库访问性能？
参考答案：参见 12.4.1 小节给出的描述。

（4）拓展思考：除了 Redis 和 MyCAT 组件外，为了提升数据库访问性能，还可以引入哪些分布式组件？
参考答案：可以引入 Kakfa 消息队列组件进行削峰，也可以引入 MySQL 或 Redis 集群。

（5）拓展思考：本章给出的分库算法是针对 id 取模的，此外还有哪些分库的算法？
参考答案：Hash 算法，或者按范围分片。

（6）拓展思考：在引入 MyCAT 分库组件后，如何把原来表中的历史数据清洗到分库表中？
参考答案：可以自己编写一个 Java 程序，一边读取历史表数据，一边按分库算法把数据插入对应的分库表中。

2. 操作题

（1）仿照 12.1.3 小节所述的步骤下载并安装 MyCAT 组件。
（2）仿照 12.2 节给出的步骤结合 MyCAT 和 MySQL 组件实现如下分库效果：

第一步，在本地 MySQL 中创建 db1、db2 和 db3 这 3 个数据库。
第二步，在这 3 个数据库中创建如表 12.3 所示的 emp 表。

表 12.3　emp 数据结构一览表

字 段 名	类 型	说 明
id	数字	员工 id
name	字符串	员工姓名
salary	字符串	员工的工资

第三步，通过改写 MyCAT 中的 3 个配置文件实现针对 id 字段进行分库的功能。

第四步，启动 MyCAT，随后通过 MyCAT 插入、删除和查询 emp 数据，以验证基于 MyCAT 的分库效果。

（3）仿照 12.4 节给出的 MyCATRedisDemo 项目开发新的 Maven 项目以实现 Spring Boot 整合 MyCAT 和 Redis 的功能，具体要求如下：

- 在控制器中提供保存员工信息、根据 id 查找员工信息和根据 id 删除员工信息的接口方法。
- 在保存员工信息的实现方法中，先从 Redis 中删除该条员工信息，再通过 MyCAT 到对应的 MySQL 数据库的 emp 表中保存该条员工信息。
- 在删除员工信息的实现方法中，从 Redis 和 MySQL 数据表中删除该 id 的员工信息。
- 在根据 id 查找员工信息的实现方法中，先从 Redis 中查找，如果 Redis 中找不到，再通过 MyCAT 组件到对应的 MySQL 数据库中查找。
- 在根据 id 查找员工信息的实现方法中，需要缓存不存在的员工 id，以避免缓存穿透现象，通知在缓存员工信息时需要设置 2 小时+100 秒内随机数的超时时间，以免出现内存溢出问题。

第13章

Spring Boot 整合 Dubbo 和 Zookeeper 组件

在 Spring Boot 项目中，一般是通过控制器中的方法以 HTTP 协议的方式对外提供服务。用 HTTP 协议传输数据会占用一定数量的网络带宽，性能上会有一定的损耗，所以在一些高并发的场景中会用 Dubbo 组件来实现模块间的通信。

Dubbo 是阿里巴巴开发的一款高性能的 Java RPC（Remote Procedure Call，远端方法调用）服务组件，它是通过二进制传输数据的，所以性能会比较好。而且为了确保高可用，在实际项目中，一般还会用应用程序协调组件 Zookeeper 来作为 Dubbo 的注册中心。

本章将会在介绍这两款组件的基础上给出搭建 Zookeeper 和 Dubbo 平台的具体方法，随后会讲述在 Spring Boot 项目中整合这两个组件，从而实现远端方法调用的详细步骤。

13.1 Zookeeper 和 Dubbo 框架概述

Dubbo 是实现远端方法调用的组件，具体来说，基于 Dubbo 定义的方法可以被同一主机的其他模块乃至其他主机上的其他模块调用。

为了实现这一点，Dubbo 方法需要在 Dubbo 注册中心注册，而 Zookeeper 组件则可以用于注册中心。远端方法则是先到 Zookeeper 注册中心获取方法列表和参数，再以 RPC 的方式进行远端调用。

13.1.1 远端方法调用和 Dubbo 组件

Dubbo 组件能以透明化的方式实现远端方法调用，具体来讲，在引入 Dubbo 组件后，Spring Boot 等应用程序只需要做简单的配置，就能像调用本地方法一样调用部署在不同主机上的远端方法。

在 Dubbo 组件的底层框架中包含注册中心、服务提供者、服务消费者和监控中心等模块，它们之间的关系如图 13.1 所示。

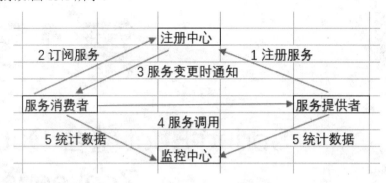

图 13.1　Dubbo 底层框架模块图

（1）在服务提供者中封装对外提供服务的方法，这些方法需要向注册中心注册。

（2）需要调用远端方法的服务消费者会在启动时从注册中心订阅服务，这样就能知道远端有哪些服务可用，并能知道远端的方法名和参数等信息。

（3）当服务提供者中的方法发生变更时，注册中心会感知到，并会向服务消费者通知此类变更信息。

（4）服务消费者通过注册中心知道远端方法后，就能像调用本地方法一样调用远端方法。

（5）服务提供者和服务消费者会把数据传输给监控中心，这样监控中心就能统计各种调用相关的数据。

13.1.2　Dubbo 注册中心与 Zookeeper 组件

从 Dubbo 的底层框架模块图里能看出，Dubbu 的注册中心是服务提供者和服务消费者之间的桥梁。服务中心包含服务提供者端的主机地址、端口号、方法名和方法参数等信息，据此服务消费者才能调用到方法。

为了让不同种类的业务模块都能用统一的方法调用服务提供者中的方法，Dubbo 注册中心需要做到和业务无关，即抽象化。从实践角度来看，不少项目会用 Zookeeper 组件来搭建 Dubbo 的注册中心。

Zookeeper 是一个基于分布式的能提供应用程序协调服务的组件，由于该组件能提供命名服务，因此在分布式环境下能为基于 Dubbo 的服务进行统一的命名。此外，Zookeeper 还能提供集群管理的功能，比如，当有新的 Dubbo 服务添加进来或有旧的 Dubbo 服务退出集群时，Zookeeper 能感知到并动态地维护对外服务列表。

基于 Zookeeper 的上述特性，在不少 Dubbo 项目中会把 Dubbo 服务方法注册到 Zookeeper，而服务消费者会先到 Zookeeper 中查找服务，找到后再根据服务方法注册到 Zookeeper 中的信息调用该服务，具体的调用效果如图 13.2 所示，从中能够感受到，Zookeeper 组件在 Dubbo 体系中实际上起到了"Dubbo 注册中心"的效果。

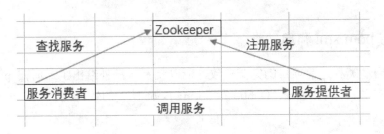

图 13.2　Zookeeper 组件与 Dubbo 组件整合后的效果图

13.1.3　下载并配置 Zookeeper 组件

可以到 Zookeeper 的官网（https://archive.apache.org/dist/zookeeper/zookeeper-3.7.0/）下载 Zookeeper 组件，本书用的是该组件的 3.7.0 版本，读者也可以根据实际情况下载对应的版本。

下载完成后，可以解压在本地目录，进入其中的 conf 目录，把 zoo_sample.cfg 文件改名为 zoo.cfg 文件，该文件可以用记事本等文本编辑器打开并编辑。

由于在 3.7.0 等版本中，Zookeeper 会启用 8080 端口作为管理端口，这就会和 Spring Boot 端口冲突，因此可以在 zoo.cfg 文件中加入如下配置，把管理端口更改成 8888。

```
admin.serverPort=8888
```

随后，可以进入 Zookeeper 的 bin 目录，通过单击 zkServer.cmd 启动 Zookeeper，启动后，如果看到如图 13.3 所示的效果，就说明 Zookeeper 成功启动。

```
ager as watch manager
2021-05-03 17:26:53,923 [myid:] - INFO  [main:ZKDatabase@133] - zookeeper.snapshotSizeFactor = 0.33
2021-05-03 17:26:53,923 [myid:] - INFO  [main:ZKDatabase@153] - zookeeper.commitLogCount=500
2021-05-03 17:26:53,929 [myid:] - INFO  [main:SnapStream@61] - zookeeper.snapshot.compression.method = CHECKED
2021-05-03 17:26:53,938 [myid:] - INFO  [main:FileSnap@85] - Reading snapshot \tmp\zookeeper\version-2\snapshot.1e
2021-05-03 17:26:53,945 [myid:] - INFO  [main:DataTree@1716] - The digest value is empty in snapshot
2021-05-03 17:26:53,967 [myid:] - INFO  [main:ZKAuditProvider@42] - ZooKeeper audit is disabled.
2021-05-03 17:26:53,969 [myid:] - INFO  [main:FileTxnSnapLog@372] - 7 txns loaded in 10 ms
2021-05-03 17:26:53,970 [myid:] - INFO  [main:ZKDatabase@290] - Snapshot loaded in 46 ms, highest zxid is 0x25, digest i
s 24338739562
2021-05-03 17:26:53,971 [myid:] - INFO  [main:FileTxnSnapLog@479] - Snapshotting: 0x25 to \tmp\zookeeper\version-2\snaps
hot.25
2021-05-03 17:26:53,978 [myid:] - INFO  [main:ZooKeeperServer@543] - Snapshot taken in 6 ms
2021-05-03 17:26:53,991 [myid:] - INFO  [ProcessThread(sid:0 cport:2181)::PrepRequestProcessor@137] - PrepRequestProcess
or (sid:0) started, reconfigEnabled=false
2021-05-03 17:26:53,992 [myid:] - INFO  [main:RequestThrottler@75] - zookeeper.request_throttler.shutdownTimeout = 10000
2021-05-03 17:26:54,011 [myid:] - INFO  [main:ContainerManager@84] - Using checkIntervalMs=60000 maxPerMinute=10000 maxN
everUsedIntervalMs=0
```

图 13.3　Zookeeper 成功启动后的效果图

成功启动后，当以 Dubbo 方式提供服务的 Spring Boot 项目启动后，就能向该 Zookeeper 中注册服务，而以 Dubbo 方式消费服务的 Spring Boot 项目也能从该 Zookeeper 中找到并调用服务。

13.2　搭建基于 Dubbo 的服务提供者

这里将在名为 DubboServiceProvide 的 Maven 项目中以 Dubbo 的方式对外提供服务。在编写该项目的代码时请注意两点，第一需要在 pom.xml 中引入 Zookeeper、Dubbo 和 Spring Boot 的依赖包，第二需要用 Dubbo 的@Service 注解定义 Dubbo 服务方法。

13.2.1　编写 pom.xml 和启动类

本项目的启动类和之前项目的完全一致，所以就不再额外给出了。而在 pom.xml 中，需要通过如下代码引入 Zookeeper、Dubbo 和 Spring Boot 相关的依赖包。

```
01  <parent>
02      <groupId>org.springframework.boot</groupId>
03      <artifactId>spring-boot-starter-parent</artifactId>
04      <version>2.1.6.RELEASE</version>
05  </parent>
06  <dependencies>
07      <dependency>
08          <groupId>org.springframework.boot</groupId>
09          <artifactId>spring-boot-starter-web</artifactId>
10      </dependency>
11      <dependency>
12          <groupId>org.apache.dubbo</groupId>
13          <artifactId>dubbo-spring-boot-starter</artifactId>
14          <version>2.7.3</version>
15      </dependency>
16      <dependency>
17          <groupId>org.apache.dubbo</groupId>
18          <artifactId>dubbo</artifactId>
19          <version>2.7.3</version>
20      </dependency>
21      <dependency>
22          <groupId>org.apache.zookeeper</groupId>
23          <artifactId>zookeeper</artifactId>
24          <version>3.7.0</version>
25      </dependency>
26      <dependency>
27          <groupId>org.apache.curator</groupId>
28          <artifactId>curator-framework</artifactId>
29          <version>5.1.0</version>
30      </dependency>
31      <dependency>
32          <groupId>org.apache.curator</groupId>
33          <artifactId>curator-recipes</artifactId>
34          <version>5.1.0</version>
35      </dependency>
36  </dependencies>
```

在该文件中，通过第 6～10 行代码引入了 Spring Boot 的依赖包，通过第 11～20 行代码引入了 Dubbo 的依赖包，通过第 21～35 行代码引入了 Zookeeper 相关的依赖包。

13.2.2　编写配置文件

在本项目的 resources 目录下需要添加 application.properties 配置文件，在其中定义 Dubbo 相关的配置参数，具体代码如下：

```
01  spring.application.name=DubboProvider
02  dubbo.application.name=DubboProvider
03  dubbo.registry.protocol=zookeeper
04  dubbo.registry.address=zookeeper://127.0.0.1:2181
05  dubbo.protocol.name=dubbo
06  dubbo.protocol.port=20880
07  dubbo.scan.base-packages=prj.service
```

在第 1 行和第 2 行代码中定义了 Spring Boot 和 Dubbo 的项目名，它们一般是一致的。在第 3 行代码中定义了该 Dubbo 项目的注册中心是 Zookeeper 组件，在第 4 行代码中定义了 Dubbo 注册中心的 Zookeeper 地址，该地址需要和 13.1.3 小节 Zookeeper 的服务地址保持一致。

而在第 5 行和第 6 行代码中定义了本项目通过 Dubbo 提供服务的协议和端口，并在第 7 行代码中指定了 Dubbo 方法所在的路径。

13.2.3　编写服务接口和服务类

在本项目的 prj.service 文件包（package）中定义了以 Dubbo 方式提供服务的接口和实现类，该文件包的路径需要和 application.properties 配置文件中的 dubbo.scan.base-packages 参数值保持一致。在实际项目中，接口和实现类一般会放在不同的路径中，本项目为了方便演示，就把它们放在同一个路径中，其中提供服务的接口类 DubboService 代码如下：

```
01  package prj.service;
02  public interface DubboService {
03      public String printByDubbo(String msg);
04  }
```

在该接口的第 3 行中定义了对外提供服务的 printByDubbo 方法，在 Dubbo 服务消费端通过该方法来调用服务。同时，需要在如下的 DubboServiceImpl 类中实现上述 DubboService 接口中定义的 printByDubbo 方法，代码如下：

```
01  package prj.service;
02  import org.apache.dubbo.config.annotation.Service;
03  @Service(timeout = 5000,retries = 3)
04  public class DubboServiceImpl implements DubboService {
05      public String printByDubbo(String msg){
06          System.out.println("msg is:" + msg);
07          return "In Dubbo Provider, msg is:" + msg;
08      }
09  }
```

在第 4 行的 printByDubbo 方法前需要用@Service 注解说明该方法将以 Dubbo 方式对外提供服务，通过第 2 行的 import 语句能看到，该@Service 注解是基于 Dubbo 的，而不是像之前那样是基于 Spring 的。

该方法的业务动作相对简单，先通过第 6 行的代码输出一段话，并通过第 7 行的 return 语句返回一个字符串，但该方法需要如第 3 行那样，通过 timeout 参数定义该方法的超时时间，这里是 5000 毫秒（5 秒），同时需要用 retries 参数定义该方法的重试次数是 3 次。

13.2.4　关于超时时间说明

在上文 printByDubbo 方法的@Service 注解中，通过 timeout 参数定义了了超时时间。

超时时间的含义是，当 Dubbo 消费方法调用 Dubbo 服务方法时，由于网络等原因导致收不到 Dubbu 服务方法的返回时，会在超时时间后抛出"超时异常"。比如上文设置的超时时间是 5 秒，那么当 Dubbo 消费者调用 Dubbo 服务方法，且服务方法过了 5 秒依然没有响应时，Dubbo 消费方法就会抛出"超时异常"。

在实际项目的 Dubbo 服务提供方法中也需要用 timeout 参数来定义超时时间。比如某 Web 项目对外提供服务的最长时间是 10 秒，即在收到客户端请求时需要在 10 秒内做出回应。要么返回正确的结果，要么给出错误提示，否则无法给客户提供良好的服务体验。

在这种情况下，如果 Dubbo 超时时间设置不当，比如设置了 20 秒，那么当 Dubbo 服务端出现异常情况（比如服务器暂时不可用）时，对应的 Dubbo 消费方法会在 20 秒以后才抛出超时异常，这样就会超过最长服务时间，从而让客户有不良的体验，进而造成客户流失的严重后果。

所以在实际项目中，应当对特定的方法设置合理的超时时间，且超时时间的数值不应大于对外服务的最长时间。

13.2.5　关于重试次数的说明

在上文 printByDubbo 方法的@Service 注解中，通过 retries 参数定义了重试次数。

重试次数指的是，当服务消费方法无法调用 Dubbo 服务方法时会进行重试的次数，比如上文中定义的重试次数是 3，那么当 Dubbo 消费端无法调用 printByDubbo 方法时会重试 3 次。

在实际项目中，一般会对"读"类型的方法合理地设置重试次数，而对"写"方法不设置重试次数。原因是，多次"读"不会造成业务上的影响，而多次"写"有可能造成业务错误。

比如在"读取账户"的 Dubbo 服务消费方法中，对应的 Dubbo 服务方法有可能因为暂时的网络原因导致不可用，所以通过重试就有可能通过下次请求得到正确的结果。

而在"向对方账户加 100 元"的 Dubbo 消费方法中，对应的 Dubbo 服务方法有可能确实没收到请求所以不返回，也有可能已经完成了加钱操作，但由于网络原因导致 Dubbo 消费方法没收到回应，此时如果再次重试，就有可能出现"重复加钱"的错误结果。

而在一些 Dubbo 版本中，默认的重试次数未必是 0（不重试），所以在一些"读"方法中，可以采用默认的重试次数，但在"写"方法中，一定要通过 retries 参数设置该方法的重试次数是 0，否则当出现网络异常时，就会因为多次重试而导致错误的后果。

13.3　编写调用 Dubbo 服务的项目

在本 DubboServiceConsumer 项目中，将通过@Reference 注解到 Zookeeper 注册中心查找并调用之前定义的 Dubbo 方法。

该项目的启动类和 pom.xml 文件和之前 DubboServiceProvide 项目中的完全一致，所以就不再额外给出了，下文将给出配置文件以及相关调用方法。

13.3.1　编写配置文件

在本项目 resources 目录的 application.properties 配置文件中，将通过如下代码编写 Dubbo 相关的参数：

```
01   dubbo.application.name=DubboConsumer
02   dubbo.registry.protocol=zookeeper
03   dubbo.registry.address=zookeeper://127.0.0.1:2181
04   server.port=8085
```

其中通过第 1 行代码定义了本 Dubbo 项目的名字，通过第 2 行和第 3 行代码定义了本项目将从 zookeeper://127.0.0.1:2181 所在的 Zookeeper 组件查找并调用 Dubbo 服务。由于之前的 DubboServiceProvide 项目已经占用了 8080 端口，因此本项目需要通过第 4 行代码更改工作端口为 8085。

13.3.2　重写 Dubbo 服务方法的接口

在 Dubbo 消费端，需要重写服务端提供方法的接口 DubboService，代码如下：

```
01   package prj.service;
02   public interface DubboService {
03       public String printByDubbo(String msg);
04   }
```

读者会发现，该方法和 DubboServiceProvide 项目中的完全一致。事实上在本项目中是通过该接口来调用服务提供端的方法的。

13.3.3　通过@Reference 注解调用方法

在本项目的控制器类中，通过@Reference 注解把本地的 DubboService 接口和远端（服务提供端）的 DubboServiceImpl 实现类绑定到一起，具体代码如下：

```
01   package prj.controller;
02   import org.apache.dubbo.config.annotation.Reference;
03   import org.springframework.web.bind.annotation.PathVariable;
04   import org.springframework.web.bind.annotation.RequestMapping;
05   import org.springframework.web.bind.annotation.RestController;
```

```
06    import prj.service.DubboService;
07    @RestController
08    public class Controller {
09        @Reference
10        DubboService DubboService;
11        @RequestMapping("/callDubboProvider/{msg}")
12        public String callDubboProvider(@PathVariable String msg){
13            return DubboService.printByDubbo(msg);
14        }
15    }
```

从代码角度来看，第 12 行的 callDubboProvider 方法通过第 10 行被@Reference 注解所修饰的 DubboService 对象来调用 printByDubbo 的实现方法。

事实上，当 callDubboProvider 方法被调用时，由于 DubboService 对象被@Reference 注解所修饰，因此会根据 application.properties 中的定义到 zookeeper://127.0.0.1:2181 所在的 Zookeeper 中去找 printByDubbo 的实现方法。

由于在之前提到的 DubboServiceProvide 项目中，已经通过 application.properties 配置文件把 DubboServiceImpl 实现类和 printByDubbo 实现方法注册到 Zookeeper 中，因此这里能通过@Reference 注解把本项目（服务消费项目）DubboService 接口中的 printByDubbo 接口方法和远端项目（DubboServiceProvide 服务提供项目）DubboServiceImpl 实现类中的 printByDubbo 实现方法绑定到一起。

也就是说，在本控制器类中，实际上演示了在 Dubbo 服务消费端调用 Dubbo 服务提供端方法的效果，虽然本范例给出的方法实现逻辑非常简单，但在实际项目中，可以据此编写 Dubbo 的调用框架，并在此基础上完善对应的 Dubbo 方法业务逻辑。

13.3.4 观察 Dubbo 调用的效果

完成编写上述服务提供和服务消费项目后，能通过如下步骤看到 Dubbo 服务调用的效果。

步骤 01 在确保 Zookeeper 启动的前提下，依次运行对应的启动类，启动 DubboServiceProvide 和 DubboServiceConsumer 项目。注意这里 Zookeeper 组件其实起到了 Dubbo 注册中心的作用，如果该组件不启动，那么在上述两个项目中就会看到"连不上 Zookeeper"的出错信息。

步骤 02 由于 Dubbo 的服务消费项目 DubboServiceConsumer 工作在 8085 端口，因此如果在浏览器中输入 http://localhost:8085/callDubboProvider/hello，就能看到如下输出：

```
In Dubbo Provider, msg is:hello
```

根据该输出结果确认如下要点，由此能确认基于 Dubbo 的调用效果：

（1）DubboServiceProvide 项目成功地向 Zookeeper 注册中心注册了 printByDubbo 方法。

（2）DubboServiceConsumer 项目成功地从 Zookeeper 注册中心找到了 printByDubbo 方法。

（3）在 DubboServiceConsumer 项目的控制器中成功地通过 Zookeeper 注册中心调用了 DubboServiceProvide 的 printByDubbo 方法，并成功地得到了返回结果。

13.4　思考与练习

1. 简答题

（1）画出 Dubbo 组件的底层框架。

参考答案：参考 13.1.1 小节的描述，在此基础上画出注册中心、服务提供者、服务消费者和监控中心等模块的关系。

（2）说明 Dubbo 注册中心的作用。

参考答案：参见 13.1.2 小节给出的描述。

（3）在定义 Dubbo 服务提供方法时，该使用什么参数来设置超时时间和重试次数？

参考答案：参见 13.2.4 和 13.2.5 小节给出的描述。

（4）拓展思考：如何合理设置超时时间？如果设置不当，会有什么后果？

参考答案：参见 13.2.4 小节给出的描述。

（5）拓展思考：对于"写"类型的 Dubbo 服务方法，该如何设置重试次数？为什么？

参考答案：参见 13.2.5 小节给出的描述。

2. 操作题

（1）仿照本章 13.1.3 小节所述的步骤下载 Zookeeper 组件，并在合理修改 zoo.cfg 配置文件的基础上正确地启动 Zookeeper 组件。

（2）仿照本章 13.2 节给出的步骤搭建基于 Dubbo 的服务提供者，具体要求如下：

- 使用 Zookeeper 作为注册中心。
- 在该项目中，提供打印"Say Hello"字符串的 sayHello 方法。
- 在 application.properties 配置文件中，合理地配置 Dubbo 和 Zookeeper 相关的参数。
- 定义该方法的重试次数为 3 次，定义该方法的超时时间为 1 秒。

（3）仿照 13.3 节给出的步骤实现调用 Dubbo 服务的功能，具体要求如下：

- 在控制器中，以/sayHello 的请求格式对外提供打印"Say Hello"字符串的功能。在该控制器方法中，需要以 Dubbo 的方式调用第（2）题实现的 sayHello 方法。
- 在 application.properties 配置文件中合理地配置 Dubbo 和 Zookeeper 相关的参数。
- 该项目将工作在 8090 端口上，启动 Zookeeper 注册中心和相关项目后，当在浏览器中输入 http://localhost:8090/sayHello 请求时，能在浏览器中看到"Say Hello"的字符串。

第 14 章

Spring Boot 整合 RabbitMQ 消息中间件

RabbitMQ 是实现了高级消息队列协议（AMQP）的消息中间件，通过它可以在模块间构建可靠的消息传输队列，以实现模块间的有效交互。

本章首先会讲解 RabbitMQ 的基本概念和消息通信架构，随后会给出 Spring Boot 整合 RabbitMQ 的简单范例，最后会在此基础上搭建一个基于 RabbitMQ 的异步交互系统。

通过本章的学习，读者不仅可以了解 Spring Boot 整合 RabbitMQ 的基本实践要点，更能综合掌握用 RabbitMQ 消息中间件搭建异步通信架构的开发技能。

14.1　RabbitMQ 概述

RabbitMQ 是用 Erlang 语言开发的消息中间件，它支持 Windows、Linux、macOS 等操作系统，同时也支持 Java、Python、C#和 Go 等编程语言。

RabbitMQ 和其他消息中间件一样，其中不仅包含用于存储消息的消息队列，还封装了针对消息队列操作的诸多方法。在企业级应用中，通过 RabbitMQ 不仅可以实现模块间的消息通信，还可以实现解耦模块间复杂业务逻辑和高并发缓存等高级业务功能。

14.1.1　消息队列和 RabbitMQ 消息中间件

消息队列是消息中间件的内部队列，可以用来存储消息。而消息中间件是和业务无关的，用来存储和传递消息的第三方组件，在消息中间件中，除了会有消息队列以外，还会封装针对消息以及消息队列的操作方法，比如发送消息、订阅消息和持久化消息。

目前比较常用的消息中间件有 RabbitMQ 和 Kafka 等，本章将讲述 Spring Boot 整合 RabbitMQ 消息中间件的开发技能。从图 14.1 中，读者能从宏观层面看到消息队列、RabbitMQ 消息中间件和消息相关模块之间的对应关系。

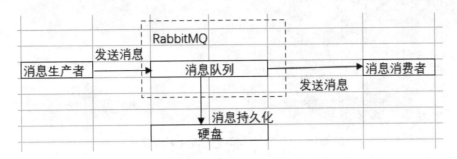

图 14.1　消息队列、消息中间件和相关模块的对应关系图

（1）消息生产者可以通过 RabbitQM 提供的方法向消息队列中发送消息。

（2）RabbitMQ 收到的消息可以存储在消息队列中，也可以把消息保存到硬盘上，以实现消息的持久化。

（3）RabbitMQ 可以把收到的消息发送给消息消费者。

14.1.2　消息交换机与消息队列

从微观角度来看，一个 RabbitMQ 消息中间件中可以有多个消息队列，分别用来存储不同主题的消息。

比如在某项目中，RabbitMQ 中会有 3 个消息队列来分别存储订单、会员和账单类型的消息，而 RabbitMQ 在收到消息生产者的消息后，会由其中的消息交换机根据消息的主题把消息发送到不同的消息队列中，随后再把消息发给对应的消息消费者模块。消息交换机和消息队列之间的具体效果如图 14.2 所示。

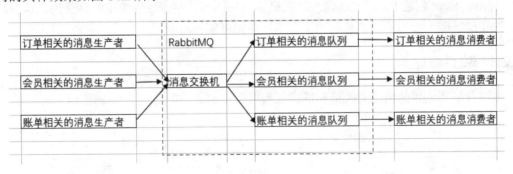

图 14.2　消息交换机和消息队列的关系效果图

14.1.3　搭建 RabbitMQ 工作环境

RabbitMQ 是用 Erlang 语言开发的，所以先要到官网（https://www.erlang.org/downloads）下载 Erlang 环境，本书下载的是 OTP 23.3 版本，下载完成后，可以按提示完成安装工作。

安装 Erlang 后，需要在环境变量中设置 ERLANG_HOME 的值，比如本章的 Erlang 安装在 C:\Program Files\erl-23.3\路径中，就需要把环境变量 ERLANG_HOME 的值设置成该路径，具体效果如图 14.3 所示。

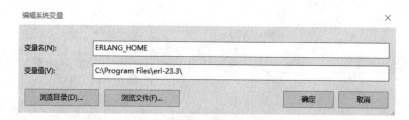

图 14.3　设置 ERLANG_HOME 环境变量

随后，可以到官网（https://www.rabbitmq.com/download.html）下载 RabbitMQ 的工作环境，本书下载的是 3.8.16 版本。需要说明的是，也可以下载其他版本的 Erlang 和 RabbitMQ，但两者之间的版本必须要兼容。比如本章安装的 RabbitMQ 3.8.16 版本需要 23.2 及以上的 Erlang 版本。

完成下载后，可以从命令行窗口进入 RabbitMQ 所在的 sbin 目录，比如 C:\Program Files\RabbitMQ Server\rabbitmq_server-3.8.16\sbin，随后可以通过如下命令启动 RabbitMQ：

```
rabbitmq-server start
```

使用完成后，可以通过 rabbitmq-server stop 命令关闭 RabbitMQ。

14.2　Spring Boot 整合 RabbitMQ

在如下的 RabbitMQDemo 范例中将演示 Spring Boot 整合 RabbitMQ 的基本做法。具体将通过 Spring Boot 创建 RabbitMQ 消息交换机和消息队列，根据主题绑定消息交换机和消息队列，并在此基础上实现通过消息队列传递字符串和对象的功能。

14.2.1　项目概述

本项目将要创建的消息交换机和消息队列以及它们之间的对应关系如图 14.4 所示。

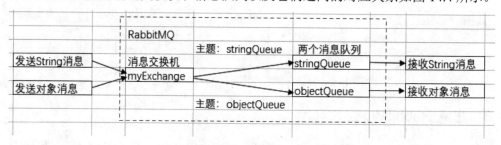

图 14.4　项目效果示意图

（1）本项目将通过 RabbitMQ 消息中间件传输 String 和 Stock 对象类型的消息。

（2）将创建名为 myExchange 的消息交换机，将创建名为 stringQueue 和 objectQueue 的两个消息队列。其中将用 stringQueue 传输 String 类型的消息，将用 objectQueue 传输对象类型的消息。

（3）stringQueue 的消息队列的主题是 stringQueue，objectQueue 消息队列的主题是 objectQueue。

（4）消息生产者在发送消息的同时会指定该消息的主题，这样消息交换机 myExchange 会根据消息主题把消息投递到对应的消息队列中。

（5）在代码中会为两个消息消费者实现设置好所监听的消息队列，这样当消息生产者通过消息交换机把消息发送到消息队列时，消息消费者就能收到消息。

14.2.2　编写 pom.xml 和启动类

本项目的启动类和之前项目的完全一致，所以就不再说明了。在本项目里的 pom.xml 中，需要通过如下关键代码引入 Spring Boot 和 RabbitMQ 的依赖包：

```
01    <dependencies>
02      <dependency>
03        <groupId>org.springframework.boot</groupId>
04        <artifactId>spring-boot-starter-web</artifactId>
05      </dependency>
06      <dependency>
07        <groupId>org.springframework.boot</groupId>
08        <artifactId>spring-boot-starter-amqp</artifactId>
09      </dependency>
10    </dependencies>
```

其中通过第 2～5 行代码引入了 Spring Boot 的依赖包，通过第 6～9 行代码引入了 RabbitMQ 的依赖包。

14.2.3　编写配置文件

在本项目 resources 目录的 application.properties 配置文件中，将通过如下代码配置 RabbitMQ 消息中间件的相关参数。

```
01    rabbitmq.host=127.0.0.1
02    rabbitmq.port=5672
03    rabbitmq.username=guest
04    rabbitmq.password=guest
```

其中通过前两行代码指定了本项目对应的 RabbitMQ 所在的工作地址和端口，通过第 3 行和第 4 行代码设置了连接到 RabbitMQ 所需的用户名和密码，这里都用到默认的 guest 值。

14.2.4　编写待传输的对象类

在本项目中，将通过消息队列传输如下所定义的 Stock 类，具体代码如下。注意，由于该对象需要通过消息队列在网络上传输，因此需要像第 2 行代码那样实现 Serializable 接口。

```
01    import java.io.Serializable;
02    public class Stock implements Serializable {
```

```
03      private int ID;
04      private String name;
05      private int num;
06      private String description;
07      //省略针对各属性的 get 和 set 方法
08   }
```

14.2.5　编写消息交换机和消息队列的配置类

在本项目的 RabbitMQConfig 类中将配置 RabbitMQ 消息交换机和消息队列的相关信息，具体代码如下：

```
01  package prj;
02  import org.springframework.amqp.core.*;
03  import org.springframework.context.annotation.Bean;
04  import org.springframework.context.annotation.Configuration;
05  @Configuration
06  public class RabbitMQConfig{
07      //定义含主题的消息队列
08      @Bean
09      public Queue stringQueue() {
10        return new Queue("stringQueue");
11      }
12      @Bean
13      public Queue objectQueue() {
14          return new Queue("objectQueue");
15      }
16      //定义交换机
17      @Bean
18      TopicExchange myExchange() {
19          return new TopicExchange("myExchange");
20      }
21      //根据主题绑定队列和交换机
22      @Bean
23      Binding bindingStringQueue(Queue stringQueue,TopicExchange exchange)
    {
24          return
      BindingBuilder.bind(stringQueue).to(exchange).with("stringQueue");
25      }
26      @Bean
27      Binding bindingObjectQueue(Queue objectQueue,TopicExchange exchange)
    {
28          return BindingBuilder.bind(objectQueue).to(exchange).
    with("objectQueue");
29      }
30  }
```

该类是用第 5 行的@Configuration 注解所修饰的，同时该类的诸多方法均用@Bean 注解修饰，所以当该 Spring Boot 项目启动时，Spring 容器会把该类中诸多方法所返回的对象装载入 Spring 容器，这样其他类就能以 IoC 的方式使用本类中诸多方法所返回的对象。

在本类中，首先通过第 9 行和第 13 行的方法创建了名为 stringQueue 和 objectQueue 的两个消息队列，通过它们分别可以传递 String 和对象类型的消息。

所以通过第 18 行的 myExchange 方法创建了名为 myExchange 的消息交换机，并在此基础上通过第 23 行和第 27 行的方法根据主题绑定了消息交换机和消息队列。

来观察一下第 24 行的语句 BindingBuilder.bind(stringQueue).to(exchange).with("stringQueue")，其中 bind 方法所对应的参数 stringQueue 含义是消息队列，to 方法对应的参数 exchange 含义是交换机，with 方法对应的参数"stringQueue"含义是主题，连起来的含义是，根据 stringQueue 主题绑定 stringQueue 消息队列和 exchange 交换机，这样一旦消息生产者发送 stringQueue 主题的消息，消息交换机就会把该消息传递到 stringQueue 消息队列中。

同样，根据第 28 行代码根据 objectQueue 主题绑定 objectQueue 消息队列和 exchange 交换机。

14.2.6　发送 String 和对象型的消息

在本项目的 MQSenderController.java 控制器类中将发送 String 和对象类的消息，具体代码如下：

```
01  package prj.controller;
02  import org.springframework.amqp.core.AmqpTemplate;
03  import org.springframework.beans.factory.annotation.Autowired;
04  import org.springframework.web.bind.annotation.RequestMapping;
05  import org.springframework.web.bind.annotation.RestController;
06  import prj.model.Stock;
07  @RestController
08  public class MQSenderController {
09      @Autowired
10      private AmqpTemplate amqpTemplate;
11      //发送 String 类消息
12      @RequestMapping("/sendString")
13      public void sendString(){
14  amqpTemplate.convertAndSend("myExchange","stringQueue","Test String For MQ");
15      }
16      //发送对象类消息
17      @RequestMapping("/sendObject")
18      public void sendObject(){
19          Stock myStock = new Stock();
20          myStock.setID(1);
21          myStock.setName("TestInMQ");
22          myStock.setNum(1);
23          myStock.setDescription("SendCorrectly");
```

```
                    amqpTemplate.convertAndSend("myExchange","objectQueue",myStock);
24        }
25    }
```

在本类的第 10 行中创建了用于发送消息的 amqpTemplate 对象，该对象是 AmqpTemplate 类型的。

在第 13 行的 sendString 方法中，通过第 14 行代码向 myExchange 消息交换机发送了主题为 stringQueue 的消息，该消息的内容是"Test String For MQ"。而在第 18 行的 sendObject 方法中，通过第 23 行代码向 myExchange 消息交换机发送了主题为 objectQueue 的 Stcok 类型的消息，该消息具体参数如 myStock 对象所定义。

14.2.7　观察接收 String 消息的效果

在本项目的 StringReceiver 类中，将从 stringQueue 队列中接收 String 类型的消息，代码如下：

```
01    package prj.receiver;
02    import org.springframework.amqp.rabbit.annotation.RabbitHandler;
03    import org.springframework.amqp.rabbit.annotation.RabbitListener;
04    import org.springframework.stereotype.Component;
05    @Component
06    @RabbitListener(queues = "stringQueue")
07    public class StringReceiver {
08        @RabbitHandler
09        public void getStrFromQueue(String msg){
10            System.out.println("Get Msg From stringQueue," + msg);
11        }
12    }
```

为了能收到消息，第 7 行 StringReceiver 类需要用第 6 行的@RabbitListener 注解来修饰，同时在该注解中需要指定监听 stringQueue 消息队列。

同时，还需要用第 5 行的@Component 注解来修饰本类，这样本类就会在该 Spring Boot 项目启动时被扫描到 Spring 容器中，所以当 stringQueue 消息队列有消息时，Spring 容器就会根据该类的@RabbitListener(queues = "stringQueue")注解调用第 9 行被@RabbitHandler 注解修饰的 getStrFromQueue 方法，接收并处理消息。

启动 RabbitMQ 后，再通过运行启动类启动该 Spring Boot 项目，随后可以在浏览器中输入 http://localhost:8080/sendString，该请求会触发控制器类中的方法，通过 myExchange 消息交换机向 stringQueue 队列发送消息。由于 StringReceiver 类一直在监听该消息队列，所以一旦当消息到达后，会触发本类的 getStrFromQueue 方法，该方法会输出如下语句，从而能确认该方法成功地接收到了消息队列中的消息。

```
Get Msg From stringQueue,Test String For MQ
```

14.2.8　观察接收对象类消息的效果

在本项目的 ObjectReceiver 类中，将从 objectQueue 队列接收 Stock 类型的对象消息，该类的代码如下：

```
01  package prj.receiver;
02  import org.springframework.amqp.rabbit.annotation.RabbitHandler;
03  import org.springframework.amqp.rabbit.annotation.RabbitListener;
04  import org.springframework.stereotype.Component;
05  import prj.model.Stock;
06  @Component
07  @RabbitListener(queues = "objectQueue")
08  public class ObjectReceiver {
09      @RabbitHandler
10      public void getObjectFromQueue(Stock stock){
11          System.out.println("Get stock From objectQueue.");
12          System.out.println("ID is:" + stock.getID());
13          System.out.println("Name is:" + stock.getName());
14          System.out.println("Num is:" + stock.getNum());
15          System.out.println("Desc is:" + stock.getDescription());
16      }
17  }
```

通过第 7 行的注解能看到，该类将监听 objectQueue 消息队列，这样一旦该消息队列中有消息到达，就会触发该类第 10 行的 getObjectFromQueue 方法，该方法同样是被@RabbitHandler 注解修饰的。在该方法中会依次输出接收到的 stock 对象中的诸多属性。

在启动 RabbitMQ 和本项目后，在浏览器中输入 http://localhost:8080/sendObject，就能通过控制器中的方法向 objectQueue 消息队列发送一个 Stock 类型的对象。由于 ObjectReceiver 类一直在监听该消息队列，因此此时会通过 getObjectFromQueue 方法输出如下内容，由此能确认该方法成功地接收到了 objectQueue 队列中的 Stock 类型的消息。

```
01  Get stock From objectQueue.
02  ID is:1
03  Name is:TestInMQ
04  Num is:1
05  Desc is:SendCorrectly
```

14.3　用 RabbitMQ 搭建异步交互系统

由于 RabbitMQ 消息中间件能在模块间传递消息，因此项目中的诸多业务模块可以用该组件搭建异步交互系统。引入异步交互机制的目的不仅是为了进一步解耦合诸多业务模块，更是为了能够在高并发场景中提升相关业务模块的运行性能。

14.3.1 异步系统概述

这里将使用 RabbitMQ 模拟订单模块和风险控制模块（风控模块）之间的异步交互过程，如果不引入 RabbitMQ，两者之间的同步交互流程如图 14.5 所示。

从中能够看到，从订单模块向风控模块发出请求到风控模块返回结果这段时间内，虽然订单模块并没有做任何事，但事实上会一直处于工作状态，此时会一直占有 CPU、内存和线程等资源，在高并发场景下，这种一直占有资源的做法是不提倡的。

更何况，如果风控模块因为发生异常从而长时间不返回结果，就有可能连带着让订单模块也一起占有宝贵的系统资源，从而加剧各种性能问题。对此，可以通过如图 14.6 所示的异步交互系统来提升性能。

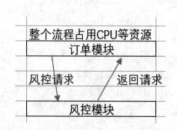

图 14.5　以同步方式调用服务的效果图

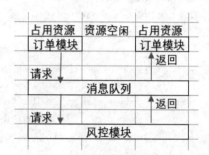

图 14.6　引入消息队列实现异步交互的效果图

从中能够看到，订单模块通过消息队列向风控模块发送请求后，可以立即释放资源，而风控模块在处理完请求后，也是通过消息队列向订单模块返回结果的。订单模块收到结果后，随后再进行后继的业务。

在这种交互流程中，订单模块发起请求后，无须同步地等待返回结果，而风控模块在处理好请求后会通知订单模块继续执行后继业务，这就是异步的交互方式。

14.3.2 包含 RabbitMQ 的服务调用者

在 AsyncDemo 项目中，将模拟订单模块通过 RabbitMQ 向风控模块发送请求的动作。该项目的 pom.xml 文件、Spring Boot 启动类和包含 RabbitMQ 配置信息的 application.yml 文件和 14.2 节 RabbitMQDemo 项目中的完全一致。

在该项目的 RabbitMQConfig 类中，通过如下代码配置消息交换机和消息队列：

```
01   package prj;
02   import org.springframework.amqp.core.*;
03   import org.springframework.context.annotation.Bean;
04   import org.springframework.context.annotation.Configuration;
05   @Configuration
06   public class RabbitMQConfig{
07       //定义含主题的消息队列
08       @Bean
09       public Queue idQueue() {
```

```
10        return new Queue("idQueue");
11    }
12    @Bean
13    public Queue resultQueue() {
14        return new Queue("resultQueue");
15    }
16    //定义交换机
17    @Bean
18    TopicExchange myExchange() {
19        return new TopicExchange("myExchange");
20    }
21    //根据主题绑定队列和交换机
22    @Bean
23    Binding bindingIDQueue(Queue idQueue,TopicExchange exchange) {
24        return BindingBuilder.bind(idQueue).to(exchange).
   with("idQueue");
25    }
26    @Bean
27    Binding bindingResultQueue(Queue resultQueue,TopicExchange exchange)
   {
28        return BindingBuilder.bind(resultQueue).to(exchange).
   with("resultQueue");
29    }
30 }
```

这里通过第 9 行和第 13 行的两个方法配置了 idQueue 和 resultQueue 这两个消息队列,通过第 18 行的 myExchange 方法配置了 myExchange 消息交换机,并通过第 23 行和第 27 行的代码绑定了消息交换机和两个消息队列。

在该类的控制器类 Controller 中定义了对外提供服务的 buy 方法,在该方法中,向 idQueue 消息队列发送消息,这里请注意,在向消息队列发送消息后,在 buy 方法中无须等待风控模块的返回,由此实现了异步的效果。

```
01 package prj.controller;
02 import org.springframework.amqp.core.AmqpTemplate;
03 import org.springframework.beans.factory.annotation.Autowired;
04 import org.springframework.web.bind.annotation.PathVariable;
05 import org.springframework.web.bind.annotation.RequestMapping;
06 import org.springframework.web.bind.annotation.RestController;
07 @RestController
08 public class Controller {
09    @Autowired
10    private AmqpTemplate amqpTemplate;
11    @RequestMapping("/buy/{id}")
12    public void buy(@PathVariable String id){
13        //向风控模块发消息验证 id
          amqpTemplate.convertAndSend("myExchange","idQueue",id);
```

```
14              //该请求处理完毕，等验证模块发异步消息来以后继续
15        }
16   }
```

风控模块处理好请求后，会向 resultQueue 队列发送消息，所以在如下 HandleValidateService 类中会监听 resultQueue 消息队列，当收到风控模块的返回结果后，会继续执行后继的订单处理操作，具体代码如下：

```
01   package prj.service;
02   import org.springframework.amqp.rabbit.annotation.RabbitHandler;
03   import org.springframework.amqp.rabbit.annotation.RabbitListener;
04   import org.springframework.stereotype.Component;
05   import prj.model.ResultModel;
06   @Component
07   @RabbitListener(queues = "resultQueue")
08   public class HandleValidateService {
09       @RabbitHandler
10       public void getObjectFromQueue(ResultModel result){
11           if(result.getResult().equalsIgnoreCase("true")){
12               System.out.println("Validate OK, can continue");
13               System.out.println("id is:" + result.getId());
14               //进行后继购买动作
15           }
16           else{
17               System.out.println("Validate Fail, cannot continue");
18               System.out.println("id is:" + result.getId());
19               //抛出异常并记录该非法 id
20           }
21       }
22   }
```

在该类的第 7 行中，通过@RabbitListener 注解监听了 resultQueue 消息队列，一旦该消息队列有消息，则会触发该类第 10 行的 getObjectFromQueue 方法继续执行订单操作。

该方法被第 9 行的@RabbitHandler 注解所修饰，在该方法中会读取风控模块通过 resultQueue 传递过来的 result 对象，该对象为 ResultModel 类型。如果该对象中包含验证结果的 result 属性值为 true，则说明通过验证，并能执行后继的订单操作，否则说明该订单没有通过风控模块的验证，需要抛出异常并记录该非法 id。

该类中用到的 ResultModel 类包含 id 和 result 两个属性，具体代码如下。由于该类需要通过消息队列传输，因此需要像第 3 行那样实现 Serializable 接口。

```
01   package prj.model;
02   import java.io.Serializable;
03   public class ResultModel implements Serializable {
04       private String id;
05       private String result;
06       省略针对属性的 get 和 set 方法
07   }
```

14.3.3　包含 RabbitMQ 的服务提供者

在 RistPrj 项目中将模拟风控模块验证订单的效果，在完成验证后，该项目也是通过异步的方式使用消息队列向订单模块返回结果。

该类的 pom.xml 和 Spring Boot 启动类与 14.3.2 小节 AsyncDemo 项目中的完全一致，在包含 RabbitMQ 配置信息的 application.properites 文件中，配置 RabbitMQ 部分的代码也和 AsyncDemo 项目中的完全一致，但需要通过如下代码指定该项目工作在 8090 端口，否则该项目的端口就会和 AsyncDemo 项目冲突。

```
01  server:
02    port: 8090
```

该项目配置交换机和消息队列的 RabbitMQConfig 类与 AsyncDemo 项目中的完全一致，同样在其中配置了 idQueue 和 resultQueue 两个消息队列和 myExchange 消息交换机，并实现了两者的绑定动作。

在该项目的 CheckRiskService 类中，通过监听消息队列接收从订单模块发来的异步请求，处理完成后，通过消息队列向订单模块异步返回结果，具体代码如下：

```
01  package prj.service;
02  import org.springframework.amqp.core.AmqpTemplate;
03  import org.springframework.amqp.rabbit.annotation.RabbitHandler;
04  import org.springframework.amqp.rabbit.annotation.RabbitListener;
05  import org.springframework.beans.factory.annotation.Autowired;
06  import org.springframework.stereotype.Component;
07  import prj.model.ResultModel;
08  @Component
09  @RabbitListener(queues = "idQueue")
10  public class CheckRiskService {
11      @Autowired
12      private AmqpTemplate amqpTemplate;
13      @RabbitHandler
14      public void checkidFromQueue(String id){
15          ResultModel resultModel = new ResultModel();
16          resultModel.setId(id);
17          if(Integer.valueOf(id) < 100){
18              resultModel.setResult("true");
19              System.out.println("No Risk for id:" + id);
20          }
21          else{
22              resultModel.setResult("false");
23              System.out.println("Exists Risk for id:" + id);
24          }
25          //通过消息队列返回风控验证结果
```

```
26        amqpTemplate.convertAndSend("myExchange","resultQueue",
   resultModel);
27    }
28 }
```

通过第 9 行的代码能看到，该类用于监听 idQueue 消息队列，从上文能够看到，订单模块是通过该消息队列向风控模块发送请求的。

一旦有消息到达，会触发该类第 14 行的 checkidFromQueue 方法，在该方法中，先通过第 17 行的 if 语句判断 id 是否合法，如果是，则通过第 18 行代码通过 resultModel 对象设置验证通过的信息，否则通过第 22 行代码设置验证不通过。

从上文能够看到，订单模块是通过监听 resultQueue 队列来得到验证结果的。所以在完成验证动作后，该方法会通过第 26 行代码向 resultQueue 队列发送包含验证结果的 resultModel 对象，用异步的方式向订单模块返回结果。

14.3.4 观察异步交互流程

通过上文的描述，大家能看到订单模块、风控模块和RabbitMQ之间的关系如图14.7所示。

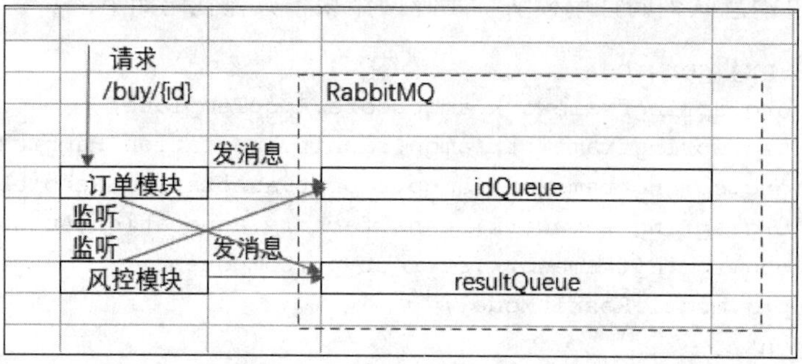

图 14.7 订单模块和风控模块通过 RabbitMQ 异步交互效果图

通过如下操作，读者能看到异步交互的具体效果：

启动 RabbitMQ，并通过运行 Spring Boot 启动类启动 AsyncDemo 和 Riskprj 两个项目，随后在浏览器中输入 http://localhost:8080/buy/1 请求，这里 id 是 1。

随后，在 Riskprj 项目的控制台能看到 "No Risk for id:1" 的输出，这说明风控模块通过 idQueue 队列成功地以异步的方式接收到了订单模块的验证请求。

而在 AsyncDemo 项目的控制台能看到如下输出，这说明订单模块通过 resultQueue 队列成功地得到了风控模块的验证结果，由此订单模块可以进行后继的流程。

```
01 Validate OK, can continue
02 id is:1
```

如果在浏览器中输入 id 大于 100 的请求，比如 http://localhost:8080/buy/200，那么在 Riskprj 项目的控制台看到的输出信息就会是"Exists Risk for id:200"，这说明风控模块判断出了风险，同时在 AsyncDemo 项目的控制台能看到如下输出信息，这说明由于存在风险，订单模块将终止本次操作。

```
01  Validate Fail, cannot continue
02  id is:200
```

14.4　思考与练习

1. 简答题

（1）说出你对消息中间件 RabbitMQ 的认识。

参考答案：参见 14.1.1 小节的描述，在此基础上可以通过网络查询相关信息。

（2）说明 RabbitMQ 中消息交换机和消息队列之间的关系。

参考答案：参见 14.1.2 小节给出的描述。

（3）说明模块间同步交互和异步交互之间的差别。

参考答案：参见 14.3.1 小节给出的描述。

2. 操作题

（1）仿照本章 14.1.3 小节所述的步骤下载 Erlang 和 RabbitMQ 组件，并在本地搭建 RabbitMQ 环境。

提示步骤：（1）下载并安装 Erlang；（2）在环境变量中设置 ERLANG_HOME 的值；（3）下载并安装 RabbitMQ 组件；（4）通过命令启动 RabbitMQ 组件，以验证安装结果。

（2）仿照本章 14.2 节给出的步骤整合 Spring Boot 和 RabbitMQ 中间件，具体要求如下：

定义一个包含 id、name 和 age 属性的 Student 类。

在该项目中创建名为 myExchange 的消息交换机，创建 msgQueue 和 StudentQueue 这两个消息队列，并设置这两个消息队列的主题和消息队列名保持一致。

通过主题绑定消息交换机和两个消息队列。

创建两个模块，在这两个模块中通过 msgQueue 队列传输 String 类型的消息。

创建两个模块，在这两个模块中通过 StudentQueue 队列传输 Student 类型的消息。

在 application.properties 文件中合理地配置与 RabbitMQ 的连接参数。

（3）仿照 14.3 节给出的步骤实现数据模块（Dataprj）和验证模块（Checkprj）之间的异步交互效果，具体要求如下：

- 数据模块在接收到/input/{msg}格式的信息后，通过 msgQueue 消息向验证模块异步发送验证请求。
- 在验证模块中，如果发现 msg 的值是 error 或 exception，则返回信息提示不通过验证，否则通过返回信息提示通过验证，该返回信息需要通过 resultQueue 消息队列向数据模块异步传递。
- 在数据模块中，当通过 resultQueue 消息队列收到"通过验证"的信息后，在控制台输出"Result OK"的语句，否则在控制台输出"Result Fail"的语句。

第15章

项目打包、分布式部署和监控

之前章节给出的 Spring Boot 项目都是在 IDEA 集成开发环境中通过运行启动类来启动并对外提供服务的,不过在实际项目中会把 Spring Boot 项目打成 WAR 或 JAR 包,把 WAR 或 JAR 包部署到服务器后,再通过命令启动对应的 Spring Boot 服务。

在一些高并发场景中,为了进一步提升系统的性能,往往还会把相同的 Spring Boot 项目部署到多台服务器上,以实现分布式部署,同时再引入反向代理组件 Nginx,Nginx 会把请求均摊到诸多服务器上,以负载均衡的方式提升系统的整体吞吐能力。

在实际应用中,一般还会通过 Actuator 等组件监控 Spring Boot 项目以及所处服务器的状态,比如监控当前项目是否处于工作状态,或所处服务器的 CPU 情况等。

也就是说,除了用 Spring Boot 实现各种业务功能外,程序员还需要掌握相关的打包部署和监控技能,本章就将综合给出相关的实践要点。

15.1 打包和运行 Spring Boot 项目

在开发完 Spring Boot 以后,一般会把项目用 Maven 命令等方式编译并打包成 WAR 或 JAR 包,随后会把这些包上放到 Linux 服务器的指定路径中,以命令行的方式启动该 Spring Boot 项目,这样该 Spring Boot 项目就能通过定义在控制器类中的方法对外提供服务。

15.1.1 用 Maven 命令打包

这里将演示对 Simpleprj 项目打包的步骤,在该项目的 Controller 控制器类中,通过如下代码对外提供输出 "Hello" 字符串的服务:

```
01    @RequestMapping("/hello")
02    public String sayHello(){
03        return "Hello";
04    }
```

首先，需要在该项目的 pom.xml 中通过如下关键代码指定打包的格式：

```
01        <groupId>org.example</groupId>
02        <artifactId>Simpleprj</artifactId>
03        <version>1.0-SNAPSHOT</version>
04        <packaging>jar</packaging>
```

这里需要在定义 Maven 项目的 groupId、artifactId 和 version 参数后，如第 4 行代码所示指定本项目的打包格式是 JAR，也就是说通过之后的 Maven 命令会把本项目打成 JAR 包。当然，也可以通过如下代码指定本项目的打包格式是 WAR。

```
<packaging>war</packaging>
```

需要说明的是，JAR 是 Java Archive 的缩写，如果在项目里没有 Web 代码，只包含 Java 类或必要的配置文件，那么可以把项目打成 JAR 包，如果在项目中除了 Java 类以外，还包含 HTML、JSP 或 JS 等 Web 代码，那么可以打成 WAR 包（Web Application Archive 包）。

由于本项目只包含 Java 代码，因此在 pom.xml 文件中指定打成 JAR 包。在本书之前的部分已经给出了在 IDEA 集成开发环境中整合 Maven 的做法，照此做法在 IDEA 中集成 Maven 后，能在 IDEA 的界面中看到如图 15.1 所示的 Maven 命令列表。

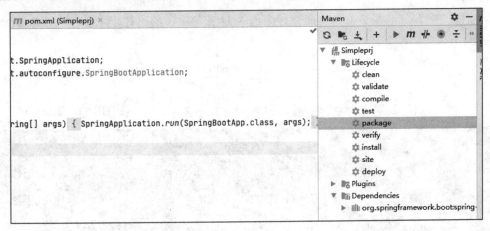

图 15.1 在 IDEA 环境内观察到的 Maven 命令列表

在其中单击 package 命令项即可完成打包动作，打包完成后，能在 IDEA 中看到如图 15.2 所示的成功提示。

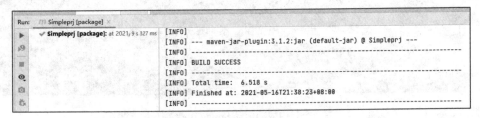

图 15.2 打包成功后的提示效果图

打包成功后，能在项目的 target 目录中看到打成的 JAR 包，具体效果如图 15.3 所示。

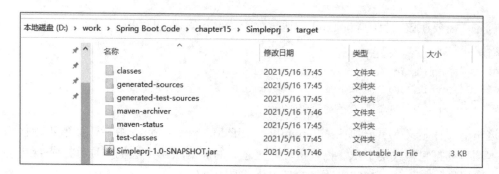

图 15.3　打成 JAR 包的效果图

此外，还可以从命令行中进入当前项目的目录，比如 D:\work\Spring Boot Code\chapter15\Simpleprj，在其中运行如下 mvn 命令，用命令行的方式完成打包动作：

```
D:\work\Spring Boot Code\chapter15\Simpleprj>mvn clean package
```

这里先通过 clean 参数清除之前打过的包，再通过 package 参数进行打包操作。

15.1.2　用 Java 命令启动项目

把项目打成 JAR 包后，可以从命令行中进入 JAR 包所在的路径，再通过如下 Java 命令启动该项目：

```
D:\work\Spring Boot Code\chapter15\Simpleprj\target>java -jar
Simpleprj-1.0-SNAPSHOT.jar
```

运行该命令后，如果在命令行中看到如图 15.4 所示的界面，则说明成功启动了该项目。

图 15.4　在命令行中成功启动 Spring Boot 项目的效果图

成功启动后，如果在浏览器中输入 Http://Localhost:8080/Hello 请求调用该项目的服务，就能看到输出 "Hello" 的效果，由此能进一步确认该项目成功启动。

在实际应用中，一般会在 Linux 操作系统上部署项目，即把项目打成的 JAR 或 WAR 包复制到 Linux 主机的指定路径中。部署完成后，在 Linux 操作系统中也可以通过类似的 Java 命令启动项目。

15.2　基于 Nginx 的分布式部署

在高并发场景中，一般会把相同的 Spring Boot 项目同时部署在多台主机上，并用 Nginx 等组件把请求均摊到这些主机上，这样就能以集群的方式提升单位时间内处理高并发请求的能力。

15.2.1　Nginx 组件与分布式负载均衡

Nginx 是一个性能强大的反向代理组件。反向代理的含义是，用户在无须了解目标服务器细节的前提下，只要把请求发送到反向代理服务器上，反向代理服务器就能根据配置把请求定位到对应的服务器上。而服务器在执行完请求后，会通过反向代理把结果返回给用户。

引入 Nginx 反向代理组件的效果如图 15.5 所示，从中能够看到，Nginx 组件除了能对外屏蔽服务器的细节之外，事实上还能起到负载均衡的效果。

图 15.5　引入 Nginx 实现反向代理的效果图

15.2.2　下载 Nginx 组件

可以到官网（http://nginx.org/en/download.html）上下载 Nginx 组件，本书下载的是基于 Windows 的 1.16.1 版本，下载后解压该组件，能看到如图 15.6 所示的 nginx.exe 文件和包含配置文件的 conf 目录。

本地磁盘 (D:) > nginx-1.16.1 > nginx-1.16.1			
名称	修改日期	类型	大小
conf	2019/8/13 16:42	文件夹	
contrib	2019/8/13 16:42	文件夹	
docs	2019/8/13 16:42	文件夹	
html	2019/8/13 16:42	文件夹	
logs	2021/5/17 22:09	文件夹	
temp	2021/5/17 20:32	文件夹	
G nginx.exe	2019/8/13 16:42	应用程序	3,611 KB

图 15.6　Nginx 组件文件目录示意图

下载并解压完成后，可以在命令行中进入该 nginx 目录，在其中可以通过 start nginx 命令启动 Nginx 组件，也可以通过 nginx -s stop 命令来停止 Nginx。而在更改 conf 目录下的 nginx.conf 等配置文件后，则可以通过 nginx -s reload 命令重启 Nginx，从而让更新后的配置参数生效。

这里不推荐通过直接单击 nginx.exe 的方式启动 Nginx，因为这样启动后，只能通过在任务管理器中终止进程的方式来停止 Nginx，而无法再通过命令的方式来停止 Nginx。

15.2.3　实践分布式部署 Spring Boot 项目

这里可以通过如下步骤来分布式部署 Spring Boot 组件。

步骤 01 在 15.1 节创建的 Simpleprj 项目中更改 Controller 控制器类的 sayHello 方法的返回字符串，更改后的代码如下。通过第 8 行代码能看到，该方法将返回"Hello From Side1"。

```
01  package prj.controller;
02  import org.springframework.web.bind.annotation.RequestMapping;
03  import org.springframework.web.bind.annotation.RestController;
04  @RestController
05  public class Controller {
06      @RequestMapping("/hello")
07      public String sayHello(){
08          return "Hello From Side1";
09      }
10  }
```

步骤 02 仿照着 Simpleprj 项目创建另外两个项目 Simpleprj-node2 和 Simpleprj-node3，在这两个项目的 application.yml 配置文件中，通过 server.port 参数分别设置它们工作在 8085 和 8090 端口，并且为了区分，在它们 Controller 类的 sayHello 方法中分别返回不同的值。表 15.1 整理了这 3 个项目的差异点。

表 15.1　待分布式部署的项目差异表

项目名	工作端口	控制器中方法的返回字符串
Simpleprj	8080	Hello From Side1
Simpleprj-node2	8085	Hello From Side2
Simpleprj-node3	8090	Hello From Side3

步骤 03 打开 Nginx 中 conf 目录中配置反向代理参数的 nginx.conf 文件，用如下代码替换掉原来的代码：

```
01  worker_processes  1;
02  events {
03      worker_connections  1024;
04  }
05  http {
06      include       mime.types;
07      default_type  application/octet-stream;
```

```
08        sendfile       on;
09        keepalive_timeout  65;
10
11        upstream springboot.com{
12            server 127.0.0.1:8080;
13            server 127.0.0.1:8085;
14            server 127.0.0.1:8090;
15        }
16        server {
17            listen        80;
18            location / {
19                proxy_pass http://springboot.com/hello;
20            }
21
22            error_page    500 502 503 504   /50x.html;
23            location = /50x.html {
24                root    html;
25            }
26        }
27    }
```

其中第 11～20 行的代码是修改过的，这里用第 11～15 行代码定义了发送到 http://springboot.com 路径上的请求将会发送到 Simpleprj、Simpleprj-node2 和 Simpleprj-node3 这 3 个项目所工作的端口上，通过第 16～20 行代码定义了向本地 80 端口的请求将被反向代理到 http://springboot.com/hello。

也就是说，通过这两段代码的定义，Nginx 会把发送到 localhost:80 的请求以负载均衡的方式发送到 127.0.0.1:8080/hello、127.0.0.1:8085/hello 和 127.0.0.1:8090/hello 这 3 个地址上。

步骤 04　完成配置 nginx.conf 文件后，用 start nginx 命令启动 Nginx，如果当前 Nginx 已经处于启动状态，则可以通过 nginx -s reload 命令重启 Nginx，用来转载修改后的参数。

步骤 05　通过 15.1 节给出的方法打包并运行 Simpleprj、Simpleprj-node2 和 Simpleprj-node3 这 3 个项目。

随后在浏览器中多次输入 http://localhost:80/，该请求会被 Nginx 转发到 Simpleprj、Simpleprj-node2 和 Simpleprj-node3 这 3 个项目的控制器方法上，所以在浏览器中能依次看到 Hello From Side1、Hello From Side2 和 Hello From Side3 等字样，从中能够看到实现分布式部署后，用 Nginx 实现负载均衡访问的效果。

需要说明的是，本书为了方便演示，在用端口区分的情况下，把这 3 个项目都部署在本地。在实际的项目中，会按照如下要点实施分布式部署：

（1）会把实现订单等功能的模块打包后部署到多台（比如三台）不同的主机上，随后用 Java 命令启动项目，而且它们的工作端口完全相同，比如都工作在 8080。

（2）在 nginx.conf 中做如下配置，从而把请求以负载均衡的方式转发到这 3 台服务器的模块上：

```
01  upstream springboot.com{
02       server ip1:8080;
03       server ip2:8080;
04       server ip3:8080;
05     }
```

（3）如果 3 个业务模块依然无法满足高并发的请求，那么可以进行扩容，比如在新的服务器上部署并启动业务模块，同时修改 nginx.conf 文件中的 upstream 配置项。

这样就可以在 Nginx 反向代理的基础上以分布式部署的方式用若干个业务模块共同应对高并发的请求。

15.3　监控 Spring Boot 项目

当 Spring Boot 项目上线运行后，除了可以在日志中记录工作状态以便排查问题外，还可以通过 actuator 组件来实时监控 Spring Boot 项目的运行状态，这样一旦出现问题，项目的运行维护人员就能第一时间介入，从而避免重大的产线事故。

15.3.1　引入依赖包，监控端点

这里将新建 PointCheckDemo 项目来演示监控端点，为了引入监控组件 actuator，需要在该项目的 pom.xml 中通过第 2~5 行代码引入 Spring Boot 依赖包之后，再通过第 6~9 行代码引入 actuator 组件包，关键代码如下：

```
01    <dependencies>
02      <dependency>
03        <groupId>org.springframework.boot</groupId>
04        <artifactId>spring-boot-starter-web</artifactId>
05      </dependency>
06      <dependency>
07        <groupId>org.springframework.boot</groupId>
08        <artifactId>spring-boot-starter-actuator</artifactId>
09      </dependency>
10    </dependencies>
```

同时，在该项目中编写如下所示的启动类，此外，暂时先不放其他代码。

```
01  package prj;
02  import org.springframework.boot.SpringApplication;
03  import org.springframework.boot.autoconfigure.SpringBootApplication;
04  @SpringBootApplication
05  public class SpringBootApp {
06     public static void main(String[] args) {
07         SpringApplication.run(SpringBootApp.class, args);
08     }
09  }
```

15.3.2　配置监控项

在引入 actuator 组件包以后，程序员就可以通过编写配置文件监控 Spring Boot 项目的运行状态，表 15.2 归纳了 actuator 组件提供的主要监控项目。

表 15.2　actuator 组件提供的主要监控项列表

监　控　项	对应请求	说　　　明
beans	/beans	展示当前 Spring 容器中的所有 bean 信息
configprops	/configprops	展示被@ConfigurationProperties 注解修饰的列表
env	/env	输出当前系统运行的环境信息
health	/health	输出当前系统的健康信息
loggers	/loggers	展示系统的日志信息
info	/info	查看系统的应用信息
mappings	/mappings	查看所有的 URL 映射配置
sessions	/sessions	显示当前的 Session 会话信息
threaddump	/threaddump	显示当前的线程信息

比如要通过 actuator 组件监控上述 PointCheckDemo 项目的 info、health、beans 和 env 等项，可以在该项目的 resources 目录中新建 application.properties 配置文件，在其中加入如下代码：

```
management.endpoints.web.exposure.include=info,health,beans,env
```

通过设置上述 management.endpoints.web.exposure.include 参数还可以监控其他的项目。完成配置后启动 PointCheckDemo 项目，在浏览器中输入 http://localhost:8080/actuator/threaddump，就能看到如图 15.7 所示的线程信息。

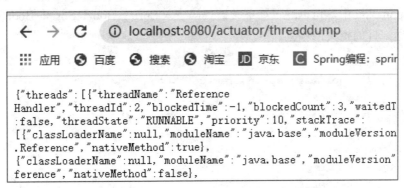

图 15.7　通过 actuator 组件监控线程信息的效果图

此外，还可以通过 http://localhost:8080/actuator/beans 等方式观察其他的监控项信息。

通过上文给出的定义能监控当前项目的 info、health、beans 和 env 等信息，此时如果观察其他的监控项，比如想要通过 http://localhost:8080/actuator/loggers 观察日志监控项，就会看到如图 15.8 所示的错误页面。

图 15.8　观察未开启监控项的效果图

出现上述错误页面的原因是，在配置文件的 management.endpoints.web.exposure.include 参数中尚未开启对应的 loggers 监控项，当加入后再运行 http://localhost:8080/actuator/loggers，就能看到对应的效果。

此外，还可以通过如下配置参数开启所有的监控项：

```
management.endpoints.web.exposure.include=*
```

此外，如果出于安全方面的考虑，不想让监控人员看到当前项目的某个监控项，那么可以通过如下配置方式来实现。比如通过在 application.properties 中加入如下代码，就能屏蔽掉当前项目的 info 监控项，修改后再重启项目，在浏览器中输入 http://localhost:8080/actuator/info 后，就无法再看到当前项目的应用信息。

15.3.3　可视化监控并邮件告警

在实际项目中，还可以通过引入 Spring Boot Admin 等依赖包以实现可视化监控的效果。

首先可以创建名为 SpringBootAdminDemo 的 Maven 项目，以此实现监控服务端的效果。在该项目的 pom.xml 中，可以通过如下关键代码引入 Spring Boot、Spring Boot Admin、监控可视化和发送邮件的相关依赖包。

```
01    <parent>
02       <groupId>org.springframework.boot</groupId>
03       <artifactId>spring-boot-starter-parent</artifactId>
04       <version>2.1.6.RELEASE</version>
05       <relativePath/>
06    </parent>
07    <dependencies>
08       <dependency>
09          <groupId>org.springframework.boot</groupId>
10          <artifactId>spring-boot-starter-mail</artifactId>
11       </dependency>
12       <dependency>
13          <groupId>de.codecentric</groupId>
14          <artifactId>spring-boot-admin-starter-server</artifactId>
15          <version>2.1.0</version>
```

```
16          </dependency>
17          <dependency>
18              <groupId>org.springframework.boot</groupId>
19              <artifactId>spring-boot-starter-web</artifactId>
20          </dependency>
21          <dependency>
22              <groupId>de.codecentric</groupId>
23              <artifactId>spring-boot-admin-server-ui</artifactId>
24              <version>2.1.0</version>
25          </dependency>
26      </dependencies>
```

在该项目的 Spring Boot 启动类中，需要像如下第 6 行那样加上@EnableAdminServer 注解，来说明该启动类启动的项目将承担基于 Spring Boot Admin 监控服务器的角色。

```
01  package prj;
02  import de.codecentric.boot.admin.server.config.EnableAdminServer;
03  import org.springframework.boot.SpringApplication;
04  import org.springframework.boot.autoconfigure.SpringBootApplication;
05  @SpringBootApplication
06  @EnableAdminServer
07  public class SpringBootApp {
08      public static void main(String[] args) {
09          SpringApplication.run(SpringBootApp.class, args);
10      }
11  }
```

在该项目的 resources 目录中需要加入如下的 application.properties 文件，在其中配置本项目的工作端口和发送邮件等参数，代码如下：

```
01  server.port=8080
02  spring.mail.host=smtp.163.com
03  spring.mail.username=hsm_computer
04  spring.mail.password=password for the mail
05  spring.mail.properties.mail.smtp.auth=true
06  spring.mail.properties.mail.smtp.starttls.enable=true
07  spring.mail.properties.mail.smtp.starttls.required=true
08  spring.boot.admin.notify.mail.to=hsm_computer@163.com
09  spring.boot.admin.notify.mail.from=hsm_computer@163.com
```

通过第 1 行的代码能看到，该项目将工作在 8080 端口，通过第 2～9 行代码能看到，一旦该服务器监控到的客户端状态有变化，将向 hsm_computer@163.com 这个邮箱发告警邮件，在第 3 行和第 4 行中设置了发送邮件所需要的用户名和密码。在实际监控过程中，读者可以通过上述代码的格式具体设置发送告警信息的邮箱信息。

通过运行启动类启动该项目后，在浏览器中输入 localhost:8080，能看到如图 15.9 所示的监控效果，由于当前没有客户端接入该监控服务器，因此对应的监控实例数为 0。

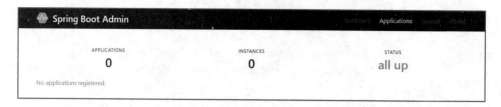

图 15.9 启动监控后的效果图

在完成编写监控服务端后,可以再创建名为 SpingBootClientDemo 的 Maven 项目,该项目将作为监控客户端,通过配置文件连接到监控服务器上。

在该项目的 pom.xml 中,将通过如下关键代码引入 Spring Boot 启动类和监控客户端的相关依赖包:

```
01    <parent>
02        <groupId>org.springframework.boot</groupId>
03        <artifactId>spring-boot-starter-parent</artifactId>
04        <version>2.1.6.RELEASE</version>
05        <relativePath/>
06    </parent>
07    <dependencies>
08        <dependency>
09            <groupId>org.springframework.boot</groupId>
10            <artifactId>spring-boot-starter-web</artifactId>
11        </dependency>
12        <dependency>
13            <groupId>de.codecentric</groupId>
14            <artifactId>spring-boot-admin-starter-client</artifactId>
15            <version>2.1.0</version>
16        </dependency>
17    </dependencies>
```

该项目的启动类代码如下,只需要加入@SpringBootApplication 注解即可:

```
01    package prj;
02    import org.springframework.boot.SpringApplication;
03    import org.springframework.boot.autoconfigure.SpringBootApplication;
04    @SpringBootApplication
05    public class SpringBootApp {
06        public static void main(String[] args) {
07            SpringApplication.run(SpringBootApp.class, args);
08        }
09    }
```

在该项目的 application.properties 配置文件中,需要通过如下第 2 行的代码设置该项目将连接到之前开发好的监控服务端。

```
01    server.port=8090
02    spring.boot.admin.client.url=http://localhost:8080
```

编写完成后，通过运行启动类启动该项目，随后再输入 localhost:8080，在监控可视化界面中就能看到如图 15.10 所示的界面，在其中能监控刚连接上的客户端项目。

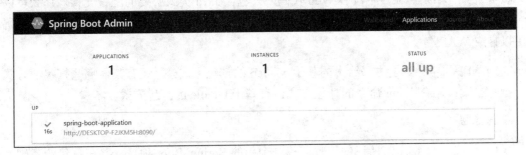

图 15.10　包含一个客户端的监控可视化界面效果图

在 Spring Boot Admin 的服务端，当有客户端上线或下线时，会根据之前配置的参数向 hsm_computer@163.com 邮箱发送告警邮件。其中客户端下线的告警邮件如图 15.11 所示。

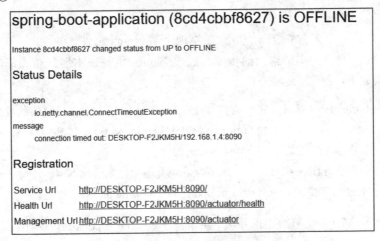

图 15.11　客户端下线对应的监控邮件效果图

15.4　思考与练习

1. 简答题

（1）说明 Nginx 组件的作用。

参考答案：参考 15.2.2 小节的描述。

（2）说明为什么要监控在线上运行的 Spring Boot 项目。

参考答案：如果出了线上问题，能第一时间介入并修改问题。

（3）在实际应用中，一般是通过哪种方式启动 Spring Boot 项目的？

参考答案：通过在命令行中运行启动命令的方式启动项目。

（4）在哪种场景下需要把项目打成 JAR 包，在哪种场景下需要把项目打成 WAR 包？

参考答案：如果在项目中没有 Web 代码，只包含 Java 类或必要的配置文件，那么可以把项目打成 JAR 包，如果在项目中除了 Java 类以外，还包含 HTML、JSP 或 JS 等 Web 代码，就可以打成 WAR 包。

（5）拓展思考：除了本书给出的基于 Maven 的打包方式外，还有其他哪些打包的方式？

参考答案：还有用 ant 命令的打包方式，有基于 Gradle 的打包方式。

2. 操作题

（1）仿照本章 15.1 节所述的步骤创建一个新的 Spring Boot 项目，并在打包的基础上运行该项目。

提示步骤：（1）创建一个 Spring Boot 项目，并适当编写其中的启动类和控制器类；（2）确认 Maven 环境；（3）用 Maven 命令打成 JAR 包；（4）通过 Java 命令运行该 JAR 包，并通过调用服务确认效果。

（2）仿照本章 15.2.2 小节给出的步骤在本地下载 Nginx 组件。

（3）仿照本章 15.2.3 小节给出的步骤，通过 Nginx 组件在本地分布式部署 Spring Boot 项目，具体提示如下：

- 创建两个 Spring Boot 项目，它们分别工作在 8080 和 8090 端口，在它们的控制器类中，一旦接收到/print 请求，就会对外输出 print on side1 和 print on side2 信息。
- 适当修改 Nginx 的配置文件，并启动 Nginx 组件。
- 在启动两个 Spring Boot 项目后，如果多次在浏览器中输入 localhost，该请求就会被转发到两个 Spring Boot 项目中，并依次输出 print on side1 和 print on side2 信息。

（4）仿照本章 15.3.3 小节给出的步骤，实现基于界面的可视化监控操作，具体提示如下：

- 创建一个基于 Spring Boot Admin 的服务器，该服务器工作在 8080 端口，并在其中配置"邮件告警"相关设置。
- 创建一个基于 Spring Boot Admin 的客户端，该客户端工作在 9000 端口，并指向 localhost:8080 对应的 Spring Boot Admin 服务器。
- 在启动 Spring Boot Admin 服务器的前提下，可多次启动并终止 Spring Boot Admin 客户端项目，以此来验证邮件告警操作。

第16章

Spring Boot+Vue 前后端分离项目的开发

本章将通过订单管理系统给出用 Spring Boot+Vue 搭建全栈开发项目的实践要点。在这个前后端分离的项目中，前端用到了 Vue、Vue-cli 工程化、ElementUI 和 Axios 等组件，后端用到了 Spring Boot、JPA、Redis 和 MyCAT 等组件。

通过本章的学习，读者不仅能全面理解 Spring Boot 和 Vue 框架，还能避免实践开发中经常会遇到的问题，从而高效地掌握基于前后端分离的全栈开发技术。

16.1 项 目 概 述

在开发完 Spring Boot 以后，一般会把项目用 Maven 命令等方式编译并打包成 WAR 或 JAR 包，随后会把这些包放到 Linux 服务器的指定路径中，以命令行的方式启动该 Spring Boot 项目，这样该 Spring Boot 项目就能通过定义在控制器类中的方法对外提供服务。

16.1.1 演示增删改查订单效果

在这个系统中，将以前后端分离的方式实现如下效果。

当用户打开页面时，能看到如图 16.1 所示的菜单和展示订单的效果，其中左侧是动态菜单项，而在右侧会以分页的效果展示订单。

在图 16.1 中，用户可以通过单击每条订单信息后的"删除"链接删除该订单，也可以通过单击下方的分页链接实现分页查看订单的效果。

当用户单击图 16.1 中每条订单信息之后的"修改"链接后，能看到如图 16.2 所示的修改订单页面。当用户完成修改后，单击下方的"修改"按钮能实现修改订单的效果。

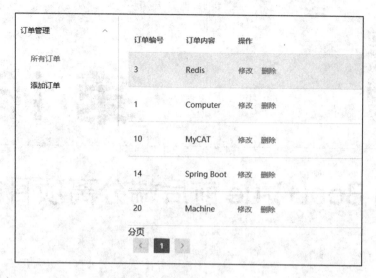

图 16.1　菜单和展示订单的效果

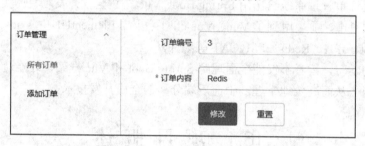

图 16.2　修改订单的效果

当用户单击左边菜单项中的"添加订单"链接时，能看到如图 16.3 所示的效果。

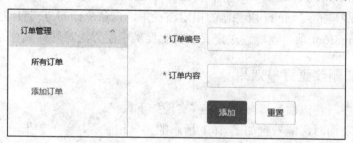

图 16.3　添加订单的效果

添加订单的页面和修改订单的页面很相似，不过订单编号和订单内容这两个文本框没有初始值。当用户输入完成后，再单击下方的"添加"按钮，即可完成添加订单的效果。

16.1.2　后端项目说明

本章所用的后端 Spring Boot 项目是根据第 12 章的 MyCATRedisDemo 项目改编而成的。在该项目中，将在 MySQL 数据库的 OrderDetail 表中存储订单信息，该表的字段如表 16.1 所示。

表 16.1　OrderDetail 表字段说明

字　段　名	类　　型	说　　明
id	int	订单 id
name	varchar(45)	订单名

在 Spring Boot 框架层面，该项目包含启动类、控制器类、业务逻辑层、数据库访问层和业务模型类。同时，为了提升数据库的读写性能，在该项目的数据库框架中引入了 Redis 缓存组件和 MyCAT 分库组件，具体效果如图 16.4 所示。

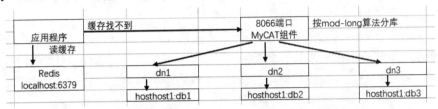

图 16.4　引入 Redis 和 MyCAT 组件后的数据库框架图

这套数据库框架的搭建方式可以查看第 12 章对应的内容。其中，OrderDetail 表将会被 MyCAT 组件分摊到 3 个不同的 MySQL 数据库节点上，当用户读取数据时，会先从 Redis 缓存中读取，如果读不到，再通过 MyCAT 组件到具体的节点上读取。

由于 Vue 前端项目工作在 8080 端口，因此在本项目中会通过修改配置文件的方式在 8085 端口上对外提供服务。具体将在控制器类中对外提供如表 16.2 所示的服务。

表 16.2　后端项目对外提供的服务列表

服　务　名	请求类型	说　　明
/findOrders/{page}/{size}	GET	以分页的方式返回订单信息
/save	POST	新增订单
/findById/{id}	GET	根据 id 查询订单
/update	PUT	更新订单
/deleteById/{id}	DELETE	删除指定 id 的订单

16.1.3　前端框架和组件分析

Vue 是一个能构建前端用户界面的视图层框架，这套框架语法简单，所以比较容易上手，而且该框架能快速地与 Element-ui 或 Spring Boot 等第三方库或项目整合，能方便地实现各种前后端的功能。

在全栈项目中，前端页面是由文本框、菜单项和命令框等组件构成的，对此在开发前端页面时可以直接使用第三方的组件库，本书采用的是 Element-ui 库。在这个库中封装了前端开发所必须的常用组件。

此外，全栈项目中的前后端需要频繁地交互，比如前端页面需要根据用户动作向后端程序发起请求，对应地，后端程序会把请求的处理结果返回到前端，前端会据此在页面上进行响应的展示。对此，在本项目中会使用 Axios 组件进行前后端交互。

Axios 是一个异步通信组件，该组件不仅能发送各种格式的 HTTP 请求，还能按业务需求定制请求和响应的数据格式，所以能广泛地应用在各种业务场景中。

16.2　后端 Spring Boot 项目实践要点

本章在名为 vueBackEnd 的 Maven 项目中以基于 Spring Boot 框架的方式提供了订单管理的功能。前文已经提到，该项目是根据第 12 章的 MyCATRedisDemo 项目改编而成的，并且在数据库层面整合了 MySQL、Redis 和 MyCAT 等组件。

该项目 Spring Boot 和数据库层面的实践要点已经在第 12 章做了详细的分析，所以本节只是从全栈开发的角度给出该后端项目的实践要点，读者可以通过阅读项目代码来了解该项目的实现细节，在阅读时如果有问题，可以参考第 12 章的相关描述。

16.2.1　application.yml 配置文件

在该文件中配置了本项目用到的 MySQL、Redis 和 MyCAT 等组件。

```
01  spring:
02    datasource:
03      url: jdbc:mysql://localhost:8066/TESTDB?useSSL=false
04      username: root
05      password: 123456
06      driver-class-name: com.mysql.jdbc.Driver
07    jpa:
08      database: MYSQL
09      show-sql: true
10      hibernate:
11        ddl-auto: validate
12      properties:
13        hibernate:
14          dialect: org.hibernate.dialect.MySQL5Dialect
15    redis:
16      host: localhost
17      port: 6379
18    server:
19      port: 8085
```

在该配置文件中，通过第 3 行代码指定了本项目将通过本地的 8066 端口以 MyCAT 组件分库的方式访问 MySQL 数据库，这部分的细节读者可以自行阅读第 12 章 MyCAT 组件的配置文件以及相关的说明。

通过第 15～17 行代码，读者能看到本项目将使用工作在本地 6379 端口的 Redis 作为数据缓存。由于前端 Vue 框架已经工作在 8080 端口，因此这里需要通过第 18 行和第 19 行代码把本项目的工作端口更改为 8085。

16.2.2　跨域问题与 CORS 解决方法

先讲一下什么叫跨域访问，对于一个请求而言，只要它的发送者和接收者在协议、域名和端口这 3 个参数中有一个不同，该请求即可称为"跨域"请求。

比如本章的前端 Vue 项目以 HTTP 协议的方式工作在本地（localhost）的 8080 端口，而后端 Spring Boot 项目以 HTTP 协议的方式工作在本地的 8085 端口，由于两者的端口不同，因此前端向后端发送的 Axios 请求是"跨域"请求。

出于前后端交互的安全性方面的考虑，默认是不允许出现"跨域"请求的，对此需要在 vueBackEnd 后端项目的 WebConfig 配置类中引入支持跨域的 CORS（Cross-Origin Resource Sharing）规范，该配置类的代码如下：

```
01  package prj;
02  import org.springframework.boot.SpringBootConfiguration;
03  import org.springframework.web.servlet.config.annotation.CorsRegistry;
04  import
    org.springframework.web.servlet.config.annotation.WebMvcConfigurer;
05  @SpringBootConfiguration
06  public class WebConfig implements WebMvcConfigurer {
07      @Override
08      public void addCorsMappings(CorsRegistry corsRegistry){
09          //设置所有请求方法都允许跨域
10          corsRegistry.addMapping("/**")
11                  .allowCredentials(true)
12                  .allowedOrigins("http://localhost:8080")
13                  .allowedMethods("POST", "GET", "PUT", "DELETE")
14                  .allowedHeaders("*")
15                  .maxAge(1800);
16      }
17  }
```

在该类中，通过第 5 行的 SpringBootConfiguration 注解说明本类将起到配置类的作用。该类实现了 WebMvcConfigurer 接口，并通过重写第 8 行的 addCorsMappings 方法设置了本项目支持跨域请求。

具体在 addCorsMappings 方法的第 10～15 行设置了本项目的所有服务方法，都支持从本地（localhost）8080 端口发来的 POST、GET、PUT 和 DELETE 请求。

由于和全栈开发主题无关，本章不对 CORS 进行详细说明。不过需要注意的是，如果在后端项目中去掉该配置类，前端 Vue 项目向后端发送的请求就会出现"跨域"问题，从而无法成功调用后端的请求。

16.2.3　控制器层对外提供的服务方法

通过如下的 Controller 控制器类中的代码，读者能看到本项目对外提供的服务方法。

```
01  package prj.controller;
02  import org.springframework.beans.factory.annotation.Autowired;
03  import org.springframework.data.domain.Page;
04  import org.springframework.web.bind.annotation.*;
05  import prj.model.OrderDetail;
06  import prj.service.OrderDetailService;
07  @RestController
08  public class Controller {
09      @Autowired
10      OrderDetailService orderDetailService;
11      @GetMapping("/findOrders/{page}/{size}")
12      public Page<OrderDetail> findOrders(@PathVariable("page") Integer
     page, @PathVariable("size") Integer size){
13          return orderDetailService.findAll(page,size);
14      }
15      @PostMapping("/save")
16      public String save(@RequestBody OrderDetail orderDetail){
17          try {
18              orderDetailService.save(orderDetail);
19              return "success";
20          } catch(Exception e){
21              return "error";
22          }
23      }
24      @GetMapping("/findById/{id}")
25      public OrderDetail findById(@PathVariable("id") Integer id){
26          return orderDetailService.findByID(id);
27      }
28      @PutMapping("/update")
29      public String update(@RequestBody OrderDetail orderDetail){
30          try {
31              orderDetailService.save(orderDetail);
32              return "success";
33          } catch(Exception e){
34              return "error";
35          }
36      }
37      @DeleteMapping("/deleteById/{id}")
38      public void deleteById(@PathVariable("id") Integer id){
39          orderDetailService.deleteByID(id);
40      }
41  }
```

通过第 11～14 行代码可以看到，本项目将以/findOrders/{page}/{size}格式的 URL 请求以分页的方式对外返回指定页的订单数据，该 URL 是 GET 类型的，其中的 page 和 size 参数分别表示分页号和每页的数量。

而本控制器类通过第 15～23 行代码以 POST 类型的/save 请求对外提供新增订单的服务，通过第 24～27 行代码以/findById/{id}格式的 URL 请求对外提供"根据 id 查找订单"的服务，该请求是 GET 类型的。

在本类的第 29～36 行代码，通过 PUT 类型的/update 请求对外提供更新订单的服务，而在本类的第 37～40 行代码，以 DELETE 类型的/deleteById/{id}请求对外提供删除指定 id 订单的服务。

16.3　搭建前端 Vue 项目框架

在实际项目中，一般会用 Node.js 命令创建一个空白的 Vue 项目，并在其中引入各种组件。在此基础上，开发人员能在其中根据业务需求开发对应的前端页面。这里将从安装开发环境讲起，给出搭建前端空白 Vue 项目框架的具体步骤。

16.3.1　安装 Node.js 和 Visual Studio Code

NPM 一个包管理工具，本章通过它来下载并安装 Vue、Vue-cli、Element-ui 和 Axios 等组件。NPM 一般是随着 Node.js 等工具一起安装的，所以读者可以到官网（https://nodejs.org/）去下载 Windows 环境的 Node.js 安装包，并在本地安装。安装完成后，如果在命令行中能通过 npm -v 命令看到对应的版本号，即可说明 Node.js 以及 NPM 工具成功安装。

而前端 Vue 项目以及其中的文件一般需要用集成开发环境来管理。本书使用 IDEA 开发后端 Spring Boot 项目，对应地，本书使用 Visual Studio Code 集成开发环境开发前端 Vue 项目。

该集成开发环境使用起来比较简单，读者可以到官网（https://code.visualstudio.com/）去下载。下载并安装完成后，可在 Visual Studio Code 中打开按下文步骤新创建的 Vue 工具，即可方便地开发并管理前端项目。

16.3.2　创建前端 Vue 项目

在确认成功安装 NPM 工具后，可在命令行窗口中通过如下的 npm 命令下载并安装 Vue 和 Vue-cli 组件。

```
01  npm install vue
02  npm install vue-cli -g
```

随后，可以在命令行中通过如下命令创建一个名为 vuefrontend 的前端项目。

```
vue init webpack vuefrontend
```

该项目基于 webpack 模板，在运行该命令时会要求用户按提示输入如下的项目信息：

```
01  Project name vuefrontend
02  Project description A Vue.js project
03  Author
04  Vue build standalone
```

```
05  Install vue-router? Yes
06  Use ESLint to lint your code? No
07  Set up unit tests No
08  Setup e2e tests with Nightwatch? No
09  Should we run `npm install` for you after the project has been created?
    (recommended) npm
```

由于在本项目中需要通过 vue-router 组件实现页面的路由效果，因此需要如第 5 行所示进行配置。而且本项目无须使用 ESLint，也无须引入单元测试和 E2E（端对端测试），所以可以如第 6～8 行所示进行配置。

该命令运行完以后，读者能看到一个空白的名为 vuefrontend 的前端项目，在命令行中通过 cd vuefrontend 命令进入该项目后，可通过 npm run dev 命令启动该项目，启动后，在浏览器中输入 localhost:8080，如果能正确地看到 Vue 欢迎页面，则说明该项目被成功地创建并启动。

16.3.3 引入 Element-ui 和 Axios 组件

在新创建的 vuefrontend 项目路径中，可以通过如下命令来安装 Element-ui 和 Axios 组件：

```
01  npm install element-ui -S
02  npm install axios -S
```

安装完成后，打开该项目定义依赖关系的 package.json 文件，能看到如下的 dependencies 项，由此能确认，该项目成功地引入了 Element-ui 和 Axios 等组件。

```
01  "dependencies": {
02    "axios": "^0.21.1",
03    "element-ui": "^2.15.2",
04    "vue": "^2.5.2",
05    "vue-router": "^3.5.1"
06  },
```

16.4　开发前端页面

通过前文的描述，读者可以创建 Vue 空白模板项目 vuefrontend，并在其中引入包含页面控件的 Element-ui 组件和实现前后端交互的 Axios 组件。在此基础上，这里将给出在其中实现订单管理功能的详细步骤。

16.4.1 前端重要文件的说明

在通过 vue init webpack vuefrontend 命令创建基于 webpack 模板的空白项目之后，读者可以在其中看到不少文件。通过表 16.3 中的描述，读者能看到其中一些重要文件的作用。

表 16.3 webpack 模板空白文件中重要文件的说明表

路径和文件名	作 用
package.json	在其中可以定义本项目的各种依赖包
/src/index.html	项目的入口页面
/src/App.vue	在其中可以定义首页的 Vue 组件
/src/main.js	在项目启动时，会根据其中的定义加载 Element-ui 等组件

为了能让本项目在启动时加载到 Element-ui 和 Axios 等组件，需要在/src/main.js 文件中编写如下代码：

```
01  import Vue from 'vue'
02  import App from './App'
03  import router from './router'
04  import Element from 'element-ui'
05  import axios from 'axios'
06  import 'element-ui/lib/theme-chalk/index.css'
07  Vue.use(Element)
08  Vue.prototype.$axios=axios
09  Vue.config.productionTip = false
10  /* eslint-disable no-new */
11  new Vue({
12    el: '#app',
13    router,
14    components: { App },
15    template: '<App/>'
16  })
```

通过第 1~6 行的 import 语句能在项目中引入 Vue、Router、Element-ui 和 Axios 等组件，通过第 7 行和第 8 行代码能把 Element-ui 和 Axios 组件和 Vue 框架绑定到一起，这样在后文就能实现"使用前端组件"和"前后端交互"的效果。

16.4.2 在首页添加诸多组件

在本项目的入口页面中需要实现菜单的效果，这部分代码可以放入/scr/App.vue 中，此外，在该文件中还可以添加展示数据等的组件，具体代码如下：

```
01  <template>
02    <div id="orderManager">
03      <el-container >
04        <el-aside width="210px" >
05          <el-menu router :default-openeds="['0', '1']">
06            <el-submenu v-for="(menuItem,menuIndex) in
    $router.options.routes" :index="menuIndex+''" v-if="menuItem.show">
07              <el-menu-item v-for="(activeItem,activeIndex) in
    menuItem.children" :index="activeItem.path"
```

```
08                          :class="$route.path==activeItem.path?'is-active':
   ''">{{activeItem.name}}</el-menu-item>
09              <template slot="title">{{menuItem.name}}</template>
10              </el-submenu>
11          </el-menu>
12        </el-aside>
13        <el-main>
14          <router-view></router-view>
15        </el-main>
16      </el-container>
17    </div>
18  </template>
```

第 4～12 行的 el-aside 和第 13～15 行的 el-main 均是 Element-ui 的占位组件。在 el-aside 中，通过第 5～11 行的 el-menu 组件定义了动态菜单的效果，在 el-main 组件的第 14 行中，通过 route-view 组件定义了数据展示的效果。

其中定义菜单项目的代码包含在/router/index.js 文件中，此外，本项目还将在/scr/ views 目录中编写诸多文件，这些文件将通过上文第 14 行的 router-view 组件展示数据，并实现订单管理等诸多功能。

16.4.3 定义路由效果

在本项目/src/router 目录中，将通过编写 index.js 文件在其中实现菜单以及对应的路由效果，具体代码如下：

```
01  import Vue from 'vue'
02  import Router from 'vue-router'
03  import Index from '../views/Index'
04  import OrderManager from '../views/OrderManager'
05  import AddOrder from '../views/AddOrder'
06  import OrderUpdate from '../views/OrderUpdate'
07  Vue.use(Router)
08  export default new Router({
09    routes: [
10      {
11        path: '/',
12        name: '订单管理',
13        show:true,
14        component:Index,
15        redirect:"/OrderManager",
16        children:[
17          {
18            path:"/OrderManager",
19            name:"所有订单",
20            component:OrderManager
21          },
```

```
22              {
23                path:"/AddOrder",
24                name:"添加订单",
25                component:AddOrder
26              },
27              {
28                path:'/OrderUpdate',
29                component:OrderUpdate,
30                show:false
31              }
32            ]
33          }
34        ]
35   })
```

这里通过第 7 行代码在 Vue 框架中定义了路由组件 router，随后通过第 8～35 行代码定义了页面和路径的路由关系。

首先通过第 11～15 行代码定义了根目录"/"（首页）将展示定义在 OrderManager.vue 文件中的效果，该文件是通过第 4 行的 import 语句引入的。

随后通过第 23～26 行代码定义了/AddOrder 路径指向实现添加订单效果的 AddOrder 页面，/OrderUpdate 路径指向实现更新订单效果的 OrderUpdate 页面，这两个页面都是由 import 语句导入的。

并且，由于在初始化展示阶段无须展示更新订单的 OrderUpdate 页面，因此通过第 30 行代码把该页面暂时设成"不可见"。

16.4.4　分页展示订单

在 src/views 路径的 OrderManager.vue 文件中实现了分页展示订单的效果，该文件的代码如下，由于代码比较长，因此将分段说明。

```
01   <template>
02     <div>
03       <el-table
04              :data="OrderData"
05              style="width: 70%">
06         <el-table-column
07              fixed
08              prop="id"
09              label="订单编号"
10              width="100">
11         </el-table-column>
12         <el-table-column
13              prop="name"
14              label="订单内容"
15              width="100">
```

```
16                    </el-table-column>
17                    <el-table-column
18                         label="操作">
19                       <template slot-scope="scope">
20                         <el-button @click="edit(scope.row)" type="text" >修改
     </el-button>
21                         <el-button @click="delete(scope.row)" type="text" >删除
     </el-button>
22                       </template>
23                    </el-table-column>
24           </el-table>
```

首先在第 3~24 行的 el-table 组件中以表格的形式展示了订单编号和订单内容，在展示数据之后，通过第 17~23 行代码为每条订单数据添加了"修改"和"删除"两个 el-button 类型的按钮。当单击这两个按钮后，会对应地通过 @click="edit(scope.row)" 和 @click="delete(scope.row)"方法进行相应的动作。

```
25           分页
26           <el-pagination
27                  background
28                  layout="prev, pager, next"
29                  :page-size="pageSize"
30                  :total="total"
31                  @current-change="page">
32           </el-pagination>
33        </div>
34  </template>
```

随后通过第 26~32 行的 el-pagination 组件实现了订单数据的分页效果。具体通过第 29 行代码定义了每页展示的订单数量，通过第 30 行代码定义了订单总数，通过第 31 行代码定义了每次单击分页组件时将会触发的方法。

```
35  <script>
36     export default {
37        methods: {
38           delete(row){
39              const _this = this
40              this.$axios.delete('http://localhost:8085/deleteById/
     '+row.id).then(function(resp){
41                 _this.$alert(row.name+'删除成功！', '消息', {
42                    confirmButtonText: '确定',
43                    callback: action => {
44                        window.location.reload()
45                    }
46                 })
47              })
48           },
```

```
49              edit(row) {
50                  this.$router.push({
51                      path: '/OrderUpdate',
52                      query:{
53                          id:row.id
54                      }
55                  }
56              )
57              },
58              page(currentPage){
59                  const _this = this
60                  this.$axios.get('http://localhost:8085/findOrders/
    '+(currentPage-1)+'/5').then(function(resp){
61                      _this.OrderData = resp.data.content
62                      _this.pageSize = resp.data.size
63                      _this.total = resp.data.totalElements
64                  })
65              }
66          },
67          data() {
68              return {
69                  pageSize:'1',
70                  total:'5',
71                  OrderData: []
72              }
73          },
74          created() {
75              const _this = this
76
    this.$axios.get('http://localhost:8085/findOrders/0/5').then(function(
    resp){
77                      _this.OrderData = resp.data.content
78                      _this.pageSize = resp.data.size
79                      _this.total = resp.data.totalElements
80                  })
81          }
82      }
83  </script>
```

第 35～83 行的 script 脚本代码中，通过 axios 定义了前后端交互的动作。

第 38～48 行的 delete 方法会在单击删除订单按钮时被触发，其中会通过第 40 行代码使用 Axios 的 delete 方法向后端 Spring Boot 项目发送 http://localhost:8085/deleteById/请求，以此实现删除指定订单的功能。当后端执行完该请求返回时，会触发第 43 行的 callback 方法重新装载订单页面。

第 49～57 行的 edit 方法会在单击修改订单按钮时被触发，在其中会通过第 51 行代码跳转到/OrderUpdate 修改订单的页面。

第 58～66 行的 page 方法会在单击分页组件时被触发，在该方法中会通过第 60 行的 axios 方法调用 Spring Boot 的 http://localhost:8085/findOrders/请求，根据新的页号返回对应的订单数据以及 pageSize 和 total 等信息。

当该 OrderManager.vue 文件被初始化的时候，会自动触发第 74～81 行的 created 方法，该方法在第 76 行的代码中通过调用 axios 的 http://localhost:8085/findOrders/0/5 方法向后端 Spring Boot 请求用于第 1 页展示的 5 条订单数据，这些订单数据会赋予 OrderData 对象，通过上文描述的第 3～24 行的 el-table 组件展示出来。

如果在初始化时无法通过 created 方法得到订单数据，那么会触发第 67～73 行的 data 方法，在该方法中会通过第 68 行的 return 语句返回一个空的 OrderData 对象。注意，如果不定义该 data 方法，那么用于存储订单数据的 OrderData 对象就无法被初始化，这样一旦无法通过 created 方法从后端得到订单数据，就会在页面上出现错误提示信息。

16.4.5 修改订单页面

一旦单击订单页面上的"修改订单"按钮，就会通过 OrderManager.vue 中的 edit 方法进入由 OrderUpdate.vue 文件定义的修改订单页面，该文件的代码如下：

```
01  <template>
02      <el-form style="width: 70%" :model="validateForm" :rules="rules"
    ref="validateForm" label-width="120px">
03          <el-form-item label="订单编号">
04              <el-input v-model="validateForm.id" readOnly></el-input>
05          </el-form-item>
06          <el-form-item label="订单内容" prop="name">
07              <el-input v-model="validateForm.name"></el-input>
08          </el-form-item>
09          <el-form-item>
10              <el-button type="primary" @click="submitForm('validateForm')">
    修改</el-button>
11              <el-button @click="resetForm('validateForm')">重置</el-button>
12          </el-form-item>
13      </el-form>
14  </template>
15  <script>
16      export default {
17          data() {
18              return {
19                  validateForm: {
20                      id: '',
21                      name: ''
22                  },
23                  rules: {
24                      name: [
```

```
25                     { required: true, message: '订单内容不能为空', trigger:
   'blur' }
26                     ]
27                 }
28             };
29         },
30     methods: {
31         submitForm(formName) {
32             const _this = this
33             this.$refs[formName].validate((valid) => {
34               if (valid) {
35
   this.$axios.put('http://localhost:8085/update',this.validateForm).then
   (function(resp){
36                     if(resp.data == 'success'){
37                         _this.$alert(_this.validateForm.name+'修改成
   功', '对话框', {
38                             confirmButtonText: '确定',
39                             callback: action => {
40                                 _this.$router.push('/OrderManager')
41                             }
42                         })
43                     }
44                 })
45               } else {
46                 return false;
47               }
48             });
49         },
50         resetForm(formName) {
51             this.$refs[formName].resetFields();
52         }
53     },
54     created() {
55         const _this = this
56   this.$axios.get('http://localhost:8085/findById/'+this.$route.query.id
   ).then(function(resp){
57             _this.validateForm = resp.data
58         })
59     }
60   }
61 </script>
```

在该文件中,通过第2~13行的el-form组件定义了修改订单前端页面的效果,在该el-form组件中,通过第4行和第5行代码定义了展示订单编号的文本框,该文本框中的内容是只读的,通过第7行代码定义了展示订单内容的本文框。

这两个文本框中的数据会通过第 54～60 行的 created 方法加载，而在 created 方法中，会使用第 56 行的 axios 方法根据 id 通过调用后端的 http://localhost:8085/findById/请求准备好待修改的订单数据。

一旦用户完成订单的修改动作，可以通过单击第 10 行的修改按钮来保存新的订单信息，单击该按钮后会触发第 31～49 行的 submitForm 方法，在该方法中，会通过第 35 行的 axios 方法向后端发起 http://localhost:8085/update 请求，把修改好的订单保存到数据库中。

当该请求返回时，会触发第 36～48 行的回调方法，在其中会通过第 40 行的 push 语句返回展示订单的 OrderManager 页面。

16.4.6　添加订单页面

当用户单击首页上的"添加订单"菜单时，会进入由 AddOrder.vue 文件定义的添加订单页面，该文件的代码如下：

```
01  <template>
02      <el-form style="width: 70%" :model="validateForm" :rules=
    "validateRules" ref="validateForm" label-width="120px">
03          <el-form-item label="订单编号" prop="id">
04              <el-input v-model="validateForm.id"></el-input>
05          </el-form-item>
06          <el-form-item label="订单内容" prop="name">
07              <el-input v-model="validateForm.name"></el-input>
08          </el-form-item>
09          <el-form-item>
10              <el-button type="primary" @click="submitForm('validateForm')">
    添加</el-button>
11              <el-button @click="resetForm('validateForm')">重置</el-button>
12          </el-form-item>
13      </el-form>
14  </template>
15  <script>
16      export default {
17          data() {
18              return {
19                  validateForm: {
20                      id: '',
21                      name: ''
22                  },
23                  validateRules: {
24                      id: [
25                          { required: true, message: '订单编号不能为空' }
26                      ],
27                      name: [
28                          { required: true, message: '订单名称不能为空' }
29                      ]
```

```
30                       }
31                   };
32               },
33           methods: {
34               submitForm(formName) {
35                   const _this = this
36                   this.$refs[formName].validate((valid) => {
37                       if (valid) {
38                           this.$axios.post('http://localhost:8085/save',
     this.validateForm).then(function(resp){
39                               if(resp.data == 'success'){
40                                   _this.$alert(_this.validateForm.name+'添加成
     功!', '对话框', {
41                                       confirmButtonText: '确定',
42                                       callback: action => {
43                                           _this.$router.push('/OrderManager')
44                                       }
45                                   })
46                               }
47                           })
48                       } else {
49                           return false;
50                       }
51                   });
52               },
53               resetForm(formName) {
54                   this.$refs[formName].resetFields();
55               }
56           }
57       }
58   </script>
```

该页面的前端效果和由 OrderUpdate.vue 定义的修改订单页面的效果完全一致，只不过在该页面中不需要通过 created 方法初始化数据。

在该页面输入订单编号和订单内容，单击第 10 行所定义的添加按钮后，会触发第 34～52 行的 submitForm 方法，在该方法中会通过第 38 行的 axios 方法向后端 Spring Boot 发起 http://localhost:8085/save，把用户添加的订单保存到数据库中。该请求完成后，会自动触发第 39～51 行的回调函数，通过 43 行的 push 语句返回展示订单的 OrderManager 页面。

16.5　观察项目的运行效果

完成开发前后端的项目后，可以通过本节介绍的步骤启动前端的 Vue 项目、后端的 Spring Boot 项目以及 Redis 和 MyCAT 等组件，并在此基础上观察项目的运行效果。

16.5.1　启动前后端项目

在启动后端项目 vueBackEnd 前，需要先配置和启动 Redis 和 MyCAT 组件，这两个组件的相关配置方式以及相关细节可以参考第 12 章的描述。

随后可以通过运行 vueBackEnd 项目的启动类来启动该后端项目，启动后该项目工作在8085 端口，在启动后，可以在浏览器中输入 http://localhost:8085/findOrders/0/5 来验证，如果能在浏览器中看到该请求的返回结果，则说明后端项目成功启动。

随后，可以在命令行中进入前端 vuefrontend 项目所在的目录，比如 D:\work\Spring Boot Code\chapter16\vuefrontend，在其中运行 npm run build 命令编译该项目，再运行 npm run dev 命令启动该项目。

启动后，如果在浏览器中输入 http://localhost:8080/后能看到如图 16.5 所示的首页效果，则说明前端项目也成功启动。在该页面中能看到第一页的订单信息，并能在每条订单信息之后看到"修改"和"删除"操作项。通过单击页面下方的分页按钮，用户能实现翻页的效果。

图 16.5　成功启动前端项目的效果图

本页面中的相关操作都会通过 axios 组件发送到后端 Spring Boot 项目，而前端页面会根据后端的返回信息动态地更新前端的数据。

16.5.2　展示订单和删除订单

在浏览器中输入 http://localhost:8080/后，前端 Vue 项目会通过如下步骤展示如图 16.5 所示的页面。

（1）根据/src/main.js 中的定义在 Vue 项目中装载 Element-ui、Axios 和 Router 等所需的前端组件。

（2）根据/src/router/index.js 中的定义展示首页布局效果，在展示时会根据在/src/App.vue 中的定义展示动态菜单效果。

（3）在/src/router/index.js 文件中，引用/src/views/OrderManager.vue，在该文件中会通过 Element-ui 的表格等组件展示订单效果。

（4）在初始化首页订单效果时，OrderManager.vue 文件会通过 Axios 组件向后端发送请求，以获取第一页的订单数据。

而在图 16.5 所示的页面中，如果用户单击每条订单之后的"删除"按钮，就会通过 Axios 组件向后端发送 http://localhost:8085/deleteById/格式的请求，从而完成删除订单的效果。

16.5.3　修改订单

在图 16.5 所示的页面中，如果用户单击每条订单之后的"修改"按钮，就能进入如图 16.6 所示的页面，该页面的效果定义在 OrderUpdate.vue 文件中。

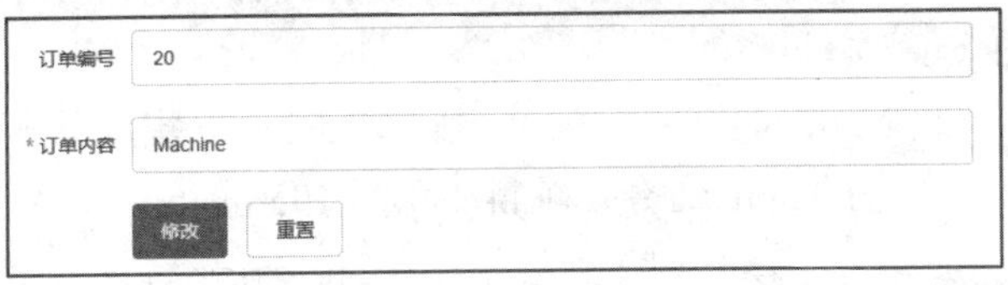

图 16.6　修改订单的页面

在初始化该修改订单的页面时，会通过 OrderUpdate.vue 文件中的 Axios 组件向后端发送 http://localhost:8085/findById/请求，通过 id 获取待修改的订单信息，并展示在文本框中。

而当用户单击"修改"按钮后，会通过 Axios 组件向后端发送 http://localhost:8085/update 请求，把修改后的订单数据保存到数据库中。

16.5.4　添加订单

在图 16.5 所示的页面中，如果用户单击左侧的添加订单菜单项，就会进入如图 16.7 所示的页面，该页面的效果定义在 AddOrder.vue 文件中。

图 16.7　添加订单的页面

该页面的效果和修改订单的页面很相似，只不过在本文框中没有初始化的数据。当用户完成输入数据，单击下方的"添加"按钮后，AddOrder.vue 文件会通过 Axios 组件向后端发送 http://localhost:8085/save 请求，把用户添加的订单信息保存到数据库中。

16.6　思考与练习

1. 简答题

（1）简述跨域问题，以及基于 CORS 的解决方案。

参考答案：参考 16.2.2 小节的描述。

（2）说明 Vue 项目中的重要文件，及其相关的作用。

参考答案：参考 16.4.1 小节的描述。

（3）说明 Element-ui 和 Axios 前端组件的作用。

参考答案：参考 16.3.3 小节的描述。

2. 操作题

（1）仿照本章 16.3 节所述的步骤下载 Vue 开发所需要的组件，并在此基础上创建一个名为 empfrontend 的空白 Vue 项目。

提示步骤：（1）下载 Node.js 组件；（2）下载 visualcode 集成开发环境；（3）通过 npm 命令创建 vue 项目；（4）通过 npm 命令在项目中引入 Element-ui 和 Axios 等组件。

（2）第 12 章的操作题第 2 题中已经要求读者针对表 16.4 开发一个 Spring Boot 项目，在其中实现了 Redis 整合 MyCAT 的效果。这里在此基础上创建一个名为 empbackend 的 Spring Boot 项目，以此作为全栈开发的后端项目。

表 16.4　emp 表数据结构一览表

字　段　名	类　　型	说　　明
id	数字	员工 id
name	字符串	员工姓名
salary	字符串	员工的工资

在这个项目中实现如下功能：

- 仿照本章 16.2 节的做法，在控制器类中提供增加员工信息、删除员工信息、修改员工信息、分页返回员工信息和返回指定 id 员工信息的接口方法。
- 在保存和修改员工信息的实现方法中，先从 Redis 中删除该条员工信息，再通过 MyCAT 到对应的 MySQL 数据库的 emp 表中保存该条员工信息。
- 在删除员工信息的实现方法中，从 Redis 和 MySQL 数据表中删除该 id 的员工信息。
- 在根据 id 查找员工信息的实现方法中，先从 Redis 中查找，如果 Redis 中找不到，再通过 MyCAT 组件到对应的 MySQL 数据库中查找。
- 在根据 id 查找员工信息的实现方法中，需要缓存不存在的员工 id，以避免缓存穿透现象，通知在缓存员工信息时需要设置 2 小时+100 秒内随机数的超时时间，以免出现内存溢出问题。

（3）参考本章 16.4 节所给出的步骤在之前创建的 Vue 空白项目 empfrontend 中实现如下功能：

- 在页面的左侧提供"查看员工信息"和"新增员工信息"这两个菜单项。
- 在首页以分页的方式展示员工信息，并在每条员工信息后展示"修改"和"删除"菜单项目。当用户单击"删除"按钮时能删除该条员工信息。
- 当用户单击"修改"按钮时，能进入修改员工的页面，在其中用户能修改员工信息。
- 当用户单击"新增员工信息"菜单项时，能进入新增员工的页面，在其中用户能新增员工信息。

视频

第17章

Spring+Redis+RabbitMQ 限流和秒杀项目的开发

本章将围绕高并发场景中的限流和秒杀需求综合演示 Spring Boot 整合 JPA、Redis 缓存和 RabbitMQ 消息队列的做法。

本项目将通过整合 Spring Boot 和 Redis 以及 Lua 脚本实现限流和秒杀的效果,将通过整合 RabbitMQ 消息队列实现异步保存秒杀结果的效果。

17.1 项 目 概 述

本章将要实现的秒杀是指商家在某个时间段以非常低的价格销售商品的一种营销活动。

由于商品价格非常低,因此单位时间内发起购买商品的请求会非常多,从而会对系统造成巨大的压力。对此,在一些秒杀系统中往往会整合限流的功能,同时会通过消息队列异步地保存秒杀结果。本章将要实现的限流和秒杀功能归纳如下:

(1)通过 Spring Boot 的控制器类对外接收秒杀请求。

(2)针对请求进行限流操作,比如秒杀商品的数量是 10 个,就限定在秒杀开始后的 20 秒内只有 100 个请求能参加秒杀,该操作是通过 Redis 来实现的。

(3)通过限流检验的请求同时竞争若干个秒杀商品。该操作将通过基于 Redis 的 Lua 脚本来实现。

(4)为了降低数据库的压力,秒杀成功的记录将通过 RabbitMQ 队列以异步的方式记录到数据库中。

(5)同时,将通过 RestTemple 对象以多线程的方式模拟发送秒杀请求,以此来观察本秒杀系统的运行效果。

也就是说,本系统会综合用到 Spring Boot、JPA、Redis 和 RabbitMQ,相关组件之间的关系如图 17.1 所示。

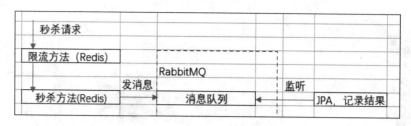

图 17.1 限流和秒杀功能的组件效果图

17.2 基于 Redis 的 Lua 脚本分析

Lua 是用标准 C 语言开发而成的，它是一种轻量级的脚本语言，可嵌入基于 Redis 等的应用程序中。Lua 脚本可以驻留在内存中，所以具有较高的性能，适用于处理高并发的场景。

17.2.1 Lua 脚本的特性

Lua 脚本语言是由巴西一所大学的 Roberto Ierusalimschy、Waldemar Celes 和 Luiz Henrique de Figueiredo 设计而成的，它具有如下两大特性：

（1）轻量性：Lua 只具有一些核心和最基本的库，所以非常轻便，非常适合嵌入由其他语言编写的代码中。

（2）扩展性：Lua 语言中预留了扩展接口和相关扩展机制，这样在 Lua 语言中就能很方便地引入其他开发语言的功能。

本章给出的秒杀场景中会向 Redis 服务器发送多条指令，为了降低网络调用的开销，会把相关 Redis 命令放在 Lua 脚本里。通过调用 Lua 脚本只需要耗费少量的网络调用代价就能执行多条 Redis 命令。

此外，秒杀相关的 Redis 语句还需要具备原子性，即这些语句要么全都执行，要么全都不执行。而 Lua 脚本是作为一个整体来执行的，所以可以充分地确保相关秒杀语句的原子性。

17.2.2 在 Redis 中引入 Lua 脚本

在启动 Redis 服务器以后，可以通过 redis-cli 命令运行 lua 脚本，具体步骤如下：

步骤 01 可以在 C:\work\redisConf\lua 目录中创建 redisCallLua.lua 文件，在其中编写 Lua 脚本。注意，Lua 脚本文件的扩展名一般都是.lua。

步骤 02 在第一步创建的 redisCallLua.lua 文件中加入一行代码，其中通过 redis.call 命令执行 set name Peter 的命令。

```
redis.call('set','name','Peter')
```

通过 redis.call 方法在 Redis 中调用 Lua 脚本时，第一个参数是 Redis 命令，比如这里是 set，第二个参数以及之后的参数是执行该条 Redis 命令的参数。

步骤 03 通过如下的 --eval 命令执行第二步定义的 Lua 脚本，其中 C:\work\redisConf\lua 是这条 Lua 脚本所在的路径，而 redisCallLua.lua 是脚本名。

```
redis-cli --eval C:\work\redisConf\lua\redisCallLua.lua
```

上述命令运行后，得到的返回结果是空（nil），原因是该 Lua 脚本只是通过 set 命令设置了值，并没有返回结果。不过通过 get name 命令就能看到通过这条 Lua 脚本缓存的 name 值，具体是 Peter。

如果 Lua 脚本包含的语句很少，那么还可以直接用 eval 命令来执行该脚本，具体做法是，先通过 redis-cli 语句连接到 Redis 服务器，随后再执行如下 eval 命令：

```
eval "redis.call('set','BookName','Spring Boot')" 0
```

从上述语句中能看到，在该条 eval 命令之后通过双引号引入了待执行的 Lua 脚本，在该脚本中依然是通过 redis.call 语句执行 Redis 的 set 命令，进行设置缓存的操作。

在该 eval 命令之后还指定了 Lua 脚本中 KEYS 类型参数的个数，这里是 0，表示该 Lua 脚本没有 KEYS 类型的参数。注意，这里设置的是 KEYS 类型的参数，而不是 ARGV 类型的参数，下文将详细说明这两种参数的差别。

17.2.3　Lua 脚本的返回值和参数

在 Lua 脚本中，可以通过 return 语句返回执行的结果，这部分对应的语法比较简单。

同时，Redis 在通过 eval 命令执行 Lua 脚本时，可以传入 KEYS 和 ARGV 这两种不同类型的参数，它们的区别是，可以用 KEYS 参数来传入 Redis 命令所需要的参数，可以用 ARGV 参数来传入自定义的参数，通过如下两个 eval 执行 Lua 脚本的命令，可以看到这两种参数的差别。

```
01  127.0.0.1:6379> eval "return {KEYS[1],ARGV[1],ARGV[2]}" 1 keyone argvone
    argvtwo
02  1) "keyone"
03  2) "argvone"
04  3) "argvtwo"
05  127.0.0.1:6379> eval "return {KEYS[1],ARGV[1],ARGV[2]}" 2 keyone argvone
    argvtwo
06  1) "key1"
07  2) "argvtwo"
```

在第 1 行 eval 语句中，KEYS[1]表示 KEYS 类型的第一个参数，而 ARGV[1]和 ARGV[2]对应地表示第一个和第二个 ARGV 类型的参数。

在第 1 行 eval 语句中，双引号之后的 1 表示 KEYS 类型的参数个数是 1，所以统计参数个数时并不把 ARGV 自定义类型的参数统计在内，随后的 keyone、argvone 和 argvtwo 分别对应 KEYS[1]、ARGV[1]和 ARGV[2]。

执行第一行对应的 Lua 脚本时，会看到如第 2～4 行所示的输出结果，这里输出了 KEYS[1]、ARGV[1]和 ARGV[2]这 3 个参数对应的值。

第 5 行脚本和第 1 行的差别是，表示 KEYS 参数个数的值从 1 变成了 2。但这里第 2 个参数是 ARGV 类型的，而不是 KEYS 类型的，所以这条 Lua 脚本语句会抛弃第 2 个参数，即 ARGV[1]，通过第 6 行和第 7 行的输出结果能验证这点。

所以，在通过eval命令执行Lua脚本时，一定要确保参数个数和类型的正确性。同时，这里再次提醒，eval命令之后传入的参数个数是KEYS类型参数的个数，而不是ARGV类型的。

17.2.4　分支语句

在 Lua 脚本中，可以通过 if...else 语句来控制代码的执行流程，具体语法如下：

```
01  if(布尔表达式) then
02      布尔表达式是 true 时执行的语句
03  else
04      布尔表达式是 false 时执行的语句
05  end
```

通过如下的 ifDemo.lua 范例，读者可以看到在 Lua 脚本中使用分支语句的做法。

```
01  if redis.call('exists','StudentID')==1  then
02      return 'Existed'
03  else
04      redis.call('set','StudentID','001');
05      return 'Not Existed'
06  end
```

在第 1 行中，通过 if 语句判断 redis.call 命令执行的 exists 语句是否返回 1，如果是，则表示 StudentID 键存在，就会执行第 2 行的 return 'Existed'语句返回 Existed，否则走第 3 行的 else 流程，执行第 4 行和第 5 行的语句，设置 StudentID 的值，并通过 return 语句返回 Not Existed。

由此可以看到在 Lua 脚本中使用 if 分支语句的做法。该脚本的运行结果是：第一次运行时，由于 StudentID 键不存在，因此会走 else 流程，从而看到'Not Existed'的输出，而在第二次运行时，由于此时该键已经存在，因此会直接输出'Existed'的结果。

17.3　实现限流和秒杀功能

本节将要创建的 QuickBuyDemo 项目中，一方面会用到上文提到的 Lua 脚本实现限流和秒杀的功能，另一方面将通过 RabbitMQ 消息队列实现异步保存秒杀结果的功能。

17.3.1　创建项目并编写配置文件

可以在 IDEA 集成开发环境中创建名为 QuickBuyDemo 的 Maven 项目，在该项目的 pom.xml 文件中通过如下关键代码引入所需要的依赖包：

```
01  <dependencies>
02      <dependency>
```

```
03              <groupId>org.springframework.boot</groupId>
04              <artifactId>spring-boot-starter-web</artifactId>
05          </dependency>
06          <dependency>
07              <groupId>org.springframework.boot</groupId>
08              <artifactId>spring-boot-starter-amqp</artifactId>
09          </dependency>
10          <dependency>
11              <groupId>org.springframework.boot</groupId>
12              <artifactId>spring-boot-starter-data-redis</artifactId>
13          </dependency>
14          <dependency>
15              <groupId>org.apache.httpcomponents</groupId>
16              <artifactId>httpclient</artifactId>
17              <version>4.5.5</version>
18          </dependency>
19          <dependency>
20              <groupId>org.apache.httpcomponents</groupId>
21              <artifactId>httpcore</artifactId>
22              <version>4.4.10</version>
23          </dependency>
24      </dependencies>
```

这里通过第 2~5 行代码引入了 Spring Boot 的依赖包，通过第 6~9 行代码引入了
RabbitMQ 消息队列相关的依赖包，通过第 10~13 行代码引入了 Redis 相关的依赖包，通过第
14~23 行代码引入了 HTTP 客户端相关的依赖包，在本项目中将通过 HTTP 客户端模拟客户
请求，从而验证秒杀效果。

在本项目 resources 目录的 application.properties 配置文件中，将通过如下代码配置消息队
列和 Redis 缓存：

```
01  rabbitmq.host=127.0.0.1
02  rabbitmq.port=5672
03  rabbitmq.username=guest
04  rabbitmq.password=guest
05  redis.host=localhost
06  redis.port=6379
```

在该配置文件中，通过第 1~4 行代码配置了 RabbitQM 的连接参数，通过第 5 行和第 6
行代码配置了 Redis 的连接参数。

17.3.2　编写启动类和控制器类

本项目的启动类如下，由于和大多数的 Spring Boot 项目启动类完全一致，因此不再重复
讲述。

```
01  package prj;
02  import org.springframework.boot.SpringApplication;
```

```
03  import org.springframework.boot.autoconfigure.SpringBootApplication;
04  @SpringBootApplication
05  public class SpringBootApp {
06      public static void main(String[] args) {
07          SpringApplication.run(SpringBootApp.class, args);
08      }
09  }
```

本项目的控制器类代码如下，在该 Controller 控制器类的第 11～25 行代码中封装了实现秒杀服务的 quickBuy 方法，该方法是以/quickBuy/{item}/{person}格式的 URL 请求对外提供服务的，其中 item 参数表示商品，而 person 参数则表示商品的购买人。

```
01  package prj.controller;
02  import org.springframework.beans.factory.annotation.Autowired;
03  import org.springframework.web.bind.annotation.PathVariable;
04  import org.springframework.web.bind.annotation.RequestMapping;
05  import org.springframework.web.bind.annotation.RestController;
06  import prj.receiver.BuyService;
07  @RestController
08  public class Controller {
09      @Autowired
10      private BuyService buyService;
11      @RequestMapping("/quickBuy/{item}/{person}")
12      public String quickBuy(@PathVariable String item, @PathVariable String person){
13          //20秒中限流100个请求
14          if(buyService.canVisit(item, 20,100)) {
15              String result = buyService.buy(item, person);
16              if (!result.equals("0")) {
17                  return person + " success";
18              } else {
19                  return person + " fail";
20              }
21          }
22          else{
23              return person + " fail";
24          }
25      }
26  }
```

在 quickBuy 方法中，首先通过第 14 行的 buyService .canVisit 方法对请求进行了限流操作，这里在 20 秒中只允许有 100 个请求访问，如果通过限流验证，那么会继续通过第 15 行的 buyService.buy 方法进行秒杀操作。注意，这里的实现限流和秒杀功能的代码都封装在第 10 行定义的 BuyService 类中。

17.3.3　消息队列的相关配置

在本项目的 RabbitMQConfig 类中将配置 RabbitMQ 的消息队列和消息交换机，具体代码如下：

```
01  package prj;
02  import org.springframework.amqp.core.*;
03  import org.springframework.context.annotation.Bean;
04  import org.springframework.context.annotation.Configuration;
05  @Configuration
06  public class RabbitMQConfig{
07      //定义含主题的消息队列
08      @Bean
09      public Queue objectQueue() {
10          return new Queue("buyRecordQueue");
11      }
12      //定义交换机
13      @Bean
14      TopicExchange myExchange() {
15          return new TopicExchange("myExchange");
16      }
17      @Bean
18      Binding bindingObjectQueue(Queue objectQueue,TopicExchange exchange)
    {
19          return BindingBuilder.bind(objectQueue).to(exchange).
    with("buyRecordQueue");
20      }
21  }
```

其中通过第 9 行的 objectQueue 方法创建了名为 buyRecordQueue 的消息队列，该消息队列将向用户传输秒杀的结果，通过第 14 行的 myExchange 方法创建了名为 myExchange 的消息交换机，并通过第 18 行的 bindingObjectQueue 方法根据 buyRecordQueue 主题绑定了上述消息队列和消息交换机。

17.3.4　实现秒杀功能的 Lua 脚本

在本项目中，实现秒杀效果的 Lua 脚本代码如下：

```
01  local item = KEYS[1]
02  local person = ARGV[1]
03  local left = tonumber(redis.call('get',item))
04  if (left >= 1) then
05      redis.call('decrby',item,1)
06      redis.call('rpush','personList',person)
07      return 1
08  else
```

```
09       return 0
10   end
```

在该脚本中，首先通过KEYS[1]参数传入待秒杀的商品，并赋予item对象，再通过ARGV[1]参数传入发起秒杀请求的用户，并赋予person对象。

随后在第3行中，通过get item命令从Redis缓存中获取该商品还有多少库存，再通过第4行的if语句进行判断。

如果发现该商品剩余的库存数量大于等于1，就会执行第5~7行的Lua脚本，先通过decrby命令把库存数减1，再调用rpush命令记录当前秒杀成功的用户，并通过第7行的return语句返回1，表示秒杀成功。如果发现库存数已经小于1，那么会直接通过第9行的语句返回0，表示秒杀失败。

17.3.5 在实现业务实现类中实现限流和秒杀

在BuyService.java中，将调用Redis和Lua脚本实现限流和秒杀的功能，具体代码如下：

```
01   package prj.receiver;
02   import org.springframework.amqp.core.AmqpTemplate;
03   import org.springframework.beans.factory.annotation.Autowired;
04   import org.springframework.data.redis.connection.RedisConnection;
05   import org.springframework.data.redis.connection.ReturnType;
06   import org.springframework.data.redis.core.RedisTemplate;
07   import org.springframework.data.redis.core.script.DefaultRedisScript;
08   import org.springframework.stereotype.Service;
09   import prj.model.buyrecord;
10   import javax.annotation.Resource;
11   import java.util.concurrent.TimeUnit;
12   @Service
13   public class BuyService {
14       @Resource
15       private RedisTemplate redisTemplate;
16       @Autowired
17       private AmqpTemplate amqpTemplate;
```

在上述代码中，首先通过第2~11行的import语句引入了本类所要用到的依赖包，随后在第15行中定义了调用Redis会用到的redisTemplate对象，在第17行中定义了向RabbitMQ消息队列发送消息所要用到的amqpTemplate对象。

```
18       public boolean canVisit(String item, int limitTime, int limitNum)  {
19           long curTime = System.currentTimeMillis();
20           // 在zset中存入请求
21           redisTemplate.opsForZSet().add(item, curTime, curTime);
22           // 移除时间范围外的请求
23           redisTemplate.opsForZSet().removeRangeByScore(item,0,curTime -
     limitTime * 1000);
24           // 统计时间范围内的请求个数
```

```
25          Long count = redisTemplate.opsForZSet().zCard(item);
26          // 统一设置所有请求的超时时间
27          redisTemplate.expire(item, limitTime, TimeUnit.SECONDS);
28          return limitNum >= count;
29      }
```

第 18 行的 canVisit 方法实现了限流效果，该方法的 item 参数表示待限流的商品，limitTime 和 limitNum 参数分别表示在指定时间内需要限流的请求个数。

在该方法中使用 Redis 的有序集合实现了限流效果，具体的做法是，在第 21 行的代码中，通过 zadd 方法把表示操作类型的 item 作为键插入有序集合，插入时用表示当前时间的 curTime 作为值，以保证值的唯一性，同样再用 curTime 值作为有序集合中元素的 score 值。

随后在第 23 行中，通过 removeRangeByScore 命令移除从 0 到距当前时间 limitTime 范围内的数据，比如限流的时间范围是 20 秒，那么通过这条命令就能在有序集合中移除 score 范围从 0 到距离当前时间 20 秒的数据，从而确保有序集合只保存最近 20 秒内的请求。

在此基础上，通过第 25 行代码用 zcard 命令统计有序集合内键为 item 的个数，如果通过第 28 行的布尔语句发现当前个数还没达到限流的上限，该方法就会返回 true，表示该请求能继续，否则返回 false，表示该请求将会被限流。

同时，需要通过第 27 行的 expire 语句设置有序集合中数据的超时时间，这样就能确保在限流以及秒杀动作完成后这些键能自动删除。

```
30      public String buy(String item, String person){
31          String luaScript = "local person = ARGV[1]\n" +
32                      "local item = KEYS[1] \n" +
33                      "local left = tonumber(redis.call('get',item)) \n" +
34                      "if (left >= 1) \n" +
35                      "then redis.call('decrby',item,1) \n" +
36                      " redis.call('rpush','personList',person) \n" +
37                      "return 1 \n" +
38                      "else \n" +
39                      "return 0\n" +
40                      "end\n" +
41                      "\n" ;
42      String key=item;
43      String args=person;
44      DefaultRedisScript<String> redisScript = new DefaultRedisScript<String>();
45          redisScript.setScriptText(luaScript);
46          //调用 Lua 脚本，注意传入的参数
47          Object luaResult = redisTemplate.execute((RedisConnection connection) -> connection.eval(
48                      redisScript.getScriptAsString().getBytes(),
49                      ReturnType.INTEGER,
50                      1,
51                      key.getBytes(),
52                      args.getBytes()));
```

```
53          //如果秒杀成功，向消息队列发消息，异步插入数据库
54          if(!luaResult.equals("0") ){
55              buyrecord record = new buyrecord();
56              record.setItem(item);
57              record.setPerson(person);
58              amqpTemplate.convertAndSend("myExchange", "buyRecordQueue",
    record);
59          }
60          //根据 Lua 脚本的执行情况返回结果
61          return luaResult.toString();
62      }
63  }
```

第 30 行定义的 buy 方法将会实现秒杀的功能，其中先通过第 31～41 行代码定义实现秒杀功能的 Lua 脚本，该脚本之间分析过，随后再通过第 47～52 行代码使用 redisTemplate.execute 方法执行这段 Lua 脚本。

在执行时，会通过第 50 行代码指定 KEYS 类型参数的个数，通过第 51 行和第 52 行代码传入该脚本执行时所需要用到的 KEYS 和 ARGVS 参数。

随后会通过第 54 行的 if 语句判断秒杀脚本的执行结果，如果秒杀成功，那么会通过第 55～58 行代码用 amqpTemplate 对象向 buyRecordQueue 队列发送包含秒杀结果的 record 对象。最后，再通过第 61 行的语句返回秒杀的结果。

17.3.6　观察秒杀效果

至此，可以通过如下步骤启动 Redis、RabbitMQ 和 QuickBuyDemo 项目，并观察秒杀效果。

步骤 01　在命令行中通过 rabbitmq-server.bat start 命令启动 RabbitMQ。

步骤 02　通过运行 redis-server.exe 启动 Redis 服务器，并通过运行 redis-cli.exe 启动 Redis 客户端，随后在 Redis 客户端通过 set Computer 10 命令向 Redis 中缓存一条库存数据，表示有 10 个 Computer 可供秒杀。

步骤 03　在 QuickBuyDemo 项目中，通过运行 SpringBootApp.java 启动类启动该项目。成功启动后，在浏览器中输入 http://localhost:8080/quickBuy/Computer/Tom 发起秒杀请求，其中 Computer 参数表示秒杀的商品，而 Tom 则表示发起秒杀请求的人。

输入后，能在浏览器中看到 Tom success 的结果，随后到 Redis 客户端窗口运行 get Computer 命令，能看到 Computer 的库存数量会降到 9，由此可以确认秒杀成功。同时，可以通过 lindex personList 0 命令观察到成功发起秒杀请求的人是 Tom。

17.4　以异步方式保存秒杀结果

如果在上述 QuickBuyDemo 项目中直接把秒杀结果插入 MySQL 数据库，那么当秒杀请求

并发量很高时会对数据库造成很大的压力,所以在该项目中会通过消息队列把秒杀结果传输到 DBHandlerPrj 项目中,用异步的方式保存数据,从而降低数据库的负载压力。

17.4.1　创建项目并设计数据表

首先需要创建名为 DBHandlerPrj 的 Maven 项目,在其中实现异步保存秒杀数据的功能,该项目的 pom.xml 文件如下,其中通过第 2~5 行代码引入了 Spring Boot 依赖包,通过第 6~9 行代码引入了 RabbitMQ 消息队列的依赖包,通过第 10~18 行代码引入了 JPA 和 MySQL 的依赖包。

```
01    <dependencies>
02        <dependency>
03            <groupId>org.springframework.boot</groupId>
04            <artifactId>spring-boot-starter-web</artifactId>
05        </dependency>
06        <dependency>
07            <groupId>org.springframework.boot</groupId>
08            <artifactId>spring-boot-starter-amqp</artifactId>
09        </dependency>
10        <dependency>
11            <groupId>mysql</groupId>
12            <artifactId>mysql-connector-java</artifactId>
13            <scope>runtime</scope>
14        </dependency>
15        <dependency>
16            <groupId>org.springframework.boot</groupId>
17            <artifactId>spring-boot-starter-data-jpa</artifactId>
18        </dependency>
19    </dependencies>
```

本项目将会用到如表 17.1 所示的 buyrecord 表,该表是创建在本地 MySQL 的 QuickBuy 数据表(schema)中的,在其中将会保存秒杀结果。

表 17.1　buyrecord 表字段说明表

字 段 名	类 型	说 明
item	字符串	秒杀成功的商品名
person	字符串	秒杀成功的用户

而本项目的启动类 SpringBootApp.java 和 QuickBuyDemo 项目中的完全一致,所以不再重复说明。

17.4.2　配置消息队列和数据库参数

在本项目 resources 目录的 application.yml 文件中,将通过如下代码配置消息队列和数据库连接参数。

```
01  server:
02    port: 8090
03  rabbitmq:
04    host: 127.0.0.1
05    port: 5672
06    username: guest
07    password: guest
08  spring:
09    jpa:
10      show-sql: true
11      hibernate:
12        dll-auto: validate
13    datasource:
14    url: jdbc:mysql://localhost:3306/QuickBuy?serverTimezone=GMT
15    username: root
16    password: 123456
17    driver-class-name: com.mysql.jdbc.Driver
```

由于之前的 QuickBuyDemo 项目已经占用了 8080 端口，因此本配置文件将通过第 1 行和第 2 行代码设置工作端口为 8090。随后，本配置文件将通过第 3～7 行代码设置 RabbitMQ 消息队列的连接参数，具体是连接到本地 5672 端口，且连接所用的用户名和密码都是 guest。

由于本项目是通过 JPA 的方式连接 MySQL 库的，因此本配置文件通过第 8～12 行代码配置了 JPA 的参数，通过第 13～17 行代码配置了 MySQL 的连接参数。

此外，和 QuickBuyDemo 项目一样，本项目依然是在 RabbitMQConfig.java 配置文件中设置 RabbitMQ 消息队列和交换机，具体代码如下，其中配置的消息队列名字 buyRecordQueue 与交换机的名字 myExchange 需要和 QuickBuyDemo 项目中的定义保持一致。

```
01  package prj;
02  import org.springframework.amqp.core.*;
03  import org.springframework.context.annotation.Bean;
04  import org.springframework.context.annotation.Configuration;
05  @Configuration
06  public class RabbitMQConfig{
07      //定义含主题的消息队列
08      @Bean
09      public Queue objectQueue() {
10          return new Queue("buyRecordQueue");
11      }
12      //定义交换机
13      @Bean
14      TopicExchange myExchange() {
15          return new TopicExchange("myExchange");
16      }
17      @Bean
18      Binding bindingObjectQueue(Queue objectQueue,TopicExchange exchange)
        {
```

```
19          return BindingBuilder.bind(objectQueue).to(exchange).
   with("buyRecordQueue");
20      }
21  }
```

17.4.3　监听消息队列并保存秒杀结果

在本项目的 QuickBuyService.java 文件中将会监听 buyRecordQueue 消息队列，并把秒杀结果存入 MySQL 数据表，具体代码如下：

```
01  package prj.service;
02  import org.springframework.amqp.core.AmqpTemplate;
03  import org.springframework.amqp.rabbit.annotation.RabbitHandler;
04  import org.springframework.amqp.rabbit.annotation.RabbitListener;
05  import org.springframework.beans.factory.annotation.Autowired;
06  import org.springframework.stereotype.Component;
07  import prj.model.buyrecord;
08  import prj.repo.BuyRecordRepo;
09  @Component
10  @RabbitListener(queues = "buyRecordQueue")
11  public class QuickBuyService {
12      @Autowired
13      private AmqpTemplate amqpTemplate;
14      @Autowired
15      private BuyRecordRepo buyRecordRepo;
16      @RabbitHandler
17      public void saveBuyRecord(buyrecord record){
18          buyRecordRepo.save(record);
19      }
20  }
```

在本类的第 10 行通过@RabbitListener 注解说明将要监听 buyRecordQueue 消息队列，当该消息队列有消息时，会触发本类第 17 行的 saveBuyRecord 方法，该方法被第 16 行的@RabbitHandler 注解所修饰。在该方法中会调用 JPA 类 buyRecordRepo 的 save 方法向数据表中保存秒杀结果。

QuickBuyService 类中用到的模型类 buyrecord 和 QuickBuyDemo 项目中的很相似，由于该类需要通过消息队列在网络中传输，因此需要像第 9 行那样实现 Serializable 接口。

```
01  package prj.model;
02  import java.io.Serializable;
03  import javax.persistence.Column;
04  import javax.persistence.Entity;
05  import javax.persistence.Id;
06  import javax.persistence.Table;
07  @Entity
08  @Table(name="buyrecord")
09  public class buyrecord implements Serializable {
```

```
10      @Id
11      @Column(name = "person")
12      private String person;
13      @Column(name = "item")
14      private String item;
15      //省略针对属性的 get 和 set 方法
16  }
```

同时，该模型类会通过第 7 行和第 8 行的@Entity 和@Table 注解指定和 MySQL 数据库中的 buyrecord 表关联，而在诸多属性前会通过第 11 行和第 13 行的@Column 注解指定关联的数据表字段名。

而 QuickBuyService 类中用到的 BuyRecordRepo 类代码如下，其中通过第 6 行代码继承 JpaRepository 类，在继承时，通过泛型说明该 JPA 类用到的模型类是 buyrecord，同时通过泛型指定 buyrecord 模型类的主键是 String 类型。

```
01  package prj.repo;
02  import org.springframework.data.jpa.repository.JpaRepository;
03  import org.springframework.stereotype.Component;
04  import prj.model.buyrecord;
05  @Component
06  public interface BuyRecordRepo extends JpaRepository<buyrecord, String>
    {  }
```

17.4.4 全链路效果演示

开发好上述两个项目以后，可以通过如下步骤观察全链路的秒杀效果：

步骤 01 如 17.3.6 小节所述，启动 RabbitMQ、Redis 服务器和客户端，并通过 set Computer 10 命令缓存秒杀商品的数量，同时通过运行启动类启动 QuickBuyDemo 项目。

步骤 02 启动 17.4 节开发的 DBHandlerPrj 项目。

步骤 03 在 QuickBuyDemo 项目中开发如下的 QuickBuyThread.java 文件，在其中用多线程的方式模拟多个秒杀请求，代码如下：

```
01  package prj.client;
02  import org.springframework.http.ResponseEntity;
03  import org.springframework.web.client.RestTemplate;
04  class QuickBuyThread extends Thread{
05      public void run() {
06          RestTemplate restTemplate = new RestTemplate();
07          String user = Thread.currentThread().getName();
08          ResponseEntity<String> entity = restTemplate.getForEntity
    ("http://localhost:8080/quickBuy/Computer/"+user , String.class);
09          System.out.println(entity.getBody());
10      }
11  }
```

第 4 行定义的 QuickBuyThread 类以继承 Thread 类的方式实现了线程的效果，在第 5 行线程的 run 方法中用 restTemplate.getForEntity 方法模拟发送了秒杀的请求，其中用当前线程的名字作为发起秒杀的用户。

```
01  public class MockQuickBuy {
02     public static void main(String[] args){
03        for (int i = 0; i < 15; i++) {
04           new QuickBuyThread().start();
05        }
06     }
07  }
```

在第 12 行 MockQuickBuy 类的 main 方法中，通过第 14 行的 for 循环启动了 15 个线程发起秒杀请求。由于之前在 Redis 缓存中设置的 Computer 商品数量是 10 个，因此会有 10 个请求秒杀成功，5 个请求不成功。如下输出语句能确认这一结果。

```
01  Thread-4 success
02  Thread-8 fail
03  Thread-2 success
04  Thread-0 fail
05  Thread-12 success
06  Thread-7 success
07  Thread-9 success
08  Thread-10 fail
09  Thread-14 success
10  Thread-5 fail
11  Thread-13 success
12  Thread-11 success
13  Thread-6 success
14  Thread-1 success
15  Thread-3 fail
```

此外，如果再到 MySQL 数据库用 select * from QuickBuy.buyrecord 语句观察秒杀结果，能看到成功秒杀的用户，这些用户名和上述输出结果中的用户名完全一致。

17.5　思考与练习

1. 简答题

（1）Lua 脚本是什么？它有哪些特性？

参考答案：参考 17.2.1 小节的描述。

（2）Lua 脚本是如何实现传入参数和返回结果的？

参考答案：参考 17.2.3 小节的描述。

（3）在高并发场景中，为什么要引入异步管理数据库的机制？

参考答案：以异步方式减轻数据库的并发压力。

2. 操作题

仿照本章 17.3 和 17.4 节给出的项目，通过 Spring Boot 整合 Redis 和 RabbitMQ 组件的方式实现秒杀效果，具体要求如下：

- 在 Redis 缓存中，通过 set Book 5 命令插入一条图书库存的数据。
- 创建 BuyDemo 的 Maven 项目，在其中通过 localhost:8080/BuyRequest/{item}/{userID}格式的 URL 对外提供秒杀请求，其中 item 是待秒杀的商品名，userID 是发起秒杀的用户。
- 在 BuyDemo 项目中实现 10 秒内只能有 20 个请求访问的限流效果。
- BuyDemo 项目在接收到秒杀请求后，通过 RabbitMQ 向 OrderManager 的 Spring Boot 项目发送一条包含秒杀商品和秒杀用户的信息，而 OrderManager 在收到这条信息后，向如表 17.2 所定义的 Order 表中插入一条数据，以记录秒杀结果。

表 17.2　Order 表数据结构一览

字 段 名	类 型	说　明
name	字符串	商品名
customer	字符串	成功秒杀的用户

实现上述秒杀功能之后，再编写一个客户端程序，在其中用多线程的方式通过 RestTemplate 对象发起 15 个秒杀请求，以此确认秒杀效果。